省精品课程教材
普通高等教育"十二五"规划教材
高等学校公共课计算机规划教材

U0127542

数据库应用基础

——基于Visual Fox Pro 9.0（第2版）

王　衍　主编

金勤　林锋　赵辉　陈明晶　编著

电子工业出版社

Publishing House of Electronics Industry
北京·BEIJING

内 容 简 介

本书是浙江省精品课程教材，以 Visual FoxPro 9.0 版本为环境，介绍数据库的基本知识、数据库及数据表的操作与管理，并较为全面地介绍面向过程的程序设计方法与面向对象的程序设计方法，为运用数据库系统构建一个管理信息系统打下基础。全书共 9 章，主要内容包括：数据库基础知识，数据表的基本操作，数据库的建立与操作，结构化程序设计，面向对象程序设计基础，常用表单控件的使用，表单设计应用，查询、视图及报表设计，应用程序的管理及编译等，每章后附习题和实验。本书配套《数据库应用基础学习指导——基于 Visual FoxPro 9.0（第 2 版）》，并提供免费电子课件和习题参考答案。

本书可作为高等学校非计算机专业数据库及其程序设计应用的基础教材，也可供从事数据库系统教学、研究和应用的广大师生和工程技术人员学习参考。

图书在版编目（CIP）数据

数据库应用基础：基于 Visual FoxPro 9.0 / 王衍主编. —2 版. —北京：电子工业出版社，2012.1
高等学校公共课计算机规划教材
ISBN 978-7-121-15393-8

Ⅰ. ①数… Ⅱ. ①王… Ⅲ. ①关系数据库－数据库管理系统，Visual FoxPro 9.0－高等学校－教材
Ⅳ. ①TP311.138

中国版本图书馆 CIP 数据核字（2011）第 252558 号

策划编辑：王羽佳
责任编辑：王羽佳
印　　刷：北京市顺义兴华印刷厂
装　　订：三河市双峰印刷装订有限公司
出版发行：电子工业出版社
　　　　　北京市海淀区万寿路 173 信箱　邮编　100036
开　　本：787×1092　1/16　印张：19.5　字数：565 千字
印　　次：2012 年 1 月第 1 次印刷
印　　数：6 000 册　　定价：39.90 元

凡所购买电子工业出版社图书有缺损问题，请向购买书店调换。若书店售缺，请与本社发行部联系，联系及邮购电话：（010）88254888。
质量投诉请发邮件至 zlts@phei.com.cn，盗版侵权举报请发邮件至 dbqq@phei.com.cn。
服务热线：（010）88258888。

前　言

　　本书是浙江省精品课程教材。Visual FoxPro 作为一个关系数据库管理系统软件，从诞生起就一直是高等学校非计算机专业，特别是经济管理类专业选用的计算机教学语言之一。20余年来，从 dBASE、FoxBASE 到 Visual FoxPro 之所以一直长盛不衰，不仅是因为 Visual FoxPro 本身作为微软的产品在 Windows 平台上不断发展完善，更主要的是，这一系统软件集程序设计和数据库语言于一体。在程序设计方面，既支持传统的面向过程程序设计，又支持目前广泛采用的面向对象程序设计；在数据库方面，既有自身的特点，又支持 SQL—SELECT 标准的数据库结构查询语言，同时，Visual FoxPro 还支持 Web 服务，具有跨平台数据应用能力。因此，作为继"大学计算机基础"的后续课程，选择 Visual FoxPro 作为"数据库应用基础"或"程序设计基础"课程的环境进行教学是比较恰当的。

　　本书根据教育部提出的非计算机专业计算机基础课程教学要求编写，主要具有以下特点。

　　1. 以 Visual FoxPro 9.0 为基础，反映最新成果。尽管作为基础教学，主要应用的是 Visual FoxPro 的基本内容，但 Visual FoxPro 9.0 的新增功能同样会给学习基础的学生带来许多方便，也为学生更进一步深入学习提供了更高的平台。

　　2. 突出应用，强化实验。教无止境，参加本书编写的团队由长期从事计算机基础教学的一线教师组成，经过反复实践，不断总结提升，积累了宝贵的经验。经管类非计算机专业学习计算机程序设计和数据库的目的是提升学生的科技素养，使他们具备在信息系统构建中与信息技术专业人员沟通的能力。用什么方法来有效提高学生的这种能力呢？作者认为，只有在讲清基本概念的基础上，通过大量实例的讲解和实验，才能增强学生运用程序和数据库解决问题的能力。本书提供了丰富的习题，精心设计了 17 个实验，与教学内容同步配套。

　　3. 体系完整，内容简洁清晰。本书在保持全书内容体系完整的同时进行了取舍，突出了基础性和应用性。理论概念的叙述方式、章节顺序的安排、例题讲解的形式、习题和实验的设计等各个环节，均根据教学实际情况进行了仔细考虑。

　　本书共分 9 章，主要内容包括：数据库基础知识，数据表的基本操作，数据库的建立与操作，结构化程序设计，面向对象程序设计基础，常用表单控件的使用，表单设计应用，查询、视图及报表设计，应用程序的管理及编译。本书配套《数据库应用基础学习指导——基于 Visual FoxPro 9.0（第 2 版）》，并提供免费电子课件和习题参考答案，请登录华信教育资源网（http://www.hxedu.com.cn）注册下载。

　　本书可作为高等学校非计算机专业数据库及其程序设计应用的基础教材，也可供从事数据库系统教学、研究和应用的广大教师、学生和工程技术人员学习、参考。

　　在教学中，可以考虑安排 51～68 学时的理论教学和 34 学时的实验教学，其中，第 8、9章的内容可根据学生掌握情况进行取舍。

　　本书由王衍主编并统稿。第 1、5 章由王衍编写，第 2、6 章由金勤编写，第 3、9 章由陈明晶编写，第 4 章由林锋、金勤编写，第 7、8 章由赵辉编写。

　　本书的编写参考了近年来出版的相关技术资料，吸取了许多专家和同仁的宝贵经验。同时，本书在编写过程中得到了浙江财经学院各级领导和同事的关心，以及浙江财经学院信息学院众多同事的全力支持，特别是在实验环节的设计上，是众多教师共同努力的结晶，在此向他们及所有关心和支持本书编写的老师表示真诚的感谢！

　　由于作者水平有限，书中难免有错误或不当之处，敬请读者批评、指正。

作　者

目　录

第1章 数据库基础

当今世界，无论人们身在何处，都离不开计算机信息系统的支持，而在任何一个信息系统的背后，又都需要数据库系统的支撑。数据库是一门研究数据管理的技术，在信息时代，学习和掌握一些数据库方面的知识是十分有意义的。

本章内容主要包括：数据库技术的发展、数据库系统的构成、概念模型、数据模型，着重阐述关系模型及关系模型下的数据完整性规则，介绍 Visual FoxPro 的基本功能、特点及语言基础。

1.1 数据库系统概述

人类的社会活动离不开数据处理，所谓数据处理包括对数据的收集、存储、加工、分类、排序、检索、传播等一系列工作。处理数据的目的是为了管理好数据，使之成为对决策有用的信息。数据库技术就是针对数据管理的计算机学科的一个重要分支，并随着计算机技术的发展而逐渐发展和完善起来。

1.1.1 数据管理技术的发展

数据管理技术与计算机硬件、软件及计算机应用的发展有着密切的联系，主要经历了人工管理、文件系统和数据库系统三个阶段。

1. 人工管理阶段

20 世纪 50 年代中期以前，计算机主要用于科学计算。当时计算机的外存只有纸带、卡片、磁带，没有磁盘等直接存取的存储设备，并且缺少必要的操作系统及数据管理软件的支持。所以，这一阶段数据管理的特点如下。

① 数据不具有独立性，数据与程序不可分割，当数据结构发生变化后，对应的程序也必须做相应的修改。

② 数据不能长期保存，只是在需要计算某一题目时将数据输入，处理完成后就释放。

③ 没有专门的数据管理软件，数据的存储结构、存取方式、输入/输出方式均由程序员设计完成。人工管理阶段应用程序与数据之间的对应关系可用图 1-1 表示。

2. 文件系统阶段

20 世纪 50 年代后期至 60 年代后期，计算机不仅用于科学计算，而且还大量用于信息管理。这时，硬件上已有了硬盘、磁鼓等直接存取设备。软件方面，操作系统中已经有了专门的文件系统来管理外存中的数据文件。这一阶段数据管理的特点如下。

图 1-1　人工管理阶段应用程序与数据间的关系

① 程序和数据分开存储，数据可以以文件的形式独立地存放在外存中。

② 出现了专门的软件（文件系统）对数据文件进行存取、修改、插入和删除等操作管理，

程序员不必关心数据在存储器上存储的物理细节以及与外存交换的过程。

③ 文件系统仍然存在着这样一些问题：数据没有完全独立，文件系统中的文件还是为某一应用程序服务的；由于数据文件相互独立，数据文件之间缺乏联系，造成了数据冗余度大；由于相同数据的重复存储，数据不能集中管理，给数据的修改、维护带来了困难，容易造成数据的不一致性。

文件系统阶段应用程序与数据之间的对应关系如图 1-2 所示。

3．数据库系统阶段

20 世纪 60 年代后期以来，计算机用于信息管理的规模和领域更加庞大，数据量急剧增加，数据共享和集中管理的需求越来越强烈，从而推动了数据库技术的发展。硬件方面有了大容量的外存储器，软件方面研制了专门的数据库管理系统。数据库系统阶段主要特点如下。

① 面向整个系统组织数据，实现数据共享，允许多个应用程序和多个用户存取数据库中的数据。

② 减少了数据的冗余度，既减少了存储空间和存取时间，又可避免数据之间的不相容性和不一致性。

③ 具有较高的数据和程序的独立性，包括物理独立性和逻辑独立性两个方面。其中，物理独立性是指当数据的存储结构改变时，数据的逻辑结构可以不改变，从而程序也不必改变；而逻辑独立性则是指当数据的总体逻辑结构改变时，可以保持局部逻辑结构不变，程序员根据局部逻辑结构编写的应用程序也无须改变。

④ 有统一的数据控制功能，有较高的数据安全性、完整性，实现并发控制。

⑤ 提供数据排序、统计、分析、制表等多种数据操作。

数据库系统阶段应用程序与数据之间的对应关系可用图 1-3 表示。

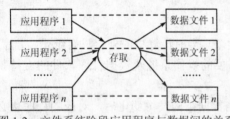

图 1-2　文件系统阶段应用程序与数据间的关系

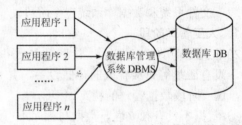

图 1-3　数据库系统阶段应用程序与数据间的关系

1.1.2　数据库系统

数据库系统是一个存储介质、处理对象和管理系统的集合。数据库系统通常由计算机硬件及相关软件、数据库、数据库管理系统及用户四部分组成。

1．数据库

数据库（DB，Data Base）是人们为解决特定的任务，按一定的结构和组织方式存储在外存储器中的相关数据的集合。它具有最小的数据冗余，可供多个用户共享，独立于具体的应用程序。

2．数据库管理系统

数据库管理系统（DBMS，Data Base Management System）是在操作系统支持下工作的操纵和管理数据的系统软件，是整个数据库系统的核心。它对数据库进行统一的管理和控制，以保证数据库的安全性和完整性。用户通过 DBMS 访问数据库中的数据，数据库管理员也通过 DBMS 进行数据库的维护工作。它提供多种功能，可使多个应用程序和用户用不同的方法建立、修改和查询数据库，并提供对数据的排序、统计、分析、制表等功能。

3．计算机硬件及相关软件

数据库系统是建立在计算机系统之上的。在硬件方面，它需要基本的计算机硬件（主机和外设）支持；在软件方面，需要操作系统（Windows、UNIX、Linux 等）、各种宿主语言（Visual C++、Visual Basic 等）和一些数据库辅助应用程序等。

4．用户

数据库系统的用户通常有 3 种：一是对数据库系统进行日常维护的数据库管理员，二是用数据操纵语言和高级语言编制应用程序的程序员，三是使用数据库中数据的终端用户。

1.1.3　概念数据模型

数据库设计的过程是，根据人们要解决的问题，首先分析出与问题有关的实体及其属性，再分析出各实体之间的关系（概念数据模型），然后按照数据库管理系统所能支持的数据模型形成数据库（逻辑数据模型）。这里先讨论概念数据模型。

信息世界是客观事物（现实世界）在人脑中的反映，客观事物在信息世界中称为实体，反映实体之间联系的模型称为实体模型或概念模型。

1．实体及实体间的联系

客观事物之间都存在着联系，这是由事物本身的性质所决定的。例如，在学校的教学管理系统中有教师、学生和课程，教师为学生授课，学生选修课程并取得成绩；在企业的销售系统中有职工和商品，职工销售商品，并取得销售业绩；等等。

（1）实体（Entity）

客观存在并且可以相互区别的事物称为实体。实体通常指可以触及的具体事物，如一个职工、一名学生、一件商品、一本书等；实体也可以指抽象事件，如一次销售、一次借阅或一场足球比赛。

（2）属性（Attribute）

实体具有的特性称为属性。例如，学生的学号、姓名、年龄，商品的名称、类别、单价等。属性用类型（Type）和值（Value）来表征，每个属性都有值域（Domain）。

（3）联系（Relationship）

在现实世界中，事物内部及事物之间是有联系的，这些联系在信息世界中反映为实体内部的联系和实体之间的联系。实体内部的联系通常是指组成实体的各属性之间的联系。

（4）实体集（Entity Set）

性质相同的同类实体的集合称为实体集，例如所有职工、全体学生等。

2．实体联系的类型

根据联系的实际情况，可以将实体间的联系归纳为 3 种类型。

（1）一对一联系（1:1）

如果实体集 E1 中的每一个实体只能与实体集 E2 中的一个实体有联系，反之亦然，则称实体集 E1 与实体集 E2 是一对一的联系，表示为 1:1。例如，一个职工对应一张照片，一张照片一定是某个职工的。

（2）一对多联系（1:n）

如果实体集 E1 中的每一个实体能与实体集 E2 中若干个实体有联系，而实体集 E2 中每一个实体至多与实体集 E1 中的一个实体有联系，则称实体集 E1 与实体集 E2 是一对多的联系，表示为 1:n。例如，一名学生对应多门课程成绩，一个成绩只能对应某一名学生；一个职工可能有多笔销售业务，而一笔销售业务一定属于某一个职工。

通常，将一对多关系中的实体集 E1 称为"父"方或"一"方，实体集 E2 称为"子"方或"多"方。一对多关系是关系数据库中最常见的联系类型。

（3）多对多联系（m:n）

如果实体集 E1 中的每一个实体能与实体集 E2 中若干个实体有联系，而实体集 E2 中的每一个实体也能与实体集 E1 中若干个实体有联系，则称实体集 E1 与实体集 E2 是多对多的联系，表示为 m:n。例如，一名学生可以选若干门课程学习，而每门课程也可以有多名学生选择；一个职工可以销售多个商品，而每一个商品也可以有多个职工销售。

3．概念模型的表示方法

概念模型是对信息世界的建模，表示方法很多，其中最为常用的是实体-联系方法（Entity-Relationship Approach）。该方法用 E-R 图来描述概念模型。E-R 图的基本组成元素有实体、属性和联系等。

① 实体：用矩形框表示，实体名称写在框内。

② 属性：用椭圆形表示，框内注明属性的名称，属性与实体之间用实线连接。

③ 联系：用菱形框表示实体间的相互关系，框内注明联系的名称。应当注意的是，联系本身也是一种实体，也可以有属性。

④ 连线：用无向连线来连接实体与属性、实体与联系、联系与属性，在进行实体与联系连接时应标明对应关系，即 1:1，1:n，m:n。图 1-4 给出了职工、销售、商品实体集之间的 3 种联系的 E-R 图。

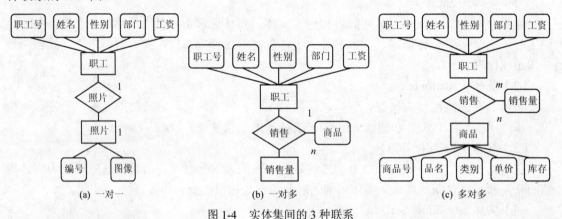

| (a) 一对一 | (b) 一对多 | (c) 多对多 |

图 1-4　实体集间的 3 种联系

1.1.4　逻辑数据模型

数据库中的数据是按照一定的结构和组织方式存放的，这种结构用数据模型来表示。数据模型（也称逻辑数据模型）是现实世界数据特征的抽象。设计一种数据模型要根据应用系统中所涉及的数据性质、内在联系、管理要求等来组织。目前，比较流行的数据模型有 3 种，即按图论理论建立的层次结构模型和网状结构模型，以及按关系理论建立的关系结构模型。数据库通常分为层次式数据库、网络式数据库和关系式数据库 3 种。而不同的数据库是按不同的数据结构来联系和组织数据的。

1．层次模型

层次模型也称树状模型，实质上是一种有根结点的定向有序树，如图 1-5 所示，其模型结构具有如下特点：

① 有且仅有一个结点无父结点，称为根结点，其层次最高；

② 一个父结点向下可以有多个子节点，一个子结点向上有且仅有一个父结点。

树根与枝点之间的联系称为边，树根与边之比为 1:*N*，即树根只有一个，树枝有 *N* 个。各结点之间是一种"一对一"或"一对多"的关系。

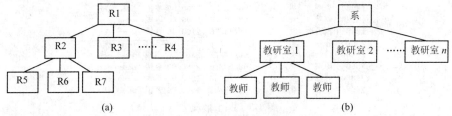

图 1-5　层次模型示意图

2．网状模型

广义地讲，任意一个连通的基本层次联系的集合为网状模型，如图 1-6 所示，其特点如下：

① 可以有一个以上的结点无父结点（如 R1、R2、R4）；

② 至少有一个结点有多于一个以上的父结点。

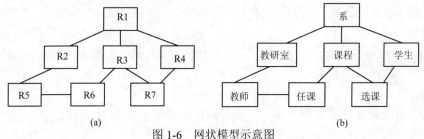

图 1-6　网状模型示意图

3．关系模型

关系模型是目前最流行的一种逻辑数据模型。1970 年，IBM 公司的研究员 E.F.Cold 首次提出了数据库系统的关系模型，为关系模型数据库技术奠定了理论基础。由于他的杰出贡献，1981 年，E.F.Cold 荣获计算机界最负盛名的 ACM 图灵奖。

关系模型是以二维表格来表示实体集中实体之间的联系的。关系模型中，一张二维表称为一个关系，并给它赋予一个名称，称为关系名。关于关系模型数据库的基本知识将在 1.2 节中进行较详细的介绍。

1.2　关　系　模　型

20 世纪 80 年代以来，计算机厂商推出的数据库管理系统几乎都支持关系模型。目前，比较流行的以关系模型为基础的大型数据库管理系统包括 Oracle、Sybase、Informix 和 SQL Server 等，小型数据库管理系统则包括 Visual FoxPro、Access、Paradox 和 Betrive 等。

1.2.1　关系的基本概念及关系数据库

1．关系的基本概念

（1）关系

一个关系就是一张二维表，每个关系都有一个关系名。例如，图 1-7 所示的职工情况表就是一个二元关系，该表格清晰地反映出单位职工的基本情况。如果表名为"职工"，则"职工"即为关系名。在 Visual FoxPro 中，一个关系对应一个数据文件，关系名对应于文件名。

关系名：职工　或　文件名：职工.dbf

职工号	姓名	性别	婚否	出生日期	基本工资	部门	简历	照片
199701	李长江	男	T	05/12/75	2500.00	直销	Memo	Gen
199702	张伟	男	F	06/23/76	2300.00	零售	Memo	Gen
199801	李四方	男	T	06/18/77	2000.00	零售	memo	gen
199803	赵英	女	T	03/19/75	2600.00	客服	memo	gen
199804	洪秀珍	女	T	12/25/76	2100.00	直销	memo	gen
200001	张军	男	T	05/11/77	2200.00	零售	memo	gen
200005	孙学华	女	F	02/17/75	2300.00	客服	memo	gen
200006	陈文	男	T	08/08/74	2000.00	直销	memo	gen
200601	张丽英	女	F	04/23/82	1500.00	零售	memo	gen
200602	王强	男	F	10/23/83	1500.00	直销	memo	gen

关系模式或表结构　（左）　属性或字段（右）　元组或记录（左）　属性值或字段值（右）

图 1-7　职工情况表

（2）元组

二维表中的每一行在关系中称为元组。一个元组对应于数据文件中的一条记录，所以元组也称记录。例如，图 1-7 中姓名为"李长江"的所在行的所有数据就是一个元组，称为一条记录。

（3）属性

二维表中的每一列在关系中称为属性，每个属性都有一个属性名，属性的取值范围取决于各个元组的属性值。例如，图 1-7 中的第 2 列属性，"姓名"是它的属性名，"李长江"是其中的一个属性值。

在 Visual FoxPro 中，属性也就是数据文件中的字段，属性名就是字段名，而属性值对应于各个记录的字段值。

（4）域

域是指二维表中属性的取值范围，取值范围也就决定了表中字段的宽度。例如，图 1-7 中属性"婚否"的取值范围是.T.或.F.。

（5）关系模式

对关系的描述称为关系模式，一个关系模式对应一个表的结构。表示为：

关系名（属性 1，属性 2，属性 3，……，属性 n）

例如：

职工（职工号，姓名，性别，婚否，出生日期，基本工资，部门，简历，照片）
销售（职工号，商品号，数量）
商品（商品号，商品名称，类别，库存量，单价，单位）

（6）关键字（关键字段或码）

在关系中，可以用来唯一地标识一个元组的属性或属性组合称为关键字。单个属性的关键字称为单关键字，多个属性组合的关键字称为组合关键字。

例如，图 1-7 中的"职工号"是单关键字，因为每个职工的工号不允许重复。在销售（职工号，商品号，数量）关系中，它的关键字则是"职工号+商品号"的组合，因为一个职工可以销售多种商品，一个商品可以被多个职工销售，只有某个职工销售的某个商品则是确定的。

（7）主关键字（主键）与候选关键字

通常在一个关系中，关键字可能不止一个，但主关键字只能有一个，并且取值是确定的。当某关键字被选作表的主关键字后，如果还有其他的关键字，则其他的关键字称为候选关键字。

例如，在"职工"表中，如果不存在同名同姓的职工记录，则姓名也可以是关键字，但如果选择"职工号"作为主关键字，则"姓名"就是候选关键字。

（8）外部关键字

如果一个属性在本表中不是主关键字，而在另一个表中是主关键字，则该属性称为外部关键字。

例如，在"销售"表中的"职工号"是"职工"表的主关键字，但它并不是"销售"表的主关键字。这里，称"职工号"属性为"销售"表的外部关键字。

这里提醒大家注意：关系、元组及属性等是数学领域的术语，二维表、行和列等是日常用语，而表文件、记录和字段等则是计算机领域的术语，这些术语间是相互对应的。在 Visual FoxPro 中经常使用的是表文件、记录和字段等概念。

2．关系表之间的联系

前面已经讨论了实体间的联系类型有 1:1、1:n 和 m:n 的联系，这种联系类型在关系数据库中就是表与表间的联系。不同的联系方式，在设计数据库表时应当考虑以下问题。

（1）表与表之间是 1:1 的联系

对于 1:1 联系类型的信息，设计时可分为两个表或合并为一个表。如果要将一个表分成许多字段，或因安全原因而隔离表中的部分数据，则可以在表与表之间建立一对一的联系关系。例如，可以将"职工号"与"照片"的有关信息放在一个表中。

（2）表与表之间是 1:n 的联系

对于 1:n 联系类型的信息，设计时需将父表中的主关键字放入子表中，以实现两表之间的有效关联。例如，"职工"表与"销售"表之间为一对多的联系。具体设计表时，需在"销售"表中加进"职工"表的主关键字"职工号"，作为其外部关键字。

（3）表与表之间是 m:n 的联系

对于 m:n 联系类型的信息，设计时需要另外增加一个新表，这个表称为"关联表"，其中必须包括两个表的主关键字，再加入两表之间的关联字段。例如，"职工"表中的职工与"商品"表中的商品是多对多的联系，需要增加"销售"表，并在其中包括"职工号"和"商品号"，另外加上"销售数量"，作为"职工"表与"商品"表的关联字段。

3．关系数据库

用关系模型建立数据和描述数据之间联系的数据库就是关系数据库。在关系数据库中，一个数据文件存放一个关系的数据，若干个相关数据文件的集合就组成了关系数据库。

在 Visual FoxPro 中，数据库由 4 个层次组成：字段、记录、表和数据库。一个关系数据库由若干个数据表组成，每个数据表又由若干条记录组成，而每条记录又是由若干字段组成的。属于某一数据库的表称为数据库表，而不属于任何数据库的表称为自由表。

本书所使用的职工营销数据库，主要由职工情况、销售情况和商品情况 3 张数据表组成，详见图 1-7～图 1-9。

职工号	商品号	数量
199701	1001	80.00
199702	1001	30.00
199803	2003	15.00
199701	3001	30.00
199804	3001	50.00
200001	2002	46.00
199801	3003	32.00
199803	1003	23.00
200001	1002	16.00
199702	2002	18.00

图 1-8　销售情况表

商品号	商品名称	类别	库存量	单价	单位
1001	海飞丝	洗涤	700.00	50.00	瓶
1002	潘婷	洗涤	580.00	40.00	瓶
1003	沙宣	洗涤	360.00	47.00	瓶
1004	飘柔	洗涤	400.00	38.00	瓶
2001	可口可乐	饮料	500.00	72.00	箱
2002	非常可乐	饮料	400.00	68.00	箱
2003	娃哈哈矿泉水	饮料	600.00	43.00	箱
3001	德芙巧克力	糖果	800.00	80.00	包
3002	大白兔奶糖	糖果	500.00	55.00	包
3003	话梅奶糖	糖果	430.00	38.00	包

图 1-9　商品情况表

1.2.2　关系的特征

在关系模型中，对关系有一定的要求，关系必须具有以下特征：

① 关系中的每一属性（字段）都是不能再分的基本数据项，即表中不允许有子表；

② 关系中同一属性（字段）必须具有相同的数据类型（如字符型或数值型等）；

③ 同一关系中不能出现相同的属性名（字段名）；

④ 关系中不应有内容完全相同的元组（记录）；

⑤ 关系中记录和字段的顺序可以任意排列，不影响关系表中所表示的信息含义。

1.2.3　关系操作

当对关系数据库进行查询等操作时，常常需要对关系进行一定的运算处理，其中，选择、投影和连接是关系的 3 种基本运算。

1．选择

按照一定条件在给定关系中选取若干元组（即选取若干记录）的操作称为选择。选择的条件通过逻辑表达式给出，条件为真的记录被选出。例如，在图 1-7 所示的关系中，如果按照"婚否=.F."的条件进行选择操作，则可得到图 1-10 所示的结果。

职工号	姓名	性别	婚否	出生日期	基本工资	部门	简历	照片
199702	张伟	男	F	06/23/76	2300.00	零售	memo	gen
200005	孙宝华	男	F	02/17/75	2300.00	客服	memo	gen
200601	张丽英	女	F	04/23/82	1500.00	零售	memo	gen
200602	王强	男	F	10/23/83	1500.00	直销	memo	gen

图 1-10　选择操作结果

2．投影

在给定关系中选取确定的若干属性（即选取若干字段）组成新的关系称为投影。例如，在图 1-7 所示的关系中，如果选取职工号、姓名和性别 3 个字段的数据输出，则可得到图 1-11 所示的结果。

3．连接

连接是指将两个或两个以上关系模式通过公共的属性名（字段名）拼接成一个新的关系模式，生成的新关系中包含满足连接条件的元组（记录）。例如，根据职工、销售、商品三个关系模式中共有的职工号、商品号连接成一个新的关系模式，结果如图 1-12 所示。

职工号	姓名	性别
199701	李红	女
199702	张伟	男
199801	李四方	男
199803	赵英	女
199804	洪秀珍	女
200001	张军	男
200005	孙宝华	男
200006	陈文	男
200601	张丽英	女
200602	王强	男

图 1-11　投影操作结果

职工号	姓名	商品号	商品名称	数量
199701	李红	1001	海飞丝	80.00
199702	张伟	1001	海飞丝	30.00
199803	赵英	2003	娃哈哈矿泉水	15.00
199701	李红	2001	可口可乐	30.00
199804	洪秀珍	3001	德芙巧克力	50.00
200001	张军	2002	非常可乐	46.00
199801	李四方	3003	话梅奶糖	32.00
199803	赵英	1003	沙宣	23.00
200601	张丽英	1002	潘婷	16.00
199702	张伟	2002	非常可乐	18.00

图 1-12　连接操作结果

1.2.4　数据库的完整性规则

数据库系统在运行过程中，由于数据输入、编辑、非法访问、程序错误等各方面的原因，容易产生数据错误和混乱，为保证关系中数据的正确、有效，需要建立数据完整性的约束机制来加以控制。关系模型的完整性规则就是对关系的某种约束条件。数据库表之所以与自由表有区别，主要是因为数据库表可以受完整性规则的约束。

所谓数据库的完整性，是指数据库中数据的正确性、有效性和一致性。这是数据库系统应遵守的一项标准，它保证了数据库中数据的完整、可靠。

要实现数据库的完整性，必须在数据库的建立和操作过程中，遵循一定的完整性规则，并随时检查是否满足完整性规则约束。数据库的完整性规则分为实体完整性、参照完整性和用户自定义完整性三部分。

1．实体完整性

实体完整性是指一个关系表中主关键字的取值必须是确定的、唯一的，不允许为空（NULL）值。

例如，对"职工"表中主关键字"职工号"字段、商品表中的主关键字"商品号"字段的取值必须确定、唯一，且不能为空值。这就要求在"职工"表、"商品"表中存储的每一条记录必须满足这一条件，而且在输入新记录、修改记录时也要遵守这一条件。

2．参照完整性

数据库的参照完整性是指：在"子"表中实现关联的外部关键字，它的取值，或者为空值，或者为"父"表中实现相应关联的主关键字值的子集。在两个表之间大量存在一对多的联系，即"父"表与"子"表间的联系。这也是关系数据库中最主要的一种联系，并且它是通过"父"表中的主关键字与"子"表中相应的外部关键字来实现关联的。

例如，在"职工"表（父表）与"销售"表（子表）之间的参照完整性要求是："销售"表的"职工号"字段的取值必须是"职工"表"职工号"字段取值当中已经存在的一个值。类似地，在"商品"表与"销售"表之间也必须遵守参照完整性的规则。

3．用户自定义完整性

用户自定义完整性是用户根据实际应用环境的需求来决定的，通常为某个字段的取值或多个字段之间取值范围限制等。例如，在"职工"表中，"性别"字段的取值必须在"男"或"女"之间。在一般情况下，要实现数据库的完整性约束条件及完整性检验，用户需编写相应的代码或利用数据库管理系统提供的功能完成。

1.3　Visual FoxPro 概述

数据库管理系统是一种操纵和管理数据库的大型软件，可用于建立、使用和维护数据库。根据不同的数据模型可以开发出不同的数据库管理系统，基于关系模型开发的数据库管理系统属于关系数据库管理系统。Visual FoxPro 就是一种关系型数据库管理系统。

1.3.1　Visual FoxPro 的发展及特点

1．Visual FoxPro 的发展简介

数据库理论的研究在 20 世纪 70 年代后期进入较为成熟的阶段，随着 20 世纪 80 年代初 IBM/PC 及其兼容机的广泛使用，1982 年 Ashton-Tate 公司开发的 dBASE 很快进入微机世界，成为一个相当普遍且受欢迎的数据库管理系统。由于它易于使用、功能较强，很快成为 20 世纪 80 年代中期的主导数据库系统。

1984 年，Fox Software 公司推出了与 dBASE 全兼容的 FoxBASE，其速度大大高于 dBASE，并且在 FoxBASE 中第一次引入了编译器，扩充了对开发者极其有用的语言，并提供了良好的界面和较为丰富的工具。

1989 年下半年，FoxPro 1.0 正式推出，它首次引入了基于 DOS 环境的窗口技术，用户使用的界面出现了与命令等效的菜单系统。它支持鼠标，操作方便，是一个与 dBASE、FoxBASE 全兼容的编译型集成环境式的数据库系统。1991 年，FoxPro 2.0 推出，由于使用了 Rushmore 查询优化技术、先进的关系查询与报表技术及整套第四代语言工具，FoxPro 2.0 在性能上得到

了大幅度的提高。

1992 年微软收购了 Fox 公司，把 FoxPro 纳入自己的产品中。它利用自身的技术优势和巨大的资源，在不长的时间里开发出 FoxPro 2.5、FoxPro 2.6 等，包括 DOS、Windows、Mac 和 UNIX 四个平台的软件产品。

1995 年 6 月，微软推出了 Visual FoxPro 3.0 版。1998 年发布了可视化编程语言集成包 Visual Stadio 6.0。Visual FoxPro 6.0 就是其中的一员，它是可运行于 Windows 95/98/NT 平台的 32 位数据库开发系统，能充分发挥 32 位微处理器的强大功能，是直观易用的编程工具。之后，微软又推出了 Visual FoxPro 7.0 和 8.0 版本。

2004 年 12 月公布了 Visual FoxPro 9.0 版本，目前最高版本是 Visual FoxPro 9.0 SP2，包括支持创建 Web Services，以及与.NET 兼容性一样好的 XML 开发方式、扩展的 SQL 增强、新的智能客户端界面控件和开发期间进行编译。本书以 Visual FoxPro 9.0 为基础，由于 Visual FoxPro 采用向上兼容的版本升级模式，在低版本中开发的程序代码几乎无须做任何修改便可以在高版本中直接运行。

2．Visual FoxPro 的主要特点

Visual FoxPro 的主要特点表现在以下几个方面。

（1）集编程语言和数据库为一体

Visual FoxPro 包含丰富的编程命令、函数和基类，许多命令、函数和基类与数据库处理有关。这是其他数据库管理系统所不具备的，这也是为什么尽管 Visual FoxPro 在实际应用系统中采用的并不多，但仍有众多学校在教学中选用的原因。因为，学习 Visual FoxPro 不但能掌握程序设计的基本方法，同时也掌握了一定的数据库知识。

（2）引入可视化编程技术

一个非可视化的应用程序设计，其中大量的工作是构建应用程序的操作界面，只有少量代码用于程序功能设计。Visual FoxPro 采用可视化编程技术，真正实现了所见即所得。通过大量向导、设计器和生成器来帮助用户建立数据库、查询、表单、报表、菜单等工作，实现程序的界面设计，使用户能够把主要精力放在程序的功能设计上。

（3）使用面向对象的程序设计方法

Visual FoxPro 在支持原面向过程的程序设计方法的同时，支持面向对象的程序设计。用户可以利用所有的面向对象的特性，包括"继承"、"封装"、"多态性"和"子类"等，增强软件的可扩充性和可重用性，从而改善程序员的软件生产活动，控制软件维护的复杂性和费用。

（4）支持客户-服务器结构

Visual FoxPro 可作为开发客户-服务器（Client/Server）应用程序的前台，提供了多功能的数据字典、本地和远程视图、事务处理和对任何 ODBC 数据资源的访问等多种特性。

（5）支持 Web 服务

Web 服务使用标准的互联网协议，如超文本传输协议（HTTP）和可扩展标记语言（XML），能够把功能概括性地体现在互联网和企业内网上。Visual FoxPro 对 Web 服务的支持极大地扩展了对跨平台数据应用的能力。

（6）支持对象链接嵌入 OLE 技术

通过 OLE（Object Linking and Embedding）技术，Visual FoxPro 可以将其他的 Windows 应用程序提供的数据，包括文本、声音、图片或视频等数据，链接或嵌入到 Visual FoxPro 的表、表单或报表等对象中，从而扩展了 Visual FoxPro 的功能。

3．Visual FoxPro 的主要性能指标

Visual FoxPro 是一个关系型数据库管理系统，其性能指标有很多，表 1-1 中仅列出了一些主要的性能指标供用户参考。

表 1-1　Visual FoxPro 的主要性能指标

分　类	功　　能	指　标
数据表文件	每个表文件的最多记录数	10^{10}
	一个表的最大容量	2GB
	每个记录的最多字段数	255
	每个记录的最多字符数	65 500
	每个表字段的最多字符数	254
	每个表最多打开的索引文件数	未限制
	同时打开的最多表数	255
字段特征	字符型字段的最多字节数	254
	数值（和浮点）型字段的最多字节数	20
	自由表中字段名的最多字符数	10
	数据库表中字段名的最多字符数	128
	数值计算精确值的位数	16
	一个整数的最小值	−2 147 483 647
	一个整数的最大值	2 147 483 647
内存变量与数组	默认的内存变量最大数目	16 384
	可设置的内存变量最大数目	65 000
	数组的最大数目	65 000
	每个数组中元素的最大数目	65 000
程序文件	源程序文件中的最大行数	未限制
	每个命令行的最多字符数	8192
	编译程序模块的最大值	64KB
	每个过程文件的最多过程数	未限制
报表	报表定义中最多对象数	未限制
	报表定义最大长度	20 英寸（50.8 毫米）
	最多分组级层数	128
其他	打开最多窗口（全部类型）数	未限制
	打开最多 Browse 窗口数	255
	每个字符串的最多字符数	2GB

1.3.2　Visual FoxPro 集成开发环境

Visual FoxPro 是开发数据库应用程序的集成化、可视化工具，提供了良好的人机交互界面和向导支持。大量的辅助设计工具和生成器，为高效、自动地实现系统带来了极大的便利。由于 Visual FoxPro 提供的向导、设计器、生成器和管理器比较多，在此不做介绍，待设计中用到时再做说明。

1．Visual FoxPro 9.0 的运行环境

运行 Visual FoxPro 9.0 的计算机最低配置需求如下。

- 处理器：Pentium 级。
- 内存：64MB RAM（推荐 128MB 或更高）。
- 可用硬盘空间：165MB（典型安装）。
- 显示：800×600 分辨率，256 色（推荐 16 位增强色）。
- 操作系统：Windows 2000 SP3 及后续版本、Windows XP 和 Windows Server 2003。

2．Visual FoxPro 的启动与退出

（1）Visual FoxPro 的启动

Visual FoxPro 是 Windows 中的一个应用程序，其启动与 Word 等其他应用程序无区别，一般的方法有以下几种：

① 通过 Windows 的"开始"菜单上的"所有程序"选项，选择 Visual FoxPro 子菜单启动；

② 通过建立在 Windows 桌面上的快捷图标启动；

③ 通过 Windows 的"开始"菜单上的"运行"选项，"浏览"找到 Microsoft Visual FoxPro 9.0 文件夹，启动 Vfp9.exe 程序；

④ 通过 Windows 的资源管理器或"我的电脑"，找到 Vfp9.exe 程序启动。

（2）Visual FoxPro 的退出

退出 Visual FoxPro 使系统返回 Windows 系统状态，主要有下列几种方法：

① 在 Visual FoxPro 的"文件"菜单中选择"退出"选项；

② 在 Visual FoxPro 的命令窗口中输入命令 QUIT；

③ 按 Alt+F4 快捷键退出；

④ 双击 Visual FoxPro 窗口左上角的控制菜单按钮；

⑤ 单击 Visual FoxPro 窗口左上角的控制菜单按钮，单击"关闭"，或右击 Visual FoxPro 标题栏上的任一空闲区域，在控制菜单中单击"关闭"，或单击 Visual FoxPro 窗口右上角的关闭窗口按钮。

3．Visual FoxPro 的窗口、菜单和工具栏

Visual FoxPro 界面主要由菜单、工具栏、命令窗口及各种对话框组成，如图 1-13 所示。对 Visual FoxPro 的操作可以使用命令的方式，用户在命令窗口中输入命令并执行命令，也可以使用菜单的方式，用户使用菜单和对话框来完成所有的操作。

（1）窗口

Visual FoxPro 中的窗口是用户与系统交互的重要工具，使用不同类型的窗口来完成各种不同的任务。Visual FoxPro 的窗口包括：命令窗口、数据浏览和编辑窗口、代码编辑窗口、属性窗口、调试器窗口等。Visual FoxPro 的主窗口可以包含其中的一个或多个窗口。在开发环境中使用最多的是命令窗口和属性窗口。

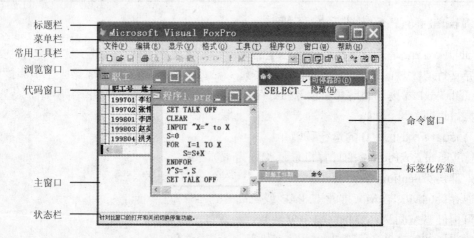

图 1-13　Visual FoxPro 的界面及主要窗口

Visual FoxPro 支持 3 种窗口停靠方式：常规停靠、链接停靠和标签化停靠。图 1-13 所示为命令窗口与数据工作期窗口采用标签化停靠方式显示的情况。

当用户在命令窗口中直接输入一条命令时，通常可以只输入命令动词的前 4 个字符，或者按空格键系统自动完成命令动词，并通过下拉列表的方式显示该命令的集合，帮助用户选择，缓解了用户记忆命令的困难，如图 1-14 所示。

（2）菜单

Visual FoxPro 的各种操作命令可以通过菜单系统以交互方式完成。启动系统后，主界面的菜单栏一般包含 8 个菜单项：文件、编辑、显示、格式、工具、程序、窗口和帮助（如图 1-13 所示），各菜单项下还有一系列子菜单。随着当前执行任务的不同，菜单栏的各个选项会随之动态变化。例如，浏览一个数据表时，"格式"菜单项就消失了，而菜单栏自动添加了"表"菜单项。

（3）工具栏

Visual FoxPro 将一些常用的功能，以命令按钮的形式显示在工具栏中，方便用户使用。在默认情况下，系统启动时常用工具栏自动打开（如图 1-13 所示），其他工具栏随着某一类型文件的打开而自动打开。例如，新建或打开一个数据库文件时，"数据库设计器"工具栏就会自动显示，而关闭数据库文件后，该工具随之关闭。

如果用户需要在某一时候打开或关闭一个工具栏，可以选择"显示"→"工具栏"菜单命令，通过图 1-15 所示的"工具栏"对话框，选中或取消选中相应的工具栏。Visual FoxPro 还允许根据用户的需要，定制自己的工具栏。

图 1-14　输入命令时的帮助功能

图 1-15　"工具栏"对话框

1.4　Visual FoxPro 语言基础

Visual FoxPro 是集编程语言和数据库为一体的数据库管理系统，具有一般计算机高级语言的特点和功能。要开发高质量的数据库应用系统，必须掌握 Visual FoxPro 的编程语言。而要学好一门计算机程序设计语言，掌握数据类型、常量、变量、表达式和函数等是编程的基础。

1.4.1　数据类型

Visual FoxPro 的数据都具有特定的类型，数据类型是数据的基本属性，它决定了数据的存储方式和运算方式。在 Visual FoxPro 9.0 中，涉及的数据类型近 20 种，可以分为两类：一类用于变量、数组，另一类只能用于表字段。现将其中主要数据类型描述如下。

1．数值型数据

数值型数据（Numeric）是用于表示数量的一种数据类型，用 N 表示。它由数字 0～9、小数点和正负号组成。数值型数据的长度为 1~20 位，在计算机的内存中，每个数据占用 8 个字节的存储空间，其取范围为–0.999 999 999 9E+19～+0.999 999 999 9E+20。

该类数据用于数学计算。例如，工资、单价、金额等一般用数值型表示。

2．字符型数据

字符型数据（Character）由字母、数字、空格、符号和标点等一切可打印的 ASCII 字符和汉字组成，用 C 表示。字符最大长度为 254，一个字符占一个字节的存储空间，汉字也是字符，一个汉字占两个字节的存储空间。

字符型数据一般用来表示姓名、地址、单位等文本信息。有一类数据，如学号、商品号、电话号码等，虽然都由数字组成，但不用来计算，一般也用字符型数据表示。

3．逻辑型数据

逻辑型数据（Logical）通常用来表示某个条件是否成立，可取值为逻辑真（.T.）和逻辑假（.F.）两个值，用 L 表示。逻辑型数据长度固定为 1 字节。

逻辑型数据主要用于逻辑判定。例如，是否已婚、是否满足给定的条件等两种状态的数据，可用逻辑型表示。

4．日期型数据

日期型数据（Date）用来表示日期，用 D 表示。长度固定为 8 位，存储格式为"yyyymmdd"。日期型数据的显示格式有多种，默认采用美国格式 mm/dd/yy（月/日/年）。可以通过 SET DATE、SET CENTURY 和 SET MARK TO 命令改变其显示格式。

（1）SET DATE 命令

格式：

```
SET DATE [TO] AMERICAN/ANSI/BRITISH/FRENCH/GERMAN/ITALIAN/JAPAN/USA/
         MDY/DMY/YMD
```

功能：指定日期表达式和日期时间表达式的显示格式。

日期的默认显示格式是 AMERICAN。SET DATE 设置也决定日期在日期时间表达式中的格式。SET DATE 在当前数据工作期有效。表 1-2 列出了有效的设置值及其对应的日期格式。

表 1-2　SET DATE 设置的日期格式

设　置　值	日　期　格　式	设　置　值	日　期　格　式
AMERICAN	mm/dd/yy	ANSI	yy.mm.dd
BRITISH	yy/mm/dd	FRENCH	dd/mm/yy
GERMAN	dd.mm.yy	ITALIAN	dd-mm-yy
JAPAN	yy/mm/dd	TAIWAN	yy/mm/dd
USA	mm-dd-yy	MDY	mm/dd/yy
DMY	dd/mm/yy	YMD	yy/mm/dd
SHORT	由 Windows 中"控制面板"的"短日期格式"决定	LONG	由 Windows 中"控制面板"的"长日期格式"决定

（2）SET CENTURY 命令

格式：

```
SET CENTURY OFF/ON
```

功能：设置显示的日期数据中年份用 2 位还是 4 位表示。

（3）SET MARK TO 命令

格式：

```
SET MARK TO <字符>
```

功能：设置显示的日期数据中使用的分界符，如 SET MARK TO '_'。

此外，日期格式还有传统日期格式和严格日期格式之分。

5．日期时间型数据

日期时间型数据（DateTime）用于保存日期和时间两部分，用 T 表示。日期时间型数据占用 8 个字节，前 4 字节保存日期，后 4 字节保存时间，分别是时、分、秒。存储格式为："yyyymmddhhmmss"。

6．货币型数据

货币型数据（Currency）一般用于金融计算，用 Y 表示。它具有自动控制小数位数的功能，例如，当货币型字段或变量的数值小数位数超过 4 位时，Visual FoxPro 将该数据四舍五入。货币型数据存储时占用 8 个字节，其取值范围介于–922 337 203 685 477.580 8～922 337 203 685 477.580 7 之间，并在货币型数据前加上一个符号"$"。

7．备注型数据

备注型数据（Memo）用来存放一些内容较多或长度不确定的文本信息，用 M 表示。备注型数据在表字段中的长度为 4 个字节，它存放的只是一个指针，用于指向字段的真正内容，而该字段的真正内容存放在与表文件同名的一个表备注文件（.FPT）中。当复制和修改含有备注字段的数据表名时，必须同时复制和修改它的表备注文件名，否则，复制和修改后的表将无法使用。备注字段保存信息的大小仅受可用磁盘空间大小的限制。当在同一数据表中有多个备注型字段时，这些字段的具体数据是存放在同一个.FPT 备注文件中的。

8．通用型数据

通用型数据（General）专门用来存储 OLE 对象，用 G 表示。所谓 OLE 对象，其具体内容可以是一个电子表格、字处理文档或图像、声音等，通常这些 OLE 对象由其他应用程序产生。与备注型数据一样，通用型数据在表字段中的长度为 4 个字节，它存放的只是一个指针，其真正的内容也是存放在与数据表同名、扩展名为.fpt 的备注文件中。通用字段存储 OLE 对象的大小仅受可用磁盘空间的限制。

9．双精度型数据

双精度型数据（Double）用于存储精度较高且固定位数的浮点数据，用 B 表示。例如，科学计算的数据最好设置为双精度型。双精度型数据占用 8 个字节，其取值范围介于±4.940 656 458 412 47E–324～±8.988 465 674 311 5E+307 之间。

10．浮点型数据

浮点型数据（Float）功能上与数值型数据等价，用 F 表示。Visual FoxPro 提供浮点型数据主要是为了保持与其他开发软件和系统的兼容性。浮点型数据在内存中占 8 个字节，在表中占 1～20 个字节，其取值范围为–0.999 999 999 9E+19～+0.999 999 999E+20。

11．整型数据

整型数据（Integer）用于存储无小数部分的数值，只能用于数据表中的字段，用 I 表示。整型数据占用 4 个字节，以二进制数的形式存储，不像 Numeric 那样需转换成 ASCII 码存储，可以提高程序的性能。整数型数据的取值范围为–214 748 364 7～214 748 364 6。

12．二进制大型对象

二进制大型对象（Blob）型数据是用来存储各种 ASCII 文本、可执行文件、字节流，以及具有不确定长度的二进制数据，用 W 表示。Blob 型数据在表中占 4 个字节，范围受可用内存的限制或 2GB 文件大小限制。

Blob 型数据为在 SQL Server 中存储图像提供了更多的便利。要存储固定长度的二进制值，可以使用 Varbinary 型数据。

13. 可变型数据

可变型数据（Variant）是一种特殊的数据类型，除了固定长度的字符串外，Variant 中可以包含任意类型的数据，还可以被设置为 Empty、Error、和 NULL 等特殊值。

此外，Visual FoxPro 9.0 还提供了 Character Binary、Integer Autoinc、Memo Binary、Varchar、Varchar Binary、Varbinary 和对象等类型数据。限于篇幅，这里不进行讨论，有兴趣的读者可查阅相关手册。

1.4.2　数据存储

在 Visual FoxPro 中，用于存储数据的常量、变量、数组、对象属性和表字段统称为数据存储容器，它决定了数据的类型和存储方法。

1. 常量

常量是指在整个程序的执行过程中其值固定不变的量。常量中能包含任意数据类型，应用程序的操作不能修改常量的值。Visual FoxPro 中常用的常量包括：数值型、字符型、逻辑型、日期型、日期时间型和货币型。

（1）数值型常量

数值型常量可以是十进制整数或实数，也就是一般意义上的常数。数值型常量的长度包括整数位数、小数点和小数位数。例如，50、−100、3.141 592 6 等都是数值型常量。

实数有两种表示方法，一种是带小数的实数（如 3.14），另一种是用科学计数法（即指数形式）表示的实数（如 1.23E+15，它表示 $1.23×10^{15}$），一般用于数据位数较多的实数。

（2）字符型常量

字符型常量是用定界符括起来的字符串，定界符可以是西文单引号、双引号或方括号三种之一，字符串由 ASCII 码中可打印的字符和汉字组成。例如，"X= "、'123'、[数据库]等都是字符型常量。

字符型常量要注意空格串和空串的区别："　　"是含有 3 个空格的空格串，而""是长度为零的空串。

定界符必须在英文的状态下输入并成对出现。当字符串本身包含某种定界符时，要选择另两种定界符作为该字符串的定界符，以示区别，例如，'She said: " I am a student." '。

（3）逻辑型常量

逻辑型常量用圆点定界符括起来，只有真和假两个值。逻辑真常量可用.T.、.t.、.Y.、.y.表示；逻辑假常量则可用.F.、.f.、.N.、.n.表示。

（4）日期型常量

日期型常量用来表示一个确切的日期，在默认情况下，用严格的日期格式{^yyyy-mm-dd}表示，例如，{^2008-7-30}、{^1999-12-30}等。日期型常量还可以用函数 CTOD("07/30/08")表示，它表示将字符型常量"07/30/08"转换成日期型常量。通常，日期型数据有传统和严格两种格式。

① 传统日期格式

系统默认日期型数据为美国日期格式"mm/dd/yy"，可以借助 SET DATE TO 等命令改变其设置。例如，{07/30/08}为一个日期型常量，在美国格式时表示 2008 年 7 月 30 日。

② 严格日期格式

用{^yyyy-mm-dd}格式书写的日期型数据能表达一个确切的日期，它不受 SET DATE TO

等语句设置的影响。例如，{^2008-07-30}为严格日期常量。

应当注意，系统在默认情况下只接受严格日期常量，如果要接受传统日期格式表示的常量，需要通过下面的命令改变。

命令格式：

```
SET STRICTDATE TO [0/1/2]
```

命令功能：用于设置是否对日期格式进行检查。

- 0 表示不进行严格的日期格式检查，目的是与早期 Visual FoxPro 兼容；
- 1 表示进行严格的日期格式检查，它是系统默认的设置；
- 2 表示进行严格的日期格式检查，并且对 CTOD( )和 CTOC( )函数的格式也有效。

【例 1.1】用不同日期格式显示系统当前日期。

在命令窗口中输入以下命令（&&后的内容为注释，可以不输入）：

```
?DATE()                   && 调用系统日期函数
SET DATE TO YMD           && 设置年月日格式
?DATE()
SET CENTURY ON            && 设置年份为 4 位数字
?DATE()
SET MARK TO "-"           && 设置分隔符为"-"
?DATE()
?{^2008-07-31}            && 按严格日期格式输出日期常量
SET STRICTDATE TO 0       && 不进行严格日期检查
SET DATE TO MDY           && 恢复美国日期格式
SET MARK TO               && 恢复默认日期分隔符"/"
SET CENTURY OFF           && 恢复年份为 2 位数字
?{07/31/08}               && 按传统日期格式输出日期常量
?CTOD("07/31/08")         && CTOD 函数输出日期常量
```

上述命令的显示结果为（设当前系统日期是 2008-07-31）：

```
07/31/08                  && 按默认的美国日期格式显示
08/07/31                  && 按年月日格式显示
2008/07/31                && 按年份 4 位数字显示
2008-07-31                && 按日期分隔符"-"显示
2008-07-31                && 按严格日期格式显示
07/31/08                  && 按传统日期格式显示
07/31/08                  && 通过 CTOD 函数转换显示
```

（5）日期时间型常量

日期时间型常量包括日期和时间两部分，必须用一对花括号将数据括起来。它也有传统和严格两种格式，例如，{07/30/08 10:12:25am}和{^2008-07-30 10:12:25am}。

（6）货币型常量

货币型常量用来表示货币值，其书写格式与数据型常量类似，只要在数值前面加一个"$"符号即可。例如，货币常量$123.23 表示 123.23 元。

货币型常量在存储和计算时，系统自动四舍五入到小数 4 位，例如$58.12345，计算结果为$58.1235。

2. 变量

变量是指在程序执行过程中其值是可以改变的量。变量实际上是用标识符命名的存放数据的计算机内存单元。变量有变量名、变量值、变量类型、变量长度、变量作用域等属性。

Visual FoxPro 的变量可分为字段变量和内存变量两种。内存变量又分为一般内存变量、系统内存变量和数组变量。

（1）变量的命名

变量名是用来标识变量的符号，每个变量都有一个名称。变量的命名遵守以下规则：

① 由字母、汉字、数字和下划线组成，且必须以字母、汉字或下划线开头；

② 长度为 1～128 个字符，每个汉字为 2 个字符；

③ 变量名命名应有意义，且不能与 Visual FoxPro 的关键字相同。

（2）字段变量

字段变量将数据表中的字段名作为变量，它是在建立数据表时定义的。每个数据表都包含若干字段变量，其值随着数据表中记录的变化而改变。要使用字段变量，必须先打开包含该字段的表文件。有关字段变量的定义和使用将在第 2 章中详细介绍。

（3）内存变量

我们通常所说的内存变量主要是指一般内存变量。内存变量独立于数据文件，存放在主机的内存储器中，是一种临时的工作单元，使用时定义，使用完成后可以释放，常用来保存数据或程序运行的结果。内存变量的数据类型取决于变量值的类型，不同时刻可以将不同类型的数据赋给同一个内存变量。内存变量常用的数据类型有：字符型（C）、数值型（N）、逻辑型（L）、日期型（D）、日期时间型（T）和货币型（Y）。

应当注意：当字段变量与内存变量同名时，字段变量的优先级高于同名的内存变量。为了强调是内存变量，可以在内存变量名的前面冠以前缀"M."或"M–>"，以示区别。

① 建立内存变量

变量的定义是通过赋值语句实现的。这里介绍赋值语句的两种格式：

格式 1：

```
<内存变量名>=<表达式>                    &&"="是赋值语句
```

格式 2：

```
STORE <表达式> TO <内存变量名表>         &&STORE 是赋值语句
```

功能：在定义内存变量的同时确定内存变量的值和类型。

说明：

- 定义内存变量、赋值和确定变量的类型在同一个命令中完成。
- 语句中的<表达式>可以是一个具体的值，也可以是一个表达式。如果是表达式，系统将先计算表达式的值，再将此值赋给变量，即赋值符具有计算和赋值的双重功能。
- 格式 1 一次只能给一个内存变量赋值，而格式 2 可以同时给多个变量赋相同的值，此时，变量之间必须用逗号分隔开。

【例 1.2】"="赋值语句的应用。

```
X=5
X=X+1
?"X=",X
```

显示结果：X=6

注意：X=X+1 在数学上是不成立的，这里的"="不是数学上的等于而是赋值，是将原来 X（为 5）的值加 1 后再赋给 X，使 X 变为 6。

【例 1.3】变量的类型可以有多种。

```
STORE  5 TO X1,X2
```

```
STORE "王强" TO 姓名
M=5*X1+X2
性别=.T.
DVAR={^2008-08-08}
```

上述命令用 "=" 和 STORE 为变量赋值，而且变量值的数据类型可以有多种。

② 显示内存变量

如果需要了解内存变量的名称、类型和值等信息，可用内存变量显示语句。

格式 1：

```
LIST / DISPLAY  MEMORY  [LIKE <通配符>]
[TO PRINTER/TO FILE <文件名>]
```

功能：显示内存变量的当前信息，包括变量名、属性、数据类型、当前值及总体使用情况等。

说明：

- LIST 命令连续滚动显示所有的内存变量，可以用 Ctrl+S 组合键暂停显示，再按任意键继续。DISPLAY 分屏显示，一屏显示完后，屏幕提示"按任意键继续"，继续显示下一屏信息。
- LIKE <通配符>可用于有选择地显示部分和全部内存变量。通配符有两个，"*"代表所有的字符，"?"代表任意一个字符。
- TO PRINTER /TO FILE <文件名>可以将查看的结果通过打印机输出或存入指定的文件。

【例 1.4】内存变量赋值并显示。

```
A1=10
A2="VFP 数据库管理系统"
A3=.T.
A4=CTOD("08/08/08")
LIST MEMORY LIKE A*          &&显示以 A 开头的内存变量
```

显示结果如图 1-16 所示，包括变量名、变量属性、变量类型和变量值 4 部分内容。

```
A1          Pub      N    10          (              10.00000000)
A2          Pub      C    "VFP数据库管理系统"
A3          Pub      L    .T.
A4          Pub      D    08/08/08
```

图 1-16 显示以 A 开头的内存变量

格式 2：

```
?/ ?? [<表达式表>]
```

功能：换行在下一行起始处/在当前行的光标所在处输出各表达式的值。

说明：

- 无论有没有指定表达式表，"?"都会输出一个回车换行符。如果指定了表达式表，则各表达式值将在下一行的起始处以标准格式输出各项表达式值。
- "??"不会输出一个回车换行符，各表达式值在当前行的光标所在处直接输出。

【例 1.5】显示输出上例内存变量 A1、A2 和 A3 赋值后的结果。

```
?A1,A2
??A3
```

结果为：

```
10  VFP 数据库管理系统.T.
```

③ 保存和恢复内存变量

内存变量存放在内存中，一旦退出 Visual FoxPro 或遇关机、断电，内存变量将会消失。

如果需要保存，则用 SAVE 命令把它们保存到磁盘的内存变量文件中。

格式：

```
SAVE TO <内存变量文件名> [ALL LIKE /EXCEPT <通配符>]
```

功能：将所选择的内存变量保存到指定的内存变量文件中。

说明：内存变量文件的扩展名为.mem。使用 SAVE TO 省略可选项，则将所有内存变量（系统内存变量除外）存放到内存变量文件中。

【例 1.6】将以字母 A 开头的所有内存变量保存到内存变量文件 A1.MEM 中。

```
SAVE TO A1 ALL LIKE A*
```

结果在磁盘的当前文件夹下会出现一个名为 A1.MEM 的文件。如果需要恢复这些内存变量，可使用 RESTORE 语句。

格式：

```
RESTORE FROM <内存变量文件名> [ADDITIVE]
```

功能：将保存在内存变量文件中的内存变量恢复到计算机内存中。

说明：若不使用[ADDITIVE]选项，则该命令先清除内存中的所有内存变量，再将内存变量文件中的内存变量恢复到内存中。若使用[ADDITIVE]选项，则不清除内存中现有的内存变量，将内存变量文件中的内存变量追加到内存中。

【例 1.7】清除内存中的所有内存变量，将内存变量文件 A1.MEM 中的内存变量恢复到内存中，并显示输出。

```
RESTORE FROM A1
LIST MEMORY LIKE A*
```

④ 清除内存变量

为节省存储空间，可通过删除不用的内存变量来释放其所占用的存储空间。

格式 1：

```
CLEAR MEMORY
```

格式 2：

```
RELEASE <内存变量表>
```

格式 3：

```
RELEASE ALL [EXTENDED][LIKE /EXCEPT <通配符>]
```

功能：从内存中清除所指定的内存变量，并释放相应的内存空间。

说明：格式 1 用于清除除系统内存变量外的所有内存变量。格式 2 用于清除<内存变量表>列出的内存变量。格式 3 又可以分为 4 种情况：

- RELEASE ALL 清除所有的内存变量，作用同 CLEAR MEMORY；
- RELEASE ALL [EXTENDED]在人机对话状态下作用与格式 1 相同，若出现在程序中，则应该加入 EXTENDED，否则不能删除公共内存变量；
- RELEASE ALL [LIKE <通配符>]清除所有与<通配符>相匹配的内存变量，通配符的含义与 DISPLAY MEMORY 命令相同；
- RELEASE ALL [EXCEPT <通配符>]清除所有与<通配符>不匹配的内存变量。

（4）数组变量

数组是一组有序的数据值的集合，其中的每个数据值称为数组元素，每个数组元素可以通过一个数值下标引用。若数组元素只有一个下标，则称为单下标变量，由单下标变量组成的数组称为一维数组。若数组元素有两个下标，则称为双下标变量，其中第一个叫做行下标，第二个叫做列下标，由双下标变量组成的数组称为二维数组。

　　与一般内存变量不同，数组在使用前必须先定义，规定数组是一维还是二维，以及数组名和数组大小。数组大小由下标值的上、下限决定，下限规定为 1。

　　格式：

```
DIMENSION /DECLARE <数组名1>(<数值表达式1>[,<数值表达式2>])
            [,<数组名2>(<数值表达式1>[,<数值表达式2>]),…]
```

　　功能：建立若干个一维数组和二维数组。

　　说明：

　　① 可以用 DECLARE 或 DIMENSION 命令建立多个数组。

　　例如：

```
DECLARE A(10),B(2,3)           &&建立一维数组A(10)和二维数组B(2,3)
```

　　该命令建立了一个一维数组 A(10)。一维数组 A(10)有 10 个数组元素 A(1)，A(2)，…，A(10)，它们都是单下标变量，下标从 1 开始、到 10 为止。该命令还建立了一个二维数组 B(2,3)。它是一个 2 行 3 列的数组，6 个数组元素分别为：B(1,1)、B(1,2)、B(1,3)、B(2,1)、B(2,2)、B(2,3)，它们都是双下标变量。括号内的数值，既说明了数组元素的个数，又表示该数组元素下标的最大值。在使用数组时，下标不能超界，否则会产生错误。简单变量名、一维数组名和二维数组名不能重名，否则也会产生错误。

　　② 在建立数组后，数组的各个元素的初始值均为逻辑假.F.。

　　③ 同一数组的各个元素的数据类型可以不相同。它的类型由最近一次的 STORE 或 SCATTER 等赋值命令决定。二维数组中的元素在内存中是按行的顺序存放的，二维数组也可以当做一维数组去存取。

　　④ 在给数组变量赋值时，如果未指明下标，则对该数组中所有元素同时赋予同一个值。

　　⑤ 在引用数组时，如果未指明下标，则为该数组的第一个元素。

　　【例 1.8】数组变量的定义与赋值。

```
DIMENSION X(5),Y(2,3)    &&定义一维数组X和二维数组Y
Y=10                     &&将10赋给Y数组的所有元素
STORE 1 TO X(1)          &&为数组赋给不同类型的数据
X(2)=X                   &&将X数组第一个元素，即X（1）的值赋给X（2）
X(3)="奥运会"
X(4)={^2008-08-08}
X(5)=.T.
?Y(5)                    &&二维数组可以当做一维数组去存取，即显示Y(2,2)内容
```

（5）系统内存变量

　　系统内存变量是 Visual FoxPro 自动创建并维护的内存变量。在默认情况下，它们的属性是 PUBLIC（公用变量），也可以声明成 PRIVATE（私有变量）。系统内存变量用来保持系统固有信息（例如，文本报表应打印的备份数等）。系统内存变量的名称是通过一个前导下划线（如 _PCOPIES）来识别的。可以像使用普通内存变量那样使用系统内存变量，但是因为它们由 Visual FoxPro 预先定义好了，所以一个系统内存变量的类型是固定的。

1.4.3　表达式

　　用运算符将常量、变量和函数等连接起来构成的有意义的式子称为表达式。单独的常量、变量和函数是表达式的特例，也是表达式。运算是对数据进行加工的过程，描述各种不同运

算的符号称为运算符。表达式进行运算后都将返回一个确定的值，根据该值的数据类型，可以将表达式分为数值表达式、字符表达式、日期表达式、逻辑表达式、关系表达式等。例如，计算半径为 R 的圆周长表达式 2*PI( )*R 就是一个数值表达式。

1．数值表达式

数值表达式是由数值运算符将常数、变量和函数连接起来构成的有意义的式子，其运算结果为数值型数据。数值运算符及其运算的优先顺序如下：

( )	括号
+	单目运算符正号
–	单目运算符负号
^或**	乘方
*	乘号
/	除号
%	取模（余数）
+	加号
–	减号

各个运算符号进行运算的优先级与数学运算规则相同，其中乘与除、加与减是同级运算，运算时按照从左至右的顺序进行。当我们将数学表达式转换成 Visual FoxPro 数值表达式时，要注意下列规则。

① 每个符号占 1 格，每个符号都必须一个一个地并排写在同一横线上，不能有上标和下标。例如，X^3 要写成 X^3，X_1+X_2 必须写成 X1+X2。

② 所有运算符都不能省略。例如，$2XY$ 必须写成 2*X*Y。

③ 所有的括号都是圆括号。例如，$5[X+2(Y+Z)]$ 必须写成 5*(X+2*(Y+Z))

④ 在转换时，要保持原有数学表达式的优先级，必要时要添加圆括号。例如，分式 $\dfrac{a+b}{c-d}$ 必须写成（a+b）/（c–d）。

⑤ 表达式中不能出现非 Visual FoxPro 字符。例如，$2\pi r$ 应写成 2*PI( )*R。

2．字符表达式

字符表达式是由字符运算符将常数、变量和函数连接起来构成的有意义的式子，其运算结果是字符串。字符运算符有以下两种。

+：将运算符两边的字符串连接起来，形成一个新的字符串。

–：将两个字符串连接时，把第一个字符串的尾部空格移到后面字符串的尾部。

【例 1.9】字符表达式示例。

```
X="数据库  "
Y="基础"
?X+Y,X-Y
```

结果显示为：

　　　数据库　基础　数据库基础

3．日期表达式

日期表达式是由算术运算符（+或–）将数值表达式、日期型常量、变量和函数连接起来构成的有意义的式子。日期型数据比较特殊，其运算结果可能是日期型或数值型数据。

日期型表达式的运算有 3 种情况：

① 两个日期型数据可以相减，结果是一个数值，表示两个日期之间相差的天数；

② 日期型数据加上一个整数，其结果为一个新的日期；

③ 日期型数据减去一个整数，其结果为一个新的日期。

【例 1.10】日期表达式示例。

```
?{^2008-08-08}-{^2008-08-01}
?{^2008-08-08}+31
?{^2008-08-08}-31
```

显示结果为：

```
7                        &&两日期的天数之差
09/08/08                 &&新的日期，美国日期格式
07/08/08                 &&新的日期
```

4．关系表达式

关系表达式是由关系运算符将数值、字符、日期和逻辑表达式连接起来构成的有意义的式子，其运算结果是逻辑型数据。关系运算符两边的表达式必须属于同一种类型。

关系运算符有以下 8 种，其优先级别相同：

<	小于	=	等于
<=	小于等于	<>或#或!=	不等于
>	大于	$	字符串包含
>=	大于等于	==	字符串精确比较

（1）同类型的数据进行比较

数值型数据按其值的大小进行比较，字符串"从左向右"按其对应的 ASCII 码值的大小进行比较，汉字按它的拼音或笔画（汉字机内码）进行比较。关系运算的结果是逻辑真（.T.）或逻辑假（.F.）。

【例 1.11】关系表达式示例。

```
?3+5>7*2                           &&结果为.F.
?{^2008-07-21}>{^2007-07-21}+5     &&结果为.T.
?"bcd">"cbd"+"AB"                  &&结果为.F.
?"计算机">"数据库"                  &&结果为.F.
?.F.>.T.                           &&结果为.F.
```

（2）字符串包含运算符的使用

格式：

```
<字符串 1> $ <字符串 2>
```

功能：当<字符串 2>包含<字符串 1>时，其结果为.T.；当<字符串 2>不包含<字符串 1>时，其结果为.F.。

（3）字符串精确比较

在 SET EXACT OFF 环境下，当用"="号比较两个字符串是否相等时，并不一定能确定左右两个字符串完全一样，因为在逐一比较每一个字符时，当右边字符串的所有字符比较完后，若还未发现不相同的字符，则认为二者相等。这就是所谓的"左匹配"原则。例如：

```
?'ABC'='ABCD','ABCD'='ABC'
 .F.              .T.
```

在 SET EXACT ON 环境下的"="号，相当于字符串精确比较运算符"=="，即"="两边字符串必须逐个字符都相等，结果才为.T.。

5．逻辑表达式

逻辑型表达式是由逻辑运算符将关系表达式、逻辑常量、变量和函数连接起来构成的有

意义的式子，其运算结果是逻辑值。

逻辑运算符有 3 种，按优先级顺序排列如下：

.NOT.或 NOT 或!	逻辑非
.AND.或 AND	逻辑与
.OR.或 OR	逻辑或

令 A、B 是两个逻辑型数据，则 3 个逻辑运算符的作用可以用表 1-3 来表示。

表 1-3　逻辑运算的规则

A	B	NOT A	A AND B	A OR B
.T.	.T.	.F.	.T.	.T.
.T.	.F.	.F.	.F.	.T.
.F.	.T.	.T.	.F.	.T.
.F.	.F.	.T.	.F.	.F.

【例 1.12】逻辑表达式示例。

```
NOT 10-6>10              &&运算结果为 .T.
5>4 AND 2>7              &&运算结果为 .F.
8<>5 OR NOT 10>12+3      &&运算结果为 .T.
```

各种运算符的优先级别由高到低分别为：括号、数值运算符、字符运算符、日期运算符、关系运算符、逻辑运算符。所有同一级命令的运算都是从左到右进行的，括号内的运算优先执行，嵌在最内层括号内的运算首先进行，然后依次由内向外执行，如图 1-17 所示。

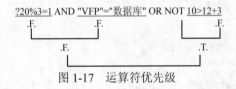

图 1-17　运算符优先级

6．计算表达式命令

格式：

　　=<表达式 1>[,<表达式 2>...]

功能：计算一个或多个表达式的值。

说明：该命令的作用是计算一个或多个表达式的值，并不返回其值。常用于需要执行一个 Visual FoxPro 函数或用户自定义函数，但并不需要将该函数的返回值赋给一个内存变量、数组或数组元素的情况。例如，=MESSAGEBOX("计算表达式") 是正确的命令格式。

7．空值（NULL）

空值是计算机语言中的一个重要概念，空值表示该值目前未知，与数字 0、空格字符、逻辑假不同。数字 0、空格、逻辑假也是值，只不过是特殊值。

例如，在填写某表格时，某人的年龄不知道或记不清了，则不能在该人的年龄栏中填写数字 0，因为数字 0 与未知有着本质区别。对于字符型和逻辑型也一样，若某人的出生地不详，用空格代替将来就不便于处理。如果用逻辑值代表性别，逻辑假代表女，当不知道某人性别时，若用假代替，就等于此人的性别是女。

空值具有以下特性：

① 空值表示没有任何值；

② 空值与空字符串或空格串不同；

③ 空值排序时在其他数据前面；

④ 在计算中或大多数函数中均可使用空值。

1.4.4　常用函数

Visual FoxPro 的函数有两种，即系统函数和用户自定义函数。系统函数是系统为实现一些特定功能而设置的内部程序，作为系统的一部分供用户使用，并由此为程序设计和软件开发提供了强大的支持。Visual FoxPro 提供了 500 多个系统函数，可以实现 500 多个不同于命令的特殊功能。用户自定义函数是用户根据需要自行编写的函数。按 Visual FoxPro 函数的功能和用途，可将系统函数分为 10 余种类型，限于篇幅，本节只介绍系统函数中最常用函数，详细情况请查阅相关手册。

函数的基本形式为：

> 函数名([<操作数表达式>])

函数的操作数有 3 种情况：

① 有可能无操作数，如 DATE( )函数；

② 有可能由用户输入操作数，如 GETFILE( )函数；

③ 多数函数的操作数是由用户指定的，如用户不指定，系统就按有关规定给出。

对于后两种情况，输入的操作数就相当于一般函数的自变量。Visual FoxPro 对每个函数自变量的个数、类型及函数值的类型都有明确的规定，在使用函数时必须遵循这些规定。学习函数，必须注意函数自变量的类型及函数结果的数据类型。

1. 数值函数

（1）取整函数

格式：

```
INT(<数值表达式>)
CEILING(<数值表达式>)
FLOOR(<数值表达式>)
```

功能：

- INT 该函数返回<数值表达式>的整数部分（舍尾）；
- CEILING 返回不小于<数值表达式>的最小整数；
- FLOOR 返回不大于<数值表达式>的最大整数。

例如：

```
?INT(3.14),INT(-3.14),CEILING(3.14), FLOOR(3.14)
```

结果为：

```
3      -3      4      3
```

（2）四舍五入函数

格式：

```
ROUND(<数值表达式 1>,<数值表达式 2>)
```

功能：对<数值表达式 1>进行四舍五入操作，保留<数值表达式 2>位小数。若<数值表达式 2>为负数，则对小数点前第<数值表达式 2>位四舍五入。

例如：

```
?ROUND(1054.1972,2),ROUND(1054.1972,0),ROUND(1054.1972,-2)
```

结果为：

```
1054.20      1054      1100
```

（3）取模函数

格式：

MOD(<数值表达式 1>,<数值表达式 2>)

功能：返回<数值表达式 1>除以<数值表达式 2>的余数。若<数值表达式 1>与<数值表达式 2>同号，则返回值的符号为<数值表达式 2>的符号；若<数值表达式 1>与<数值表达式 2>异号，则返回值为<数值表达式 1>除以<数值表达式 2>的余数（余数符号与<数值表达式 1>相同）加上<数值表达式 2>的值。该函数的功能与运算符%相同。

例如：

?MOD(5,3),MOD(-5,-3),MOD(-5,3),MOD(5,-3)

结果为：

2   -2   1   -1

（4）最大、最小值函数

格式：

MAX/ MIN (<表达式 1>,<表达式 2>[,<表达式 3>...])

功能：返回若干个表达式中的最大或最小数。表达式可以是各种数据类型，但在同一个函数中的表达式的类型应一致。返回值的数据类型与表达式类型一致。

例如：

?MAX(20,5*8,-70/2),MIN(20,5*8,-70/2)

结果为：

40   -35

（5）绝对值函数

格式：

ABS(<数值表达式>)

功能：返回<数值表达式>的绝对值。

（6）平方根函数

格式：

SQRT(<数值表达式>)

功能：返回<数值表达式>的算术平方根，其中<数值表达式>的值不能为负。

（7）指数函数

格式：

EXP(<数值表达式>)

功能：返回以 e 为底的指数值，<数值表达式>为 e 的指数部分。

例如：

? ABS(30-75), SQRT(64),EXP(0),EXP(1)

结果为：

45   8.00   1.00   2.72

（8）对数函数

格式：

LOG(<数值表达式>)

功能：返回<数值表达式>的自然对数的值。

（9）符号函数

格式：

SIGN(<数值表达式>)

功能：根据<数值表达式>的值为正、零、负数分别返回 1、0、–1。

例如：

```
?SIGN(3.14), SIGN(0), SIGN(-3.14)
```

结果为：

```
1       0       -1
```

（10）随机函数

格式：

```
RAND([<数值表达式>])
```

功能：返回一个 0～1 之间的随机数。<数值表达式>是随机数"种子"，如果<数值表达式>为负数，则由系统时钟产生"种子"。为了获得一组真正的随机序列，可以在第一个 RAND 中使用负参数，而以后的 RAND( )不用任何参数。如果<数值表达式>是相同的正数，则总是产生相同的随机序列。例如，要产生 A～B 之间的随机实数，可以用表达式(B–A)* RAND( )+A 实现。

例如：

```
?RAND(),RAND(-1)
```

结果可能为：

```
0.49     0.24
```

（11）正弦函数

格式：

```
SIN(<数值表达式>)
```

功能：返回<数值表达式>所表示弧度的正弦值。

（12）π 值函数

格式：

```
PI()
```

功能：返回圆周率 π 的值。

（13）角度转变为弧度函数

格式：

```
DTOR(<数值表达式>)
```

功能：将<数值表达式>由角度转变为弧度。

例如：

```
?SIN(PI()/2), SIN(DTOR(90))
```

结果为：

```
1.00     1.00
```

2. 字符函数

（1）宏代换函数

格式：

```
&<字符型内存变量>[.<字符表达式>])
```

功能：用字符型内存变量的"值"代替内存变量的"名"。宏代换的作用范围是从符号"&"起，直到遇到一个圆点符"."或空白为止。

例如：

```
A='1+2'
?&A                      &&结果为数值 3
STORE "ZG.DBF" TO X
```

```
    USE &X                          &&相当于执行指令 USE ZG.DBF
```
　　注意，宏代换函数可以改变数据类型，将某些字符型常量转变为逻辑型、数值型。宏代换函数的替换是间接的。
　　例如：
```
    X=".T."
    Y="1"
    A="DATE()"
    B="A"
    ?3>2.AND.&X,&A+&Y              &&结果由.T.和系统日期加 1 组成
```
　　（2）表达式计算函数
　　格式：
```
    EVALUATE(<字符表达式>)
```
　　功能：返回<字符表达式>的值。EVALUATE( )函数具有与&类似的功能。
　　例如：
```
    A="9*5"
    ?EVALUATE(A)
```
　　结果为：
```
    45
```
　　（3）名表达式
　　格式：
```
    (<字符表达式>)
```
　　功能：名表达式也具有与上述&和 EVALUATE( )函数类似的功能。
　　说明：所谓名表达式，就是用一对括号将名称括起来，以实现替换功能。Visual FoxPro 的许多命令与函数都要指定一个名称以便让其了解处理的对象，这些名称是文件名、字段名、窗口名、菜单名、数组名、内存变量名等。名不是变量或字段，但可以定义一个名表达式，以代替同名的变量或字段的值。
　　例如：
```
    A="1+2"
    B="A"
    B,(B),&B,EVALUATE(&B)
```
　　结果为：
```
    A      A      1+2     3
```
　　而
```
         X="职工.DBF"
         USE(X)                    &&相当于执行了 USE 职工.DBF 命令
         Y="姓名"
         REPLACE (Y) WITH "李明"
```
上述命令的结果是打开"职工"表后，将第一条记录的姓名字段的值用"李明"替换。
　　（4）删除空格函数
　　格式：
```
    ALLTRIM(<字符表达式>)
    LTRIM(<字符表达式>)
    TRIM/RTRIM(<字符表达式>)
```
　　功能：ALLTRIM 的功能是删除<字符表达式>中的前后空格，LTRIM 的功能是删除字符串前导空格，而 TRIM 的功能是删除字符串尾部空格。

例如：

```
? ALLTRIM("  数据库  ")+LTRIM("  应用")+TRIM("基础  ")
```

结果为：

数据库应用基础

（5）取左子串函数

格式：

```
LEFT(<字符表达式>,<数值表达式>)
```

功能：从<字符表达式>最左边开始截取<数值表达式>个字符。若<数值表达式>的值大于<字符表达式>的长度，则该函数值返回整个字符串；若<数值表达式>小于或等于零，则该函数返回一个空串。

（6）取右子串函数

格式：

```
RIGHT(<字符表达式>,<数值表达式>)
```

功能：从<字符表达式>最右边开始截取<数值表达式>个字符。

（7）取子串函数

格式：

```
SUBSTR(<字符表达式>,<数值表达式1>[,<数值表达式2>])
```

功能：从<字符表达式>的<数值表达式1>开始截取<数值表达式2>个字符。若省略为<数值表达式2>或其值大于<字符表达式>长度，则将截取<数值表达式1>指定位置起至最后一个字符为止的子串。当<数值表达式1>的值为0时，输出空串。

例如：

```
X="08/09/08"
?RIGHT(X,2)+ "年"+LEFT(X,2)+"月"+ SUBSTR(X,4,2)+"日"
```

结果为：

08年08月09日

（8）子串检索函数

格式：

```
AT(<字符表达式1>,<字符表达式2>[<数值表达式>])
```

功能：返回<字符表达式1>在<字符表达式2>中第<数值表达式>次出现的位置。若<字符表达式1>不在<字符表达式2>中，则返回0；若不给出<数值表达式>，则隐含为1。输出值的类型为数值型。

例如：

```
?AT("Fox","Visual FoxPro9.0")
```

结果为：

8

（9）字符串替换函数

格式：

```
STUFF(<字符表达式1>,<数值表达式1>,<数值表达式2>,<字符表达式2>)
```

功能：用<字符表达式2>替换<字符表达式1>中的一部分字符。<数值表达式1>指定替换的起始位置，<数值表达式2>为要替换的字符个数。

例如：

```
?STUFF("浙江财经学院",9,4,"大学")
```

结果为:

    浙江财经大学

（10）字符串长度函数

格式:

    LEN(<字符表达式>)

功能: 返回<字符表达式>的长度。输出值的类型为数值型。

例如:

    ?LEN("Visual FoxPro 9.0"),LEN("数据库")

结果为:

    16   6

（11）空格函数

格式:

    SPACE(<数值表达式>)

功能: 返回<数值表达式>个空格。输出值的类型为字符型。

例如:

    ?"浙江"+SPACE(6)+"杭州"

结果为:

    浙江   杭州

（12）字符重复函数

格式:

    REPLICATE(<字符表达式>,<数值表达式>)

功能: 将<字符表达式>重复<数值表达式>次输出。输出值的类型为字符型。

例如:

    ?REPLICATE("*",10)

结果为:

    ****

3. 日期时间函数

（1）系统日期函数

格式:

    DATE( )

功能: 返回当前系统日期。输出值的类型为日期型。

（2）系统时间函数

格式:

    TIME([<数值表达式>])

功能: 以时、分、秒（hh:mm:ss）返回当前系统时间。如果包含有<数值表达式>，则返回的时间包含百分之几秒，<数值表达式>可以是任何值。输出值的类型为字符型。

（3）日期时间函数。

格式:

    DATETIME()

功能: 该函数返回当前系统日期时间。输出值的类型为日期时间型。

（4）年份函数

格式:

    YEAR(<日期表达式/日期时间表达式>)

功能：返回<日期表达式>或<日期时间表达式>的年份的数值。输出值的类型为数值型。

（5）月份函数

格式：

```
MONTH(<日期表达式/日期时间表达式>)  /CMONTH(<日期表达式/日期时间表达式>)
```

功能：MONTH( )函数返回<日期表达式>或<日期时间表达式>的月份数值，输出值的类型为数值型。CMONTH( )返回<日期表达式>或<日期时间表达式>的月份的名称，输出值的类型为字符型。

（6）星期函数

格式：

```
DOW(<日期表达式/日期时间表达式>)/CDOW(<日期表达式/日期时间表达式>)
```

功能：DOW( )函数返回<日期表达式>或<日期时间表达式>的星期几的数值，输出值的类型为数值型。星期日是一个星期的第一天。CDOW( )函数返回<日期表达式>或<日期时间表达式>的星期几的名称，输出值的类型为字符型。

（7）日期函数

格式：

```
DAY(<日期表达式/日期时间表达式>)
```

功能：该函数返回<日期表达式>或<日期时间表达式>日期的数值，输出值的类型为数值型。

例如：

```
?YEAR(DATE()),MONTH(DATE()),DAY(DATE()),DOW(DATE()),CDOW(DATE())
```

结果为：

```
2008      08      09      7       星期六
```

4．转换函数

（1）数值型转换成字符型函数

格式：

```
STR(<数值表达式1>[,<数值表达式2>[,<数值表达式3>]])
```

功能：将<数值表达式1>的值转换成字符型数据。<数值表达式2>决定转换字符串的长度，若其大于实际数值的位数，则在前面补空格；若其小于实际数值的位数，则输出指定个数的"*"号。<数值表达式3>指定小数位数，若位数大于实际数值的小数位数，则在后面补0；若位数小于实际数值的小数位数，则四舍五入处理。若省略<数值表达式3>，则只有整数部分；若同时省略<数值表达式2>，则在字符串前补相应位数的空格使之满10位。

例如：

```
?STR(123.4,6,2),STR(123.4,5),STR(123.4),STR(123.4,2)
```

结果为：

```
123.40      123      123      **
```

（2）字符转换成数值函数

格式：

```
VAL(<字符表达式>)
```

功能：将字符型数据转换为数值型数据。转换从第一个数字字符开始，直到遇到非数字字符为止，可以包含负号。小数位由 SET DECIMALS TO 命令决定，默认值为 2。

例如：

```
?VAL("-123.4567"),VAL("12ABCD.3456")
```

结果为：

　　　-123.46　　　12.00

（3）字符转换 ASCII 码

格式：

　　　ASC(<字符表达式>)

功能：返回<字符表达式>中首字符的 ASCII 码的十进制数。输出值的类型为数值型。

（4）ASCII 码转字符函数

格式：

　　　CHR(<数值表达式>)

功能：把<数值表达式>的值转换为相应的 ASCII 码字符。输出值的类型为字符型。

例如：

　　　?ASC("APPLE"),CHR(97)

结果为：

　　　65　　a

（5）字母小写转大写函数

格式：

　　　UPPER(<字符表达式>)

功能：将<字符表达式>中所有小写字母转换成大写字母。

（6）字母大写转小写函数

格式：

　　　LOWER(<字符表达式>)

功能：该函数将<字符表达式>中所有大写字母转换成小写字母。

（7）字符转换日期函数

格式：

　　　CTOD(<字符表达式>)

功能：该函数把字符型日期转换成日期型日期，其中日期的默认格式为"mm/dd/yy"。

例如：

　　　?CTOD("08/09/08")

结果为：

　　　08/09/08　　　　　　　　　　&&美国日期格式代表 2008 年 08 月 09 日

（8）日期转换字符函数

格式 1：

　　　DTOC(<日期表达式>[,1])

功能：该函数用于把日期型日期转换成字符型日期。[,1]是可选部分，若增加，则输出格式转换为年、月、日，年份为 4 位，输出值的类型为字符型。

例如：

　　　?DTOC(DATE()),DTOC({^2008-08-09},1)

结果为：

　　　08/09/08　　20080809

格式 2：

　　　DTOS(<日期表达式/日期时间表达式>)

功能：将<日期表达式/日期时间表达式>中的日期按 yyyymmdd 格式返回字符串。该函输出值的类型为字符型。

说明：若要按日期型字段对表索引，此函数很有用。它与包含参数 1 的 DTOC( )相同。用 DTOS( ) 返回的字符串不受 SET DATE 或 SET CENTURY 的影响。

例如：设当前系统日期为 2011-08-09

```
?DTOS(DATE()),DTOS({^2011-08-09}),DTOS(DATETIME())
```

结果为：

```
20110809    20110809    20110809
```

5. 数据表函数

（1）字段数函数

格式：

```
FCOUNT([<工作区号>/<别名>])
```

功能：返回指定工作区中打开表的字段数。若指定工作区中没有打开的表，则返回 0。输出值的类型为数值型。

例如：

```
USE 职工
? FCOUNT()              &&输出职工表的字段数
9
```

（2）字段名函数

格式：

```
FIELDS(<数值表达式>[<工作区号>/<别名>])
```

功能：返回指定工作区中第<数值表达式>个字段的名称。输出值的类型为字符型。

例如：

```
USE 职工
?FIELD(1)               &&职工表的第一个字段的名称
职工号
```

（3）表头测试函数

格式：

```
BOF([<工作区号>/<别名>])
```

功能：当把记录指针移到表文件的首记录之前（表头）时，该函数值为.T.，否则返回.F.。[<工作区号>/<别名>]用于指定工作区，默认为当前工作区。

（4）表尾测试函数

格式：

```
EOF([<工作区号>/<别名>])
```

功能：当把记录指针移到表文件的末记录之后（表尾）时，该函数值为.T.，否则返回.F.。

（5）记录数测试函数

格式：

```
RECCOUNT([<工作区号>/<别名>])
```

功能：返回指定工作区中表文件记录总数（包括已添加删除标记的记录）。若指定工作区中没有打开的表文件，则返回 0。输出值的类型为数值型。

例如：

```
USE 职工
?RECCOUNT()             &&测试职工表的记录总数
10
```

（6）记录号测试函数

格式：

    RECNO([<工作区号>/<别名>])

功能：返回指定表中当前记录号，如果指定的工作区没有打开的表文件，则返回0；若是一个空表，则 RECNO( )=1，且 EOF( )=.T.，BOF( )=.T.；若记录指针移到表尾（EOF( )=.T.），则 RECNO( )=总记录数+1；若记录指针移到表头（BOF( )=.T.），则 RECNO( )的值与首记录号相同。输出值的类型为数值型。

6．测试函数

（1）数据类型测试函数

格式：

    TYPE(<表达式>)

功能：返回<表达式>的数据类型所对应的字母。它要求必须将<表达式>用字符定界符括起来。输出值的类型为字符型。

例如：

    ?TYPE("10+8"),TYPE(".F.OR.T."),TYPE("DATE()")

结果为：

    N   L   D

（2）新数据类型测试函数

格式：

    VARTYPE(<表达式>)

功能：返回<表达式>的数据类型所对应的字母，如表1-4所示。该函数的功能与 TYPE 相同，但不要求将<表达式>用字符定界符括起来，是 TYPE 功能的升级。输出值的类型为字符型。

例如：

    ?VARTYPE(10+8),VARTYPE(.F.OR.T.),VARTYPE(DATE())

结果为：

    N   L   D

表 1-4　测试函数 VARTYPE( )的返回值

返回字母	对应的数据类型	返回字母	对应的数据类型
C	字符型、备注型、随意字符型、二进制随意字符型	O	指 OLE 对象
		Q	二进制型、变体型
D	日期型	T	日期时间型
G	通用型	U	未定义，表示参数有错，无法返回正确类型
L	逻辑型	X	NULL 值
N	数值型、浮点、双精度、整型	Y	货币型

（3）之间函数

格式：

    BETWEEN(<表达式 1>,<表达式 2>,<表达式 3>)

功能：当<表达式 1>大于或等于<表达式 2>而又小于或等于<表达式 3>时，函数返回.T.，否则返回.F.。

（4）空函数

格式：

    EMPTY(<表达式>)

功能：当<表达式>为空时，EMPTY( )函数返回.T.，否则返回.F.。<表达式>为空对于不同类型的数据有不同的定义，如表 1-5 所示。

表 1-5　不同数据类型的"空"值定义

数据类型	<表达式>为空的定义
C	空字符串、空格、制表符、回车符、换行符或其任意组合
N、Y、F、B、I	0
L	逻辑假.F.
D	空日期型，如 CTOD("")
T	空日期时间型，如 CTOT("")
M	空白（即没有任何内容存于备注字段中）
G	空白（即没有任何 OLE 对象存在于通用字段中）

（5）查询结果函数

格式：

```
FOUND([<工作区号>/<别名>])
```

功能：如果 LOCATE、CONTINUE、SEEK、FIND 等命令查找成功，则返回.T.，否则返回.F.，也可以通过 EOF( )的状态来判断。

（6）文件测试函数

格式：

```
FILE(<字符表达式>)
```

功能：测试指定的文件是否存在，其中文件名必须包含扩展名。若该文件存在，则返回.T.，否则返回.F.。

7．其他函数

（1）条件函数

格式：

```
IIF(<逻辑表达式>,<表达式 1>,<表达式 2>)
```

功能：当<逻辑表达式>的值为.T.时，返回<表达式 1>的值，为.F.时返回<表达式 2>的值。它通常用于在简单条件表达式中替代 IF-ENDIF 的结构。输出值的类型由<表达式 1>或<表达式 2>确定。

例如：

```
N=10
?IIF(N>9,STR(N,2),STR(N,1))
```

结果为：

```
10
```

（2）自定义对话框函数

格式：

```
MESSAGEBOX(<提示信息>[,<数值表达式> [,<标题信息>]])
```

功能：显示一个用户自定义对话框。输出值的类型为数值型。

说明：

① <提示信息>：指定在对话框中显示的字符串提示信息。如果要显示多行文字，可以在各行之间加 CHR(13)。

② <数值表达式>：指定对话框的类型参数，包括按钮种类、图标类型及焦点选项按钮。对话框类型参数及选项如表 1-6 所示。省略<数值表达式>时，等同于指定<数值表达式>值为 0。

表 1-6　对话框类型参数及选项

数　值	按 钮 类 型	数　值	图 标 类 型	数　值	焦 点 选 项
0	确定	0	无图标	0	第 1 个按钮
1	确定、取消	16	停止图标	256	第 2 个按钮
2	放弃、重试、忽略	32	问号图标	512	第 3 个按钮
3	是、否、取消	48	惊叹号图标		
4	是、否	64	信息图标		
5	重试、取消				

③ <标题信息>：指定对话框标题栏中的字符串信息。若省略<标题文本>，标题栏中将显示"Microsoft Visual FoxPro"。

④ MESSAGEBOX( )的返回值标明选取了对话框中的哪个按钮。在含有取消按钮的对话框中，如果按下 Esc 键退出对话框，则与选取"取消"按钮一样，返回值为 2。表 1-7 列出了 MESSAGEBOX( )对应每个按钮的返回值。

例如：

```
MESSAGEBOX("真的要退出吗？",4+32+0,"提示信息")
```

结果如图 1-18 所示。

表 1-7　MESSAGEBOX( )对应每个按钮的返回值

选 择 按 钮	返 回 值	选 择 按 钮	返 回 值
确定	1	忽略	5
取消	2	是	6
放弃	3	否	7
重试	4		

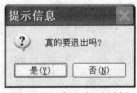

图 1-18　自定义对话框

1.4.5　Visual FoxPro 命令格式与文件类型

1．命令格式

Visual FoxPro 命令通常由两部分组成。第一部分是命令动词，也称关键字，它指明命令的功能；第二部分是包含几个跟随在命令动词后面的功能子句，这些子句通常用来对执行的命令进行一些限制性的说明。命令的一般形式为：

```
命令动词 [<范围>][FIELDS <字段名表>][FOR <条件>][WHILE <条件>]
         [TO PRINTER [PROMPT]/TO FILE <文件名>][NOOPTIMIZE] [OFF]
```

（1）命令动词

所有的命令都有命令动词，这是一个英文动词，它给出该命令应完成的功能。

（2）<范围>子句

表示命令对表文件进行操作的记录范围，一般有 4 种选择。

* ALL：对表文件所有的记录进行操作。
* NEXT *n*：对从当前记录开始的连续若干个指定的记录进行操作。
* RECORD *n*：只对第 *n* 条记录进行操作。
* REST：对从当前记录开始到表文件尾为止的所有记录进行操作。

其中，*n* 为数值表达式的值。

（3）FOR <条件>和 WHILE <条件>子句

FOR <条件>和 WHILE <条件>子句均实现对表的记录筛选，完成关系的选择运算，但 FOR

子句与 WHILE 子句又有如下区别。

① FOR 子句将范围内的所有满足条件的记录都作为操作对象；WHILE 子句将范围内的满足条件的记录都作为操作对象，一旦遇到第 1 条不满足条件的记录时，就停止操作而不管后面是否还有满足条件的记录。

② 当<范围>子句省略时，FOR 子句的操作对象是全部记录，WHILE 子句的操作对象是 REST。

③ 当一条命令中 FOR、WHILE 同时存在时，WHILE 子句优先。

（4）FIELDS<字段名表>子句

该子句实现对表的字段筛选，完成关系的投影运算，用于规定当前处理的字段和表达式。省略时，显示除备注型、通用型字段以外的所有字段。

（5）OFF 子句

不显示记录号。如果省略了 OFF，就在每个记录前显示记录号。

（6）TO PRINTER [PROMPT]子句

将命令的结果定向输出到打印机。如果包含可选的 PROMPT 子句，则在打印开始前显示一个对话框，在此对话框中可以调整打印机的设置，包括打印的数目和打印的页数等。

（7）TO FILE<文件名>子句

将命令的结果输出定向到<文件名>指定的文件中。如果文件已经存在，且 SET SAFETY 设置为 ON，将提示是否要改写此文件。

2．命令的书写规则

① 所有命令必须以命令动词开始，回车键结束。命令动词与子句之间、子句与子句之间、子句与保留字、各保留字之间都应至少有一个空格隔开。

② 所有功能子句在命令中出现的次序不影响命令的执行结果。

③ 命令中的所有符号除汉字外，都要在英文半角状态下输入。

④ 为了简化输入，Visual FoxPro 9.0 具有智能提示功能，用户在正确输入命令动词或功能子句的前 4 个字符后按下空格键，系统会自动将命令或保留字补完整，同时显示命令或短语的全部参数选项，供用户选择。

⑤ 如果希望将一条命令分成若干行，只要换行后在新的一行开始处加一个分号";"，再将后续的命令书写完整即可。

⑥ 命令一般式的符号约定如下。

<>：必选项，表示命令中必须选择该项，但内容可以根据需要确定。

[ ]：可选项，可根据实际需要选用或省略该项内容。

/ ：任选项，根据实际需要任选且必选其中一项内容。

应当注意的是，这些符号只是在书面表示时使用，并非命令或函数的组成部分。

3．文件类型

Visual FoxPro 的文件类型及其扩展名如表 1-8 所示。

表 1-8　Visual FoxPro 的文件类型

扩　展　名	文　件　类　型	扩　展　名	文　件　类　型
.act	向导操作的文档	.mem	内存变量文件
.app	生成的应用程序	.mnt	菜单备注文件
.bak	备份文件	.mnx	菜单文件

扩 展 名	文 件 类 型	扩 展 名	文 件 类 型
.cdx	复合索引文件	.mpr	生成的菜单程序文件
.dbc	数据库	.mpx	编译的菜单程序文件
.dbf	表	.msg	FoxDoc 信息文件
.dbt	FoxBASE 风格的备注文件	.ocx	OLE 控件
.dct	数据库备注文件	.pjt	项目备注文件
.dll	Windows 动态链接库文件	.pjx	项目文件
.doc	FoxDoc 报告文件	.plb	FoxPro for DOS 库 API 文件
.err	编译错误信息文件	.prg	程序文件
.exe	可执行文件	.prx	编译后的格式文件
.fky	宏文件	.qpr	生成的查询程序
.fll	FoxPro 动态链接库文件	.qpx	编译后的查询文件
.fmt	格式文件	.sct	表单备注文件
.fpt	表备注文件	.scx	表单文件
.frt	报表备注文件	.spr	生成的屏幕文件（3.0 以前）
.frx	报表文件	.spx	编译的屏幕文件（3.0 以前）
.fxd	FoxDoc 支撑文件	.tbk	备注备份文件
.fxp	编译的程序文件	.tmp	临时文件
.hlp	图形帮助文件	.txt	文本文件
.idx	标准索引及压缩索引文件	.vct	可视类库备注文件
.lbt	标签备注文件	.vcx	可视类库文件
.lbx	标签文件	.vue	FoxPro 2.x 视图文件
.lst	文档化向导列表文件	.win	窗口文件

1.5　小　　结

　　本章介绍了数据库的基本概念、关系数据库的基本特点、Visual FoxPro 数据库管理系统的操作界面、数据描述及基本操作。这些知识是整个 Visual FoxPro 的操作基础，也是数据库应用的基础。

　　本章主要内容包括：

　　（1）概念模型中实体之间的联系及实体联系的类型，数据库的 3 种逻辑模型，关系模型及关系数据库的基本概念，关系数据库的主要特点及选择、投影、连接 3 种基本操作，数据库的完整性规则，数据库组成的 4 个层次——字段、记录、表和数据库。

　　（2）Visual FoxPro 的发展、特点及主要技术指标。Visual FoxPro 的集成开发环境。

　　（3）Visual FoxPro 的基本数据类型，常量与变量的概念，变量的分类、建立、显示、清除、存盘、恢复及数组变量的基本操作，各种运算符及它们之间的优先级，各种表达式的基本操作。

　　（4）Visual FoxPro 的常用函数的使用方法。特别要注意每一个函数的输入/输出数据类型。

习　题　1

1.1　判断题

1．关系数据库中关系运算的操作对象为二维表。

2．Visual FoxPro 是一个层次型的数据库管理系统。

3．关系型数据库对关系有 3 种基本操作：选择、投影及连接。

4．一个关系表可以有多个主关键字。

5．单独一个变量或一个常数也是一个表达式。

6．数组不同于一般的内存变量，必须先定义后使用。

7．给数组变量赋值的时候，如果没有指明下标，则表示给数组的第一个元素赋值。

8．在表文件打开的情况下，同名的字段变量优先于内存变量。

9．两个日期数据相减，其结果得到的是数值型数据。

10．可以使用 STORE 命令同时给多个内存变量赋值。

11．在 Visual FoxPro 中，如果对内存变量没有赋初值，则它的值自动为 0。

12．内存变量的数据类型一旦确定，是不能改变的。

13．"3.14159"表示一个字符型常量。

14．如果一个表达式中有多种运算符，则数值运算符一定最先运算。

15．函数的自变量类型和函数值的类型必须一致。

16．函数 YEAR (DATE( )) 得到系统的年份，其数据类型为日期型。

17．SET EXACT ON 只对字符串运算起作用。

18．两个日期数据可以相减，但不能相加。

19．在 Visual FoxPro 中，已知 Y=5，执行 X=Y=5 后，X 的值为 5。

20．VAL 函数是将数值型数据转换成字符型数据的函数。

1.2　选择题

1．Visual FoxPro 支持的数据模型是（　　　）。

A．层次数据模型　　　　B．关系数据模型　　　　C．网状数据模型　　　　D．树状数据模型

2．数据库（DB）、数据库系统（DBS）和数据库管理系统（DBMS）之间的关系是（　　　）。

A．DBMS 包括 DB 和 DBS　　　　　　　　B．DBS 包括 DB 和 DBMS

C．DB 包括 DBS 和 DBMS　　　　　　　　D．DB、DBS 和 DBMS 是平等关系

3．数据库系统的核心是（　　　）。

A．数据库　　　　　　　　　　　　　　B．操作系统

C．数据库管理系统　　　　　　　　　　D．文件

4．实体集 1 中的一个元素，在实体集 2 中有多个元素与它对应，而实体集 2 中的一个元素，在实体集 1 中最多只有一个元素与它对应。这两个实体之间的关系是（　　　）。

A．一对一　　　　B．多对多　　　　C．一对多　　　　D．都不是

5．Visual FoxPro 关系数据库管理系统能实现的 3 种基本关系运算是（　　　）。

A．索引、排序、查找　　　　　　　　　B．建库、录入、排序

C．选择、投影、连接　　　　　　　　　D．显示、统计、复制

6．将关系看成一张二维表，则下列叙述中错误的是（　　　）。

A．同一列的数据类型相同　　　　　　　B．表中不允许出现相同列

C．表中行的次序可以交换　　　　　　　D．表中列的次序不可以交换

7．关键字是关系模型中的重要概念。当一张二维表（A 表）的主关键字被包含到另一张二维表（B 表）中时，它就称为 B 表的（　　　）。

A．主关键字　　　　B．候选关键字　　　　C．外部关键字　　　　D．超关键字

8．在 Visual FoxPro 中，以下关于内存变量的叙述有错误的是（　　　）。

A．内存变量的类型取决于其值的类型

B．内存变量的类型可以改变

C．数组是按照一定顺序排列的一组内存变量

D．一个数组中各个元素的数据类型必须相同

9．Visual FoxPro 中的变量有两类，它们分别是（　　）。

A．内存变量和字段变量　　　　　　　　　B．局部变量和全局变量

C．逻辑型变量和货币型变量　　　　　　　D．备注型变量和通用型变量

10．Visual FoxPro 内存变量的数据类型不包括（　　）。

A．数值型　　　　B．货币型　　　　　C．备注型　　　　　　D．逻辑型

11．下面关于 Visual FoxPro 数组的叙述中，错误的是（　　）。

A．DIMENSION 和 DECLARE 都能定义数组，它们具有相同的功能

B．Visual FoxPro 能支持二维以上的数组

C．一个数组中各个数组元素不必是同一种数据类型

D．新定义数组的各个数组元素初值为.F.

12．使用命令 DECLARE array(2, 3)定义的数组，包含的数组元素的个数为（　　）。

A．2 个　　　　　B．3 个　　　　　　C．5 个　　　　　　D．6 个

13．下列（　　）为非法的变量名或字段名。

A．CUST-ID　　　B．姓名　　　　　　C．COLOR_ID　　　D．成绩

14．下列表达式中，结果为"数据库应用"的表达式是（　　）。

A．"数据库"，"应用"　　　　　　　　　B．"数据库"＆"应用"

C．"数据库"＋"应用"　　　　　　　　　D．"数据库"＄"应用"

15．如果内存变量与字段变量均有变量名姓名，引用内存变量的正确方法是：

A．A.姓名　　　　B．M.姓名　　　　　C．姓名　　　　　　D．不能引用

16．在下面 4 组函数运算中，结果相同的是（　　）。

A．LEFT ("Visual FoxPro", 6) 与 SUBSTR ("Visual FoxPro", 1,6)

B．YEAR (DATE ( )) 与 SUBSTR (DTOC (DATE), 7, 2)

C．VARTYPE ("36–5*4") 与 VARTYPE (36–5*4)

D．假定 A ="This　", B ="is a string.", A–B 与 A+B

17．函数 IIF (LEN (RIGHT ("RIGHT", 7)) > 6, 5, –5)返回的值是（　　）。

A．.T.　　　　　　B．.F.　　　　　　C．5　　　　　　　D．–5

18．下列函数中函数值为字符型的是（　　）。

A．DATE( )　　　B．TIME ( )　　　　C．YEAR ( )　　　　D．MONTH ( )

19．设有变量 pi=3.1415926，执行命令?ROUND (pi, 3) 的显示结果是（　　）。

A．3.14　　　　　B．3.142　　　　　C．3　　　　　　　D．3.141

20．下列选项中得不到字符型数据的是（　　）。

A．DTOC (DATE ( ))　　　　　　　　　B．TIME ( )

C．STR (123.567)　　　　　　　　　　D．AT ("1", STR (123))

21．函数 STR (2781.5785, 7, 2)返回的结果是（　　）。

A．2781　　　　　B．2781.58　　　　C．2781.579　　　　D．81.5785

22．表达式 LEN (SPACE (5) – SPACE (2))的值是（　　）。

A．2　　　　　　　B．3　　　　　　　C．5　　　　　　　D．7

23．在下列表达式中，其值为数值的是（　　）。

A. AT（"人民","中华人民共和国"）　　　B. CTOD（"01/01/96"）

C. BOF ( )　　　　　　　　　　　　　　D. SUBSTR (DTOC (DATE ( )), 7)

24. 将日期型数据转换成字符型数据，使用的函数是（　　　）。

A. DTOC　　　　B. STR　　　　　C. CTOD　　　　　D. VAL

25. 在 Visual FoxPro 中执行了如下命令序列：

```
FH="*"
X="3.2&FH.3"
?X
```

最后一条命令的显示结果是（　　　）。

A. 3.2&FH.3　　B. 3.2*3　　　　C. 9.6　　　　　D. 3.2*.3

26. 设 S='(3+2.5)'，表达式 4*&S.+5 的输出结果是（　　　）。

A. 9.00　　　　B. 20.00　　　　C. 27.00　　　　D. 出错信息

27. 下列叙述中正确的是（　　　）。

A. x#y 表示 x 与 y 全等　　　　　　B. 内存变量名与字段名不能相同

C. 2x 为非法的内存变量名　　　　　D. 数组中的元素数据类型必须相同

28. 在 Visual FoxPro 中，下列数据属于常量的是（　　　）。

A. .N.　　　　　B. F　　　　　　C. 07/08/99　　　D. 都对

29. 以下哪种数据类型不能进行"+"和"−"的运算（　　　）。

A. 数值型　　　　B. 日期型　　　　C. 字符型　　　　D. 逻辑型

30. 在 Visual FoxPro 中，关于数值运算、关系运算、逻辑运算和函数的运算优先级，正确的是（　　　）。

A. 函数>数值运算>逻辑运算>关系运算

B. 函数>逻辑运算>数值运算>关系运算

C. 数值运算>函数>逻辑运算>关系运算

D. 函数>数值运算>关系运算>逻辑运算

31. 设初值 Y=100，执行 ?X=Y=200 命令后变量 X 的值是（　　　）。

A. 200　　　　　B. 100　　　　　C. .F.　　　　　D. .T.

32. AT 函数和 $ 运算符相似，它们的返回值的类型分别为（　　　）。

A. 数值型和数值型　　　　　　　　B. 数值型和逻辑型

C. 逻辑型和数值型　　　　　　　　D. 逻辑型和逻辑型

33. 在下列表达式中，运算结果为数值的是（　　　）。

A. [66]+[8]　　　　　　　　　　　B. LEN(SPACE(8))+1

C. CTOD("07/08/08")+31　　　　　D. 300+200=500

34. 在系统默认情况下，下面严格日期书写格式正确的一项是（　　　）。

A. {2002-06-27} B. {06/27/02}　　C. {^2008-08-08}　　D. {^08-08-08}

35. 下面表达式中运算结果是逻辑真的是（　　　）。

A. EMPTY(.NULL.)　　　　　　　　B. 'AC'$'ACD'

C. AT('a','123abc')　　　　　　　　D. 'AC'='ACD'

1.3　填空题

1. 数据管理发展的阶段分别是_____、_____和_____。

2．数据库管理系统常用的数据模型有_____、_____和_____。

3．关系数据库的 3 种关系运算是_____、_____和_____。

4．数据的完整性规则一般分为_____、_____和_____。

5．在 Visual FoxPro 的命令窗口中，退出 Visual FoxPro 系统所执行的命令是_____。

6．定义一个数组后，该数组中元素的初值均被赋予_____。

7．显示职工表中"职工号"字段包含字符"1998"的全部记录，其命令为_____。

8．若函数 DATE( )的值为"07/08/08"，要从这个日期中变换出字符串"2008"的表达式是_____。

9．在当前职工表中，有逻辑字段"婚否"和日期型字段"出生日期"，现显示所有出生日期大于 1976 年 12 月 31 日的未婚职工的记录，其命令为_____。

10．关系数据库对关系有 3 种基本操作，在 Visual FoxPro 命令格式中，FIELDS <字段名表>是对关系的_____操作，FOR <条件>是对关系的_____操作。

11．表达式?AT("人民","中国人民银行") 的执行结果是_____。表达式?"人民"$"中国人民银行" 的执行结果是_____。表达式?SUBSTR("中国人民银行",5,4) 的执行结果是_____。表达式?STUFF("中国人民银行",5,4,"工商") 的执行结果是_____。

12．A=5，B=8，则表达式?(B–A)*RAND( )+A 的结果是_____到_____之间的实数。

13．表达式 ?DAY(CTOD("07/29/08")+10) 的执行结果是_____。DATE( )–CTOD("07/29/08")执行结果的类型是_____。{^2008-08-08}+100 执行结果的类型是_____。

14．写出下面数学表达式的 Visual FoxPro 表达式：

（1）$B^2–4AC$_____；   （2）$3\sin30°+\ln100$_____；

（3）$|10e^x–y/(a–b)|$ _____；   （4）$5X+6 \leqslant Y \leqslant 1000$_____。

15．当用 DIMENSION A(10)定义 A 数组，再执行 A=5 后，表示_____。

实验 1　Visual FoxPro 环境与表达式、常用函数的使用

一、实验目的

熟悉 Visual FoxPro 的运行环境，能熟练掌握 Visual FoxPro 程序设计语言基础中的常量、变量、表达式及常用函数，为学习程序设计打下基础。

二、实验准备

阅读本章中有关 Visual FoxPro 的启动与退出和 Visual FoxPro 界面的组成与使用的内容；熟悉实验室的网络环境，能够通过精品课程网站与教师互动交流，能够利用文件传输软件上传和下载实验文档；复习常量、变量、表达式及常用函数的使用方法，如 INT、ROUND、MOD、MAX、MIN 等。

三、实验内容

1．Visual FoxPro 的启动与退出

（1）用以下几种方法启动 Visual FoxPro。

① 通过 Windows 的"开始"菜单中的"所有程序"选项。

② 通过建立在 Windows 桌面上的快捷图标启动。

③ 通过 Windows 的"开始"菜单中的"运行"选项,"浏览"找到 Microsoft Visual FoxPro 9.0 文件夹,启动 Vfp9.exe 程序。

④ 通过 Windows "资源管理器"或"我的电脑",找到 Vfp9.exe 程序启动。

(2)用以下几种方法退出 Visual FoxPro。

① 双击 Visual FoxPro 窗口左上角的控制菜单图标。

② 单击 Visual FoxPro 窗口左上角的控制菜单按钮,然后单击"关闭"选项。

③ 右击 Visual FoxPro 窗口标题栏上的任一空闲区域,单击"关闭"按钮。

④ 单击 Visual FoxPro 窗口右上角的关闭窗口按钮。

⑤ 在命令窗口输入 QUIT 命令。

⑥ 按 ALT+F4 快捷键。

⑦ 单击 Visual FoxPro "文件"菜单,在下拉菜单中单击"退出"选项。

2. 常量、变量及表达式操作

根据题目给出的要求,用符合 Visual FoxPro 规定的表达式输出,请在命令窗口中完成赋值及输出表达式的操作,并记录输出结果。

(1)先用赋值语句分别为变量 X、Y、Z 赋初值为 100、200、300,然后要求输出:

① [(X−3Y)/(2−Z)]*Y

② Y>100 或 Y<0

③ 50<Z<800

(2)先用赋值语句分别将变量 A、B、C 赋初值为"X"、'XY'、[XYZ],然后要求输出(设 SET EXACT 分别为 ON 或 OFF 时):

① A 加 B 加 C

② A 大于 B 或 A 小于 C

③ A 加 C 大于 A 加 B

(3)先用赋值语句分别将变量 D1、D2、D3 赋初值为 2008 年 9 月 10 日、2008 年 8 月 8 日、10,然后要求输出:

① D1 减 D2

② D1 减 D2 大于 D3

③ D1 加 D3 大于 D2+D3

(4)定义一个名为 S、有 5 个元素的一维数组,并赋初值 0。

3. 完成下述命令操作

(1)用 LIST MEMORY 命令显示输出前面各题建立的、名字只有一个字符的内存变量。

(2)用 LIST MEMORY 显示输出所有内存变量(含系统内存变量)。

(3)用 LIST MEMORY 显示输出所有一般内存变量和数组变量。

(4)清除所有用户建立的内存变量,再用命令检查清除是否成功。

4. 常用函数的操作

在命令窗口执行下述命令,并记录运行结果。

(1)数值函数

① 取整函数 INT

```
?INT(3.14),INT(-3.14)
```

② 四舍五入函数 ROUND

```
?ROUND(1024.1972,2),ROUND(1024.1972,0),ROUND(1024.1972,-2)
```

③ 求余函数 MOD（与%运算符等价）

```
?MOD(-89,8),-89%(8),MOD(89,-8),89%(-8)
```

④ 最大、最小值函数（MAX、MIN），绝对值函数 ABS，平方根函数 SQRT，指数函数 EXP

```
?MAX(3.19,0,-3.19),MIN(3.19,0,-3.19),ABS(30-75),SQRT(64),EXP(1)
```

（2）字符型函数

① 删除前后空格函数 ALLTRIM，左/右取子串函数 LEFT/RIGHT，取子串函数 SUBSTR

```
?"计算机"+ALLTRIM("   基础教学   ")
?LEFT("浙江财经学院",4),RIGHT("浙江财经学院",4)
?SUBSTR("浙江财经学院",5,4)
```

② 字串检索函数 AT，字符串替换函数 STUFF

```
S1="VERY"
S2="I LIKE IT VERY MUCH"
?AT(S1,S2),AT(S1,"IS"),AT("I",S2,3)
?STUFF("浙江财经学院",9,4,"大学"),STUFF("浙江财经学院",5,4,"")
```

③ 宏替换函数&

```
C="123"
D=&C
E="D+2*3-INT(3/2) "
F=&E
? "D=",D, "F=",F
A="同学们好！"
B="A"
C=&B
?C
```

④ 表达式计算函数 EVALUATE

```
C="123"
D=EVALUATE(C)
E="D+2*3-INT(3/2) "
F=EVALUATE(E)
? "D=",D, "F=",F
```

（3）其他字符函数

① 数据类型测试函数 TYPE，新数据类型测试函数 VARTYPE

```
?TYPE("10+8"),TYPE("F.OR.T"),TYPE("DATE()"),TYPE("ABC123")
? VARTYPE(10+8) , VARTYPE(DATE() ), VARTYPE("ABC123")
?VARTYPE(ABC123)
```

② 空格函数 SPACE

```
?SPACE(5)
```

③ 长度函数 LEN

```
?LEN("THIS IS A BOOK")
```

（4）日期和时间函数

```
?DATE(),TIME(),YEAR(DATE()),MONTH(DATE()),DAY(DATE())
```

（5）转换函数

① 字母的大小写转换

```
?LOWER("Personal Computer"),UPPER("Personal Computer")
```

② 字符与日期的相互转换

```
C="^2003-3-5"
D=CTOD(C)
E=DTOC(D)
? "C=",C, "D=",D, "E=",E
?VARTYPE(C),VARTYPE(D),VARTYPE(E)
```

③ 数值与字符的相互转换

```
N=123.45
P=STR(N,6,1)
V=VAL(P)
?N,P,V
?VARTYPE(N),VARTYPE(P),VARTYPE(V)
```

④ 字符与 ASCII 码的相互转换

```
?ASC("A")
?CHR(65)
```

四、实验报告

1．通过实验，回答下列问题

（1）AT( )与$运算符基本相似，但返回值类型不同，请问不同之处在哪里，举例说明？

（2）TYPE( )和 VARTYPE( )在具体使用时有什么不同？

（3）根据下面赋值语句，说明变量 C，D，P 的类型分别是什么？

```
C="^2003-3-5"
D=CTOD(C)
P=DTOC(D)
```

（4）根据下面赋值语句，说明变量 N、P、V 的类型又分别是什么？

```
N=123.45
P=STR(N,6,1)
V=VAL(P)
```

（5）DTOC( )中是否加选参数 1 有何不同？

（6）宏替换函数可以改变数据类型，将某些字符型常量转变为逻辑型、数值型，请举例说明。

（7）名函数( )在哪种情况下可以代替&，请举例说明。

2．简答题

（1）通过实验，你认为能用 CLEAR 清除系统内在存变量吗？对于用户自己定义的内存变量呢？

（2）数组变量一般应该先定义后使用，当定义数组变量后，该数组各元素的初值是什么？

（3）关系表达式与逻辑表达式返回的数据类型一样吗？

3．总结实验完成情况及存在问题

第2章　数据表的基本操作

数据表是建立数据库和进行程序设计的基础，各种数据库应用系统都有其具体的数据表，数据表是应用程序重要的数据资源。Visual FoxPro 为数据表的建立和操作提供了一系列命令，这些命令既可以用菜单方式实现，也可以在命令窗口中通过命令的方式实现。

本章主要讨论自由表，从建立表结构入手，逐步介绍数据表记录的输入、数据的编辑修改，以及数据表索引、查找、统计等操作。

2.1　创建数据表

2.1.1　表的概念

在数据库中，数据表是最基本的文件，该文件的扩展名为.dbf，若数据表中有一个或多个备注型、通用型字段，则 Visual FoxPro 系统会自动产生一个同名的.fpt 文件，用于存放备注型、通用型字段的内容。数据表文件由表结构和记录（内容）两部分组成，如图 2-1 所示。二维表的第 1 行称为表的结构，第 1 行下面的数据称为记录。建立数据表必须首先创建表结构，在表结构建好后才能向表中输入记录。

职工号	商品号	数量
199701	1001	80.00
199702	1001	30.00
199803	2003	15.00
199701	2001	30.00
199804	3001	50.00
200001	2002	46.00
199801	3003	32.00
199803	1003	23.00
200601	1002	16.00
199702	2002	18.00

图 2-1　销售汇总表

本书主要以第 1 章中介绍的"营销"数据库中的职工情况、销售汇总和商品情况 3 张数据表为基础，见图 1-7～图 1-9，作为基本的数据讲解对象。

数据库由 4 个层次组成（数据库—数据表—记录—字段），表的上层是库文件，所以数据表分为数据库表和自由表。所谓数据库表是指包含在某个数据库中的表，而自由表则是独立于数据库而存在的表。数据库表和自由表可以互相转换。本章主要介绍表的基本操作，所以建立的表都是自由表，数据库表的相关内容见第 3 章。

2.1.2　创建表结构

表结构可以看做一张数据表的框架，表结构除了要设计每一列的字段名外，还要确定字段的类型、宽度和小数位数（如果存放的是数值型数据），这些是表结构设计的基本元素。另外，还可以建立索引、设计是否支持空值等。在设计表结构时，必须遵循 Visual FoxPro 系统对字段名、类型、宽度和小数位的规定。

1. Visual FoxPro 系统对表结构的规定

（1）文件名

Visual FoxPro 系统将数据表文件的扩展名定义为.dbf，文件名由用户自己命名，但必须遵循 Windows 的规定，即文件名由 ASCII 码字符（不能包含以下字符：\、/、:、*、?、"、<、>、|）和汉字组成，文件名长度最多可以使用 255 个字符。

（2）字段数

一个表文件最多可有 255 个字段。

（3）字段名

字段又称字段变量，它的命名规则与内存变量一致。允许由字母、汉字、数字和下划线组成，但必须以字母或汉字开头，中间不能有空格。在自由表中，字段名长度不能超过 10 个英文字符，即最多 5 个汉字。在数据库表中，字段名的最大长度可以达到 128 个英文字符。

（4）字段类型

Visual FoxPro 9.0 支持的字段类型共有 18 种。常用的数据类型是：字符型（C）、数值型（N）、逻辑型（L）、日期型（D）、日期时间型（T）、货币型（Y）、备注型（M）、通用型（G）等。一般应根据以下原则确定字段类型：

① 如果字段描述的信息与日期或时间有关，则采用日期或日期时间类型；

② 如果字段描述的信息只有两种状态，为真或为假，则采用逻辑型；

③ 如果字段描述的信息要使用文字且字符总长度不超过 254 个字节，则采用字符型；

④ 如果字段描述的是不确定长度的信息文本，则只能采用备注型。

⑤ 如果字段描述的信息涉及声音、图像、表格等，则只能采用通用型；

⑥ 对事先无法确定其长度的字符型字段，最好采用 VarChar 型。

（5）字段宽度

在 Visual FoxPro 9.0 中有 3 种数据类型的字段宽度是可以改变的：字符型字段和二进制字符型字段，宽度为 1～254 个字节；数值型字段，宽度为 1～20 个字节。其他数据类型由系统规定宽度值，见表 2-1。在实际应用时，字段宽度定义要恰当，既不能太宽，浪费存储空间，也不能太小，无法适应以后数据发生的变化。

表 2-1 系统规定的字段宽度

字段类型	逻辑型	日期型	备注型	通用型	二进制备注型	整型	日期时间型	双精度型	货币型	Blob
固定宽度	1	8	4	4	4	4	8	8	8	4

（6）小数位数

数值型字段、双精度型字段、浮点型字段、货币型字段要设计小数位数。注意，小数位的最大宽度是字段宽度减 1，即至少要留出小数点的位置。

2．表结构的设计

根据职工基本情况表、销售汇总表、商品情况表的具体数据和系统的规定，将这 3 个表的文件名分别取为：职工.dbf、销售.dbf、商品.dbf，并设计出这 3 个表的表结构分别如表 2-2、表 2-3 和表 2-4 所示。

表 2-2 职工情况表（表文件名：职工.dbf）

字段名	类型	宽度	小数位
职工号	字符型	6	
姓名	字符型	8	
性别	字符型	2	
婚否	逻辑型	1	
出生日期	日期型	8	
基本工资	数值型	8	2
部门	字符型	4	
简历	备注型	4	
照片	通用型	4	

表 2-3　销售汇总表（表文件名：销售.dbf）

字段名	类型	宽度	小数位
职工号	字符型	6	
商品号	字符型	4	
数量	数值型	8	2
金额	数值型	12	2

表 2-4　商品情况表（表文件名：商品.dbf）

字段名	类型	宽度	小数位
商品号	字符型	4	
商品名称	字符型	20	
类别	字符型	4	
库存量	数值型	8	2
单价	数值型	8	2
单位	字符型	4	

3. 表结构的建立

表结构的建立可以通过表设计器、表向导、SQL 语言建立，也可以通过其他表复制产生，或通过表结构文件产生。在此先介绍用表设计器建立表结构和复制产生表结构。

（1）菜单方法

选择"文件"→"新建"菜单命令或单击"新建"按钮，出现"新建"对话框，如图 2-2 所示。在"新建"对话框中选择"表"，单击"新建"按钮，出现"创建"对话框，如图 2-3 所示。选择好保存位置，在"输入表名"框中输入表的名称，再单击右下角的"保存"按钮保存文件，并出现"表设计器"对话框，如图 2-4 所示。在"表设计器"对话框中输入已设计好的表结构（以职工.dbf 为例）。

图 2-2　"新建"对话框　　　图 2-3　"创建"对话框　　　图 2-4　"表设计器"对话框

"表设计器"对话框有 3 个选项卡：字段、索引和表。选中"字段"选项卡，在对应栏目中输入表的结构。

- "字段名"区域：输入字段名。
- "类型"区域：单击下拉箭头，从中选择一种数据类型。
- "宽度"区域：输入以字节为单位的字段宽度，也可以单击数字增减微调按钮改变宽度。对于系统规定的固定宽度，将自动显示宽度，不需输入。
- "小数位数"区域：如果字段类型是数值型、浮点型、双精度型和货币型，则用来设置小数位。
- "索引"区域：如果对字段建索引，则选中√。索引详细情况见后续章节。
- "NULL"区域：如果想让字段能接受 NULL 值，则选中√。

一个字段输入完成后，单击下一个字段名处（注意：不能用回车键，按回车键是退出输入状态），输入另一个字段，直到完成所有字段的输入。

在输入过程中，可以通过移动光标和鼠标指针修改发生的错误，也可以通过"表设计器"对话框中的"插入"和"删除"按钮在表中增加、删除字段。

- "插入"按钮：在已选定的字段前插入一个新字段。
- "删除"按钮：从表中删除选定字段。

可以用鼠标指针拖动字段名左端方块的上、下双向箭头来改变字段的顺序。

输入完所有字段并检查正确后，单击"确定"按钮，就完成了表结构的创建。这时若要立即输入数据，则选择"显示"→"浏览"菜单命令。选择"显示"→"追加模式"菜单命令，进入记录输入状态输入记录。

（2）命令方式

格式：

　　CREATE [<表文件名>/?]

功能：在当前文件夹下建立一个新数据表文件。

说明：

① <表文件名>项：直接打开表设计器对话框，在当前文件夹下开始建表。表文件名的扩展名.dbf 可以省略。若省略<表文件名>或使用"？"，则显示"创建"对话框，同菜单方式。

② 当前文件夹的问题：当前文件夹即默认目录。我们建立的表文件是为后续程序所用的，因此需要保存在自己的文件夹下，但是系统默认目录一般是 Visual FoxPro 系统所在的文件夹，需要重新设置默认目录，默认目录的设置方法有以下两种。

方法 1（菜单方式）

在 Visual FoxPro 环境下，选择"工具"→"选项"菜单命令，出现"选项"对话框，如图 2-5 所示；选择"文件位置"选项卡中的"默认目录"项，单击"修改"命令按钮，进入默认目录修改界面；根据对话框提示完成默认目录设置。若在返回前单击对话框中的"设置为默认值"按钮再单击"确定"按钮，则本次设置的默认目录长期有效直到再改变；若只单击"确定"按钮，则设置的默认目录在退出 Visual FoxPro 环境后就无效了。

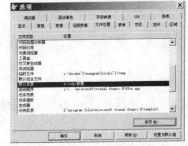

图 2-5　"选项"对话框设置默认路径

方法 2（命令方式）

命令格式：

　　SET DEFAULT TO [<驱动器号>][<路径>]

功能：设定当前的工作目录，即默认目录。

【例 2.1】 用命令方式将当前工作目录设置为 D 盘"vfp"文件夹下的"数据"文件夹。

　　SET DEFAULT TO D:\vfp\数据

建议：在建立表结构及今后的操作中，最好先把默认目录设置为自己的文件夹或检查一下默认目录是否为自己的文件夹，这样不管用什么方法、建立什么文件，这些数据都会自动存储到指定的位置，否则会造成数据的乱放或丢失。

4．表结构的复制

格式：

　　COPY STRUCTURE TO <文件名> [FIELDS<字段名表>]

功能：复制当前表文件的结构到指定的文件中。

说明：

① 带[FIELDS<字段名表>]选项是指复制选项中出现的字段名，无此选项则复制全部字段。

② 如果<文件名>中不说明路径，则产生的结果文件存放在默认目录中。

【例 2.2】用已存在的"职工"表创建"ZG1"的表结构，"ZG1"表的结构与"职工"表的结构一样。

在命令窗口中输入下述命令（注意一行命令输入完毕要按回车键）：

```
USE 职工
COPY STRUCTURE TO ZG1
```

【例 2.3】用已存在的"职工"表创建"ZG2"的表结构，"ZG2"表的结构只取"职工"表的职工号、姓名、性别 3 个字段。

```
COPY STRUCTURE TO ZG2 FIELDS 职工号,姓名,性别
```

2.1.3　表结构的显示与修改

表结构建立以后需要查看，如果有错误或希望改变原来的结构设计就需要修改表结构。

1．表结构的显示

格式 1：

```
DISPLAY STRUCTURE [IN <工作区号>/<别名>][NOCONSOLE]
                    [TO PRINTER [PROMPT]/ TO FILE <文件名>]
```

格式 2：

```
LIST STRUCTURE [IN <工作区号>/<别名>][NOCONSOLE]
                 [TO PRINTER [PROMPT]/ TO FILE <文件名>]
```

功能：显示当前数据表或指定工作区已打开数据表的结构。

说明：

① 显示一个表的结构，包括该表中每个字段的字段名、类型、宽度、小数位数，以及索引情况、排序方式、是否支持空值。

② 该命令还显示表中当前的记录数和最近更新的日期。如果表中有一个相关备注字段，还会显示备注字段块的大小。此外，还显示所有字段的总宽度。

③ DISPLAY STRUCTURE 的显示格式是分页显示，而 LIST STRUCTURE 的显示格式是连续滚动显示。

【例 2.4】显示"职工.dbf"表结构，在命令窗口中输入以下命令：

```
USE 职工
DISPLAY STRUCTURE
```

显示结果如图 2-6 所示。总计的字节数为 48，比各字段宽度之和多 1 个字节，用来存放删除标记"*"。如果支持空值，则总计的字节数为 49，还要增加 1 个字节，用来记录支持空值的状态。

2．表结构的修改

表结构的修改包括：修改字段名、字段类型、宽度、小数位，修改是否允许空值，增、删字段等内容。表结构的修改主要通过表设计器来实现。

（1）菜单方式

选择"显示"→"表设计器"菜单命令，进入当前表的设计器，使用全屏幕编辑键可查看和修改当前表的结构。显示结果如图 2-7 所示（假设当前打开的是"商品.dbf"文件）。如果

当前没有打开的表，则需要先打开表后，才能进入"表设计器"。

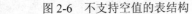

表结构：	D:\VFP9BOOK\职工.DBF
数据记录数：	10
最近更新的时间：	08/09/08
备注文件块大小：	64
代码页：	936

	字段名	类型	宽度	小数位	索引	排序	Nulls
下一个	步长						
1	职工号	字符型	6				否
2	姓名	字符型	8				否
3	性别	字符型	2				否
4	婚否	逻辑型	1				否
5	出生日期	日期型	8				否
6	基本工资	数值型	8	2			否
7	部门	字符型	6				否
8	简历	备注型	4				否
9	照片	通用型	4				否
**	总计 **		48				

图 2-6　不支持空值的表结构　　　　　图 2-7　"商品.dbf"的表设计器

（2）命令方式

格式：

```
MODIFY STRUCTURE
```

功能：用表设计器修改当前表的结构。

说明：进入当前表的表设计器，"表设计器"对话框如图 2-7 所示。

注意：

① 在修改表结构时要防止数据的丢失。把字段从一种数据类型更改为另一种数据类型时，不能完全或根本不转换字段的内容。例如，如果将日期类型的字段转换成数值类型，则原字段内容丢失。当字段宽度变小时，原字段内容会局部丢失。

② 在更改表结构后，Visual FoxPro 自动建立原表的备份，如果表有备注文件，也将创建一个备注备份文件。表备份文件的扩展名为.bak，备注备份文件的扩展名为.tbk。

③ 如果用户在修改表结构时丢失了数据，可以通过备份文件恢复。其方法是：删除原文件，并把.bak 文件和.tbk 文件改回为原文件扩展名（.dbf 和.fpt）。

2.2　表内容的输入

2.2.1　表文件的打开与关闭

在新建表和输入数据以后应当及时关闭表文件以免数据丢失，表关闭后，如果下次要使用必须先打开。所谓表的打开，就是将存放在外存上的表文件调入内存，而表的关闭则是将输入在内存中的数据保存到外存中并释放内存空间。表文件的打开与关闭有多种方法。

1. 表的打开

（1）菜单方式

方法 1：选择"文件"→"打开"菜单命令，或者单击"打开"按钮。在"打开"对话框中选择"文件类型"→"表（*.dbf）"，再选择要打开的表文件名，然后单击"确定"按钮。

方法 2：选择"窗口"→"数据工作期"菜单命令，出现如图 2-8 所示的"数据工作期"对话框。在该对话框中，单击"打

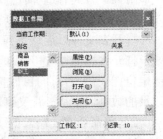

图 2-8　"数据工作期"对话框

开”按钮，出现“打开文件”对话框，选择文件即可。在“数据工作期”对话框中可同时打开多个表文件。

（2）命令方式

格式：

  USE <表文件名>

功能：在当前工作区中打开指定的表文件。

说明：

① 表文件的扩展名.dbf可以省略。

② 如果表有备注文件，则表的备注文件（.fpt）也一并打开。

③ 表文件打开时，记录指针指向首记录。

④ USE命令有很丰富的命令选项，详细格式见后面的索引章节。

2．表的关闭

在结束对表的操作后，应及时关闭表文件，将内存中的数据存回磁盘。若不及时关闭文件，由于人为的误操作或突然停电等因素，有可能造成数据的破坏或丢失。

（1）菜单方式

选择“窗口”→“数据工作期”菜单命令，出现如图2-8所示的“数据工作期”对话框。在该对话框中，选择表的名称然后单击“关闭”按钮，将选中的表关闭。

注意：关闭表的浏览窗口并未关闭表文件，表还是处于打开状态，用“数据工作期”对话框可以清楚地看到表的打开状况。

（2）命令方式

关闭表可以根据情况选择使用下列命令之一。

① USE：使用不加表名的USE命令，关闭当前工作区中打开的表。

② CLOSE TABELS：关闭所有工作区中已打开的表文件。

③ CLEAR ALL：清除内存变量，同时关闭所有工作区中已打开的表文件。

④ CLOSE ALL：关闭所有已打开的文件，包括表文件。

另外，在同一个工作区中打开另一个表时，原来在该工作区中打开的表自动关闭。所谓工作区是指在内存中开辟的用于存放数据表的区域，详细内容见第3章。

2.2.2　表记录的输入

在建立表结构时，当表结构输入完毕按“确定”按钮后，可以使用前面介绍的方法查看和修改结构。表结构确定下来以后，可以使用菜单方式或命令方式实现记录的输入。

1．用菜单方式输入记录

用菜单方式有追加任意条记录、追加新记录、批量追加记录等多种记录输入菜单，下面以追加任意条记录为例加以介绍。

打开表文件以后，选择“显示”→“浏览××表”菜单命令（注意，刚建立结构的表是处于打开状态的），进入表的浏览窗口。然后选择“显示”→“追加模式”菜单命令，这时光标定位在表的末尾，且“追加模式”命令变为灰色，即不可用状态。用全屏幕编辑方法输入记录的数据，下移一行又可以输入下一条记录，如图2-9所示。

2．用命令方式输入记录

Visual FoxPro提供了追加命令APPEND、插入命令INSERT和成批追加命令APPEND

FROM 实现记录的输入。

注意：在向表文件追加记录时表必须处于打开状态。

（1）追加命令

格式：

```
APPEND [BLANK] [IN <工作区号>/<别名>]
```

功能：在表的末尾添加一条或多条新记录，等价于菜单方式的"显示"→"追加模式"。

说明：

① APPEND：全屏幕编辑命令。

② BLANK 选项：在当前表的末尾添加一条空记录，不进入编辑窗口。

③ IN <工作区号>/<别名>选项：新记录将添加到指定工作区的表中，否则记录添加到当前表中。

【例 2.5】给职工表追加若干条记录。

```
USE 职工        &&如果表已打开，该命令可省
APPEND          &&用全屏幕编辑方式逐条输入记录
```

用 APPEND 命令追加记录的编辑窗口如图 2-10 所示，选择"显示"→"浏览"菜单命令，可切换为浏览显示方式。

（2）插入命令

格式：

```
INSERT [BEFORE][BLANK]
```

功能：在当前表当前记录的前面或后面插入一条新记录，并进入数据的编辑状态。记录指针同时定位在新插入的记录上。

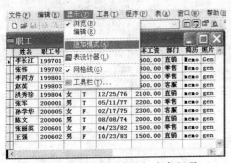

图 2-9　用浏览方式追加多条记录

图 2-10　在编辑窗口追加记录

说明：

① BLANK 选项：插入一条空白记录，不进入编辑状态。

② BEFORE 选项：在当前记录的前面插入一条新记录，无 BEFORE 选项则在当前记录的后面插入一条新记录。

使用 INSERT 命令要注意如下问题：

① 在记录多的表中不宜使用 INSERT 命令，因为若在表的前部插入记录，几乎要重写每一条记录，花费时间太长，最好使用 INSERT - SQL 命令（见第 3 章）；

② 在索引文件打开但没有主控索引时，用 INSERT 命令插入的记录只能添加到表的最后，如果有主控索引，插入的记录则会调整到相应的位置；

③ 对具有完整性约束（如触发器、主关键字或候选关键字等）的表不能使用 INSERT 命令。

【例 2.6】 在"职工.dbf"表的第 5 条记录前、后各插入一条空记录。

```
USE 职工
GO 5
INSERT BLANK                &&在第 5 条记录之后插入一条空记录，记录指针移到空记录
GO 5                        &&将记录指针再移到第 5 条记录
INSERT BEFORE BLANK         &&在第 5 条记录之前插入一条空白记录
LIST                        &&结果如图 2-11 所示，原第 5 条记录变为第 6 条记录
```

3. 备注型字段的输入与编辑

备注字段用来存放备注、说明、简历等内容较长且长短不一的文本信息。在表的浏览或编辑窗口中，若备注字段显示"memo"，则表示该字段尚无数据；若备注字段显示"Memo"，则表示该字段已有数据存在。

备注字段输入与编辑的操作步骤如下。

① 进入表的浏览窗口，将光标定位在备注字段上。

② 用鼠标双击备注字段或按 Ctrl+PgDn 组合键，即可进入备注字段编辑窗口，输入或编辑备注字段的内容，如图 2-12 所示。

③ 完成输入和编辑后，用右上角的关闭按钮，或按 Ctrl+W 组合键，或选择"文件"→"关闭"菜单命令，保存数据并关闭备注字段编辑窗口。若按 Esc 键或 Ctrl+Q 组合键结束编辑，则不保存本次编辑内容并关闭备注字段编辑窗口。

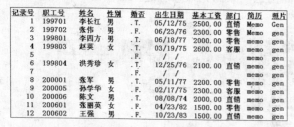

图 2-11　在第 5 条记录前、后各插入一条空白记录

图 2-12　编辑备注字段

4. 编辑通用型字段

通用型字段用于链接或嵌入其他应用程序的对象，也称为 OLE 对象。

（1）OLE 对象

OLE 是 Object Linking and Embedding 的简称，即对象的链接与嵌入。OLE 对象可以是一个完整的 Word 文档或部分的 Word 文档，也可以是一幅画、一张照片或一段音乐。

（2）链接与嵌入

引用 OLE 对象可以采用链接和嵌入两种方法。链接方法是按照文件的路径与指定文件保持连接，而嵌入方法则是将指定文件的副本放到 Visual FoxPro 中。链接与嵌入的区别在于数据的存储地点不同。

（3）将 OLE 对象链接或嵌入到通用型字段中

在表的浏览窗口中，若通用字段显示"gen"，则表示该字段是空的，尚无数据。若通用字段显示"Gen"，则表示该字段已有数据存在。

将 OLE 对象链接或嵌入到通用型字段的操作步骤如下。

① 在表的浏览窗口中，将光标定位在通用型字段上，用鼠标双击通用型字段或按 Ctrl+PgDn 键，进入通用型字段编辑窗口，如图 2-13 所示。

② 选择"编辑"→"插入对象"菜单命令，出现如图 2-14 所示的"插入对象"对话框。

图 2-13 通用型字段编辑窗口

图 2-14 "插入对象"的对话框

③ 选择"由文件创建"项，并将"链接"打√，单击"浏览"按钮，找到需要的文件，然后单击"确定"按钮。即可将对象链接到当前记录的通用型字段中，如图 2-15 所示。

④ 如果选择"新建"项，出现如图 2-16 所示的"新建"对话框，选择一个应用程序，建立对应的文件并嵌入，或者选择"由文件创建"项（同图 2-14 所示），但"链接"不打√，单击"浏览"按钮，找到需要的文件，单击"确定"按钮，即可将已经存在的 OLE 对象嵌入到当前记录的通用型字段中。

图 2-15 对象链接到当前记录

图 2-16 选择"新建"

（4）通用型字段内容的修改与删除

修改通用型字段的内容：进入通用型字段编辑窗口后，双击对象调出该对象的应用程序，可对对象进行修改。

删除通用型字段的内容：进入已放入 OLE 对象的通用型字段编辑窗口，选择"编辑"→"清除"菜单命令，可将 OLE 对象删除。

2.2.3 表记录的显示

当完成表的数据输入后，可能经常需要查看表中的数据，Visual FoxPro 提供了浏览窗口、滚屏显示、分屏显示等多种数据显示的方法。

1. 菜单方式

菜单方式是调用浏览窗口来显示数据表。打开表后，选择"显示"→"浏览××表"菜单命令，就可以用浏览窗口浏览当前表的内容。在浏览窗口中既可以查看数据，也可以修改和添加数据。浏览窗口有"浏览"和"编辑"两种显示方式，选择"显示"→"浏览"和"显示"→"编辑"菜单命令来切换。

2. 命令方式

（1）浏览命令

BROWSE 是 Visual FoxPro 中功能较强的命令之一。用 BROWSE 可以打开一个浏览窗口，且能够显示、修改、删除和追加表中的记录。同上述的菜单方式。

格式：

```
BROWSE [FIELDS<字段名表>][FOR <条件>] [LAST] [TITLE <标题文本>]…
```

功能：打开当前表的浏览窗口，可实现显示、修改、删除和追加记录的操作。

说明：

① BROWSE 有很多参数项，在此仅列出了常用项。

② [FIELDS<字段名表>]指定显示在浏览窗口中的字段。这些字段以<字段名表>指定的顺序显示。如果忽略 FIELDS 子句，则显示表的所有字段。字段列表可以是字段或含有字段的表达式。

③ FOR <条件>指定一个条件，只有<条件>为"真"的记录才显示于浏览窗口中。

④ LAST 表示保留上次命令[FIELDS<字段名表>]的选择。

⑤ TITLE <标题文本>：以<标题文本>指定的标题改写显示于浏览窗口标题栏中的默认表名，否则，表的名称显示于标题栏中。

⑥ Visual FoxPro 允许同时打开多个浏览窗口。

⑦ 若按 Esc 键退出浏览窗口，则放弃对最后一个字段所做的修改。

【例2.7】浏览"职工.dbf"表中已婚职工记录的职工号、姓名、出生日期字段，并给出浏览标题："已婚职工基本情况表"。

```
USE 职工
BROWSE FIELDS 职工号,姓名,出生日期 FOR 婚否 TITLE "已婚职工基本情况表"
```

结果如图 2-17 所示。

显示、修改表记录的命令还有 EDIT 和 CHANGE，它们的功能与 BROWSE 命令基本相同，只是为保持与以前 Visual FoxPro 版本兼容，而以"编辑"显示方式进入浏览窗口。

（2）连续滚动显示

格式：

```
LIST [OFF] [<范围>][FOR <条件>][WHILE<条件>][FIELDS <表达式表>]
        [TO PRINTER [PROMPT]/TO <文件名>] [NOOPTIMIZE]
```

功能：滚动显示当前表中的指定记录。

说明：

① LIST 各选项的含义在第 1 章中已说明。

② 如果表的记录很多，一个屏幕显示不下时，就连续滚动显示。

③ LIST 也可用来显示表达式的结果。表达式可以包含字母和数字的组合、内存变量、数组元素、字段等。

④ 不带任何选项时，LIST 的默认范围为 ALL。在这种情况下，执行完 LIST 命令后，记录指针定位在文件尾。

⑤ 如果要显示备注型字段的内容，则必须在 LIST 命令中指定备注型字段名。

【例2.8】用 LIST 命令显示"职工.dbf"表记录的各种操作。

```
USE 职工
LIST                &&显示所有记录
```

LIST FIELDS 职工号,姓名,YEAR(出生日期),基本工资,基本工资+100 &&如图 2-18 所示

记录号	职工号	姓名	YEAR(出生日期)	基本工资	基本工资+100
1	199701	李长江	1975	2500.00	2600.00
2	199702	张伟	1976	2300.00	2400.00
3	199801	李四方	1977	2000.00	2100.00
4	199803	赵英	1975	2600.00	2700.00
5	199804	洪秀珍	1976	2100.00	2200.00
6	200001	张军	1977	2200.00	2300.00
7	200005	孙学华	1975	2300.00	2400.00
8	200006	陈文	1974	2000.00	2100.00
9	200601	张丽英	1982	1500.00	1600.00
10	200602	王强	1983	1500.00	1600.00

图 2-17　例 2.7 的操作结果　　　　　图 2-18　显示指定字段及表达式的值

GO 1　　　　　&&记录指针移到第 1 条记录上
LIST NEXT 3 FIELDS 职工号,姓名,性别,简历　&&显示指定字段的数据,如图 2-19 所示

记录号	职工号	姓名	性别	简历
1	199701	李长江	男	1996毕业于浙江大学,后在阿里巴巴工作一年
2	199702	张伟	男	1997年毕业于浙江财经学院
3	199801	李四方	男	

图 2-19　显示指定范围、字段的记录

?RECNO()　　　&&测试记录指针的位置,结果是 3
LIST FOR SUBSTR(职工号,1,4)="1998".AND.婚否　　　&&结果如图 2-20 所示

记录号	职工号	姓名	性别	婚否	出生日期	基本工资	部门	简历	照片
3	199801	李四方	男	.T.	06/18/77	2000.00	零售	memo	gen
4	199803	赵英	女	.T.	03/19/75	2600.00	客服	memo	gen
5	199804	洪秀珍	女	.T.	12/25/76	2100.00	直销	memo	gen

图 2-20　显示满足条件的记录

GO 6　　　　　&&记录指针移到第 6 条记录上
LIST REST　　　&&显示第 6 条及后续的所有记录,结果如图 2-21 所示

记录号	职工号	姓名	性别	婚否	出生日期	基本工资	部门	简历	照片
6	200001	张军	男	.T.	05/11/77	2200.00	零售	memo	gen
7	200005	孙学华	女	.F.	02/17/75	2300.00	客服	memo	gen
8	200006	陈文	男	.T.	08/08/74	2000.00	直销	memo	gen
9	200601	张丽英	女	.F.	04/23/82	1500.00	零售	memo	gen
10	200602	王强	男	.F.	10/23/83	1500.00	直销	memo	gen

图 2-21　显示第 6 条及后续的所有记录

?EOF()　　　　&&测试记录指针是否在文件尾,结果为.T.

（3）分屏显示
格式:
DISPLAY [OFF] [<范围>][FOR <条件>][WHILE<条件>][FIELDS <表达式表>]
　　　　　　[TO PRINTER [PROMPT]/TO <文件名>] [NOOPTIMIZE]
功能:分屏显示当前表中的指定数据,功能与 LIST 基本相同。
说明:
① 在不带所有选项时,DISPLAY 的默认范围为当前记录。
② 如果表的记录很多需要多屏显示时,则显示满一屏后会暂停,按任意键继续显示下一屏。
③ DISPLAY 与 LIST 的区别有两点:
● 不带所有选项时,DISPLAY 的默认范围为当前记录,LIST 的默认范围为所有记录;
● DISPLAY 是分屏显示,LIST 是滚屏显示。
【例 2.9】分屏显示"职工.dbf"表记录。
USE 职工　　&&刚打开的表,记录指针在第 1 条记录上

```
DISPLAY        &&结果如图 2-22 所示
```

记录号	职工号	姓名	性别	婚否	出生日期	基本工资	部门	简历	照片
1	199701	李长江	男	.T.	05/12/75	2500.00	直销	Memo	Gen

图 2-22　显示当前记录

```
DISPLAY FOR 性别="女" AND 出生日期>={^1976-01-01}   &&结果如图 2-23 所示
```

记录号	职工号	姓名	性别	婚否	出生日期	基本工资	部门	简历	照片
5	199804	洪秀珍	女	.T.	12/25/76	2100.00	直销	memo	gen
9	200601	张丽英	女	.F.	04/23/82	1500.00	零售	memo	gen

图 2-23　显示 1976 年以后出生的女性记录

2.3　表内容的编辑修改

随着时间的推移，数据表中的数据会发生各种变化，需要随时进行修改，有些不要的数据要及时删除。Visual FoxPro 为数据表记录的修改和删除提供了 BROWSE、REPLACE、DELETE、RECALL、PACK、ZAP 等命令及菜单下操作。在修改记录时，又涉及记录定位等问题，本节将逐一介绍。

2.3.1　表记录的定位

1．记录指针

记录指针是 Visual FoxPro 系统给表文件设计的一种内部标志，用来指出表的当前记录。表文件的定位依赖于记录指针。记录指针会随着命令的执行而发生变化。也可以根据需要，人为地移动记录指针，称为记录指针的定位。

表的每条记录都有一个记录号，记录号是系统按照表记录输入时的顺序自动加上的。注意，不是用户设计的字段。在表没有主控索引时，记录指针是按表的物理顺序移动的，即按照记录号的顺序移动。而在表有主控索引时，记录指针一般是按表的逻辑顺序移动的。

记录指针定位的方法有 3 种：绝对定位、相对定位和查找定位。另外，在表的浏览窗口中通过移动光标位置或鼠标点选也可以改变记录的定位。

记录定位的菜单方式不常使用，下面仅介绍绝对定位和相对定位的命令。查找定位一般须在建立索引的前提下使用，所以在本章的索引之后介绍。

2．绝对定位

格式 1：

```
GO/GOTO [RECORD] <记录号> [IN <工作区号>/<别名>]
```

功能：将当前工作区或指定工作区的表的记录指针移动到指定记录上。

说明：

① RECORD <记录号>指定定位记录的记录号。

② 在当前工作区，使用该命令时可以省略 GO 或 GOTO 而只写记录号。

③ 命令所指的记录号是记录在表中的物理顺序，无论索引文件是否打开，均移到物理记录号所指的记录上。

格式 2：

```
GO/GOTO TOP/BOTTOM  [IN <工作区号>/<别名>]
```

功能：将当前区或指定工作区的表的记录指针移动到表文件的第一条或最后一条记录上。

说明：

① 在表的索引未起作用时，TOP 和 BOTTOM 指向表物理顺序的第一条和最后一条记录。而在表的索引起作用的情况下，TOP 和 BOTTOM 指向表逻辑顺序的第一条和最后一条记录，逻辑顺序的第一条的记录号不一定是 1，最后一条的记录号也不一定是最大的记录号。

② 注意 TOP、BOTTOM 与文件头 BOF( )函数、文件尾 EOF( )函数位置的区别。如图 2-24 所示为 TOP、BOTTOM 与文件头、文件尾示意。假设表中共有 10 条记录。

3. 相对定位

格式：

```
SKIP <±N> [IN <工作区号>/<别名>]
```

功能：表的记录指针从当前记录位置向前或向后移动 N 条。N 为正整数。

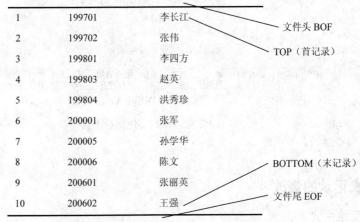

图 2-24　TOP、BOTTOM 与文件头、文件尾示意

说明：

① <±N>用于指定记录指针移动的方向和数目。+N 表示记录指针向文件尾方向移动 N 条记录，–N 表示记录指针向文件头方向移动 N 条记录。

② 不带<±N>参数的 SKIP 命令相当于 SKIP +1。

③ 注意记录指针在 TOP、BOTTOM 与文件头和文件尾的位置情况。

下面举例说明。

【例 2.10】文件记录指针定位操作。

```
USE 职工
?RECNO(),BOF()          &&刚打开的表记录指针在第 1 条记录上
1     .F.
LIST                    &&结果如图 2-25 所示
```

记录号	职工号	姓名	性别	婚否	出生日期	基本工资	部门	简历	照片
1	199701	李长江	男	.T.	05/12/75	2500.00	直销	Memo	Gen
2	199702	张伟	男	.F.	06/23/76	2300.00	零售	Memo	gen
3	199801	李四方	男	.T.	06/18/77	2000.00	零售	memo	gen
4	199803	赵英	女	.T.	03/19/75	2600.00	客服	memo	gen
5	199804	洪秀珍	女	.T.	12/25/76	2100.00	直销	memo	gen
6	200001	张军	男	.T.	05/11/77	2200.00	零售	memo	gen
7	200005	孙学华	女	.F.	02/17/75	2300.00	客服	memo	gen
8	200006	陈文	男	.T.	08/08/74	2000.00	直销	memo	gen
9	200601	张丽英	女	.F.	04/23/82	1500.00	零售	memo	gen
10	200602	王强	男	.F.	10/23/83	1500.00	直销	memo	gen

图 2-25　LIST 的结果

```
?RECNO(),EOF()          &&测试当前记录号和指针是否在文件尾
```

```
11  .T.                    &&LIST 命令后指针移到了文件尾
GO TOP                     &&将指针移到首记录
?RECNO(),BOF()             &&测试当前记录号和指针是否在文件头
1   .F.
SKIP -1
?RECNO(),BOF()
1   .T.                    &&注意此时的记录号仍为首记录号 1
GO BOTTOM                  &&将指针移到末记录
?RECNO(),EOF()
10  .F.                    &&此时指针不在文件尾
SKIP
?RECNO(),EOF()             &&末记录的后面才是文件尾
11  .T.
GO 5
DISPLAY                    &&结果如图 2-26 所示
```

记录号	职工号	姓名	性别	婚否	出生日期	基本工资	部门	简历	照片
5	199804	洪秀珍	女	.T.	12/25/76	2100.00	直销	memo	gen

图 2-26　DISPLAY 的结果

```
SKIP 22                    &&注意指针到文件尾后不再下移
?RECNO(),EOF()
11  .T.
```

2.3.2　表记录的修改

1. 菜单方式

打开数据表后，选择"显示"→"浏览××"菜单命令进入表的浏览窗口。在浏览窗口中可以方便地修改表中所有记录的数据。

2. 命令方式

Visual FoxPro 为修改表记录设计了 BROWSE、EDIT、CHANGE、REPLACE 等命令。其中，BROWSE、EDIT、CHANGE 命令具有显示和修改表内容的功能，已经在前面进行了详细介绍。而 REPLACE 命令是成批修改表字段值的非全屏幕编辑命令，在程序设计中经常用到，下面着重介绍。

命令格式：

```
REPLACE <字段名 1> WITH <表达式 1>[ADDITIVE]
[, <字段名 2> WITH <表达式 2> [ADDITIVE]]…
[<范围>][FOR <条件>][WHILE<条件>]
[IN <工作区号>/<别名>][NOOPTIMIZE]
```

功能：用表达式的值成批修改多个指定字段的值。

说明：

① <字段名 1> WITH <表达式 1>，用<表达式 1>的值来代替<字段名 1>中的数据；[<字段名 2> WITH <表达式 2>，用<表达式 2>的值来代替<字段名 2>中的数据，依此类推。

② 不加[<范围>][FOR <条件>][WHILE<条件>]选项时，REPLACE 的默认范围是当前记录（NEXT 1）。[<范围>][FOR <条件>][WHILE<条件>]的作用同 LIST 命令。

③ ADDITIVE 只对备注字段有用。ADDITIVE，表示把表达式的值追加到备注字段的后

面；如果省略 ADDITIVE，则用表达式的值改写备注字段原有的内容。

④ 当表达式的值比字段的宽度长时，采用以下方法来处理数据：对于字符型字段，从右边截短表达式的字符；对于数值型字段，首先截短表达式的小数位，如果此时字段仍然放不下表达式的值，则用科学计数法在字段中保存表达式的值，如果还不行，REPLACE 则用星号"***"代替字段内容，表示数据溢出。

⑤ IN <工作区号>/<别名>指定表所在的工作区。如果省略 IN <工作区号>/<别名>，则指当前工作区中的表。

【例 2.11】将"职工.dbf"表复制生成一个副本"ZG1.dbf"，然后将"ZG1.dbf"表的基本工资字段的数据改为原来的 10 倍，并将张军的出生年月改为 1978 年 9 月 8 日。

```
USE 职工
COPY TO ZG1                        &&原样复制职工表到 ZG1.dbf 中
USE ZG1
REPLACE  ALL 基本工资 WITH 基本工资*10
LOCATE FOR 姓名="张军"              &&查找姓名为"张军"的记录
REPLACE 出生日期 WITH {^1978-09-08} &&修改"张军"的出生日期
LIST                               &&结果如图 2-27 所示
```

记录号	职工号	姓名	性别	婚否	出生日期	基本工资	部门	简历	照片
1	199701	李长江	男	.T.	05/12/75	25000.00	直销	Memo	Gen
2	199702	张伟	男	.F.	06/23/76	23000.00	零售	Memo	gen
3	199801	李四方	男	.T.	06/18/77	20000.00	零售	memo	gen
4	199803	赵英	女	.T.	03/19/75	26000.00	客服	memo	gen
5	199804	洪秀珍	女	.T.	12/25/76	21000.00	直销	memo	gen
6	200001	张军	男	.T.	09/08/78	22000.00	零售	memo	gen
7	200005	孙学华	女	.F.	02/17/75	23000.00	客服	memo	gen
8	200006	陈文	男	.T.	08/08/74	20000.00	直销	memo	gen
9	200601	张丽英	女	.F.	04/23/82	15000.00	直销	memo	gen
10	200602	王强	男	.F.	10/23/83	15000.00	直销	memo	gen

图 2-27　REPLACE 修改以后的结果

REPLACE 命令除了具有批量修改记录的功能以外，还具有横向计算数值型字段的功能，下面举例说明。注意，在同一语句中可以用刚替换的字段值去替换别的字段。

【例 2.12】有一个工资表文件"工资.dbf"，其表结构如表 2-5 所示，要求计算每位职工的应发金额和实发金额。

表 2-5　"工资.dbf"表结构

字段名	类型	宽度	小数位
部门代码	Character	4	
姓名	Character	8	
基本工资	Numeric	7	2
岗位津贴	Numeric	7	2
其他发款	Numeric	7	2
应发金额	Numeric	8	2
其他扣款	Numeric	7	2
实发金额	Numeric	8	2

```
USE 工资
LIST                        &&工资表初始情况如图 2-28 所示
```

记录号	部门代码	姓名	基本工资	岗位津贴	其他发款	应发金额	其他扣款	实发金额
1	0001	孙宝国	2100.00	1420.00	1200.00	0.00	300.00	0.00
2	0001	陈定文	1980.00	1320.00	1000.00	0.00	200.00	0.00
3	0003	张国军	1600.00	1200.00	1200.00	0.00	200.00	0.00
4	0002	周梅英	3200.00	1800.00	1500.00	0.00	350.00	0.00
5	0002	何 荣	2600.00	2000.00	1500.00	0.00	280.00	0.00
6	0003	张丽英	2100.00	1200.00	1000.00	0.00	180.00	0.00
7	0001	任立立	2900.00	1500.00	1600.00	0.00	200.00	0.00

图 2-28　工资表初始情况

```
REPLACE ALL 应发金额 WITH 基本工资+岗位津贴+其他发款,;
实发金额 WITH 应发金额-其他扣款
LIST                    && 工资表计算后情况如图 2-29 所示
```

记录号	部门代码	姓名	基本工资	岗位津贴	其他发款	应发金额	其他扣款	实发金额
1	0001	孙宝国	2100.00	1420.00	1200.00	4720.00	300.00	4420.00
2	0001	陈定文	1980.00	1320.00	1000.00	4300.00	200.00	4100.00
3	0003	张国军	1600.00	1200.00	1200.00	4000.00	150.00	3850.00
4	0002	周梅英	3200.00	1800.00	1500.00	6500.00	350.00	6150.00
5	0002	何 荣	2600.00	2000.00	1500.00	6100.00	280.00	5820.00
6	0003	张丽英	2100.00	1200.00	1000.00	4300.00	180.00	4120.00
7	0001	任立立	2900.00	1500.00	1600.00	6000.00	200.00	5800.00

图 2-29　工资表计算后情况

我们可以看到，在实际工作中，经常需要处理与上述类似的计算，用 REPLACE 命令来计算是很方便的。注意，上述的 REPLACE 命令中，实发金额字段用同一条命令刚计算的应发金额减其他扣款计算得到。

另外还要注意，REPLACE 命令与 STORE 命令、"="命令的区别。REPLACE 修改字段的值，而 STORE 命令、"="命令是给内存变量赋值，两者处理的对象不一样。

2.3.3　表记录的删除

有时还需要删除表中不再需要的内容。从安全角度考虑，Visual FoxPro 为删除记录设计了逻辑删除和物理删除。所谓逻辑删除，就是给要删除的记录打上删除标记"*"，此时，被标记的记录并未从存储设备中真正删除，可以根据需要让有删除标记的记录参与和不参与数据的处理。所谓物理删除，就是将表中有删除标记的记录从存储设备中清除，不能再恢复。表记录删除的操作方式也有菜单方式和命令方式，下面分别介绍。

1. 菜单方式

借助浏览窗口可以很方便地实现记录的逻辑删除、物理删除和记录的恢复。

（1）逻辑删除

打开表文件，进入表的浏览窗口，在浏览窗口单击要删除记录左边的小方框（即删除框），使该框变成黑色，表明记录已经逻辑删除。再次单击该小方框，黑色消失，则取消逻辑删除，恢复为正常记录。如图 2-30 所示，记录 1、3、5 已经逻辑删除。

（2）物理删除

在确认逻辑删除的记录要真正删除后，选择"表"→"彻底删除"菜单命令，系统会出现提示："是否要移去已删除记录？"选择"是"即物理删除所有已打删除标记的记录。如图 2-31 所示。

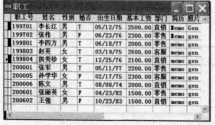

图 2-30　逻辑删除示意

图 2-31　物理删除示意

2. 命令方式

（1）逻辑删除

格式：

```
DELETE [<范围>][FOR <条件>][WHILE<条件>]
   [IN <工作区号>/<别名>][NOOPTIMIZE]
```

功能：给要删除的记录打上删除标记"*"，即逻辑删除。

说明：

① 逻辑删除的记录在用 LIST 命令显示时记录号后有"*"标志。

② 有删除标记的记录仍保留在表文件中。

③ 用 SET DELETED ON/OFF 设置可以使逻辑删除的记录不参与或参与其他命令的处理。

④ [<范围>] [FOR <条件>][WHILE<条件>]的作用同 LIST 命令。

⑤ 不带[<范围>] [FOR <条件>][WHILE<条件>]选项的 DELETE 命令，其默认范围是当前记录（NEXT 1）。

【例 2.13】记录的逻辑删除。

```
USE 职工
COPY TO ZG2              &&产生职工表的副本文件 ZG2.dbf
USE ZG2
DELETE FOR 基本工资=2300  &&逻辑删除基本工资=2300 的所有记录
GO 5
DELETE                   &&逻辑删除当前记录
LIST                     &&结果如图 2-32 所示，2、5、7 记录被逻辑删除
```

记录号	职工号	姓名	性别	婚否	出生日期	基本工资	部门	简历	照片
1	199701	李长江	男	.T.	05/12/75	2500.00	直销	Memo	Gen
2 *199702		张伟	男	.F.	06/23/76	2300.00	零售	Memo	gen
3	199801	李四方	男	.T.	06/18/77	2000.00	零售	memo	gen
4	199803	赵英	女	.T.	03/19/75	2600.00	客服	memo	gen
5 *199804		洪秀珍	女	.T.	12/25/76	2100.00	直销	memo	gen
6	200001	张军	男	.T.	05/11/77	2200.00	零售	memo	gen
7 *200005		孙学华	女	.F.	02/17/75	2300.00	客服	memo	gen
8	200006	陈文	男	.T.	08/08/74	2000.00	直销	memo	gen
9	200601	张丽英	女	.F.	04/23/82	1500.00	零售	memo	gen
10	200602	王强	男	.F.	10/23/83	1500.00	直销	memo	gen

图 2-32 表记录的逻辑删除

（2）设置逻辑删除的有效性

格式：

```
SET DELETED ON/OFF
```

功能：指定标有删除标记的记录是否参与其他命令的处理。

说明：

① SET DELETED ON：表示逻辑删除标志有效，即有删除标记的记录不参与处理。

② SET DELETED OFF（默认值）：表示逻辑删除标志无效，即有删除标记的记录参与处理。

③ 后续的 INDEX 和 REINDEX 命令不管 SET DELETED 是 ON 还是 OFF，都会给表中所有记录建立索引。

④ SET DELETED 的作用域是当前数据工作期，即对所有工作区中打开的表都有效。

【例 2.14】逻辑删除记录有效否的比较。

```
USE ZG2
SET DELETED OFF
```

```
LIST                    &&显示结果如图 2-32 所示
SET DELETED ON
LIST                    &&显示结果如图 2-33 所示，带*标记的记录未出现
```

记录号	职工号	姓名	性别	婚否	出生日期	基本工资	部门	简历	照片
1	199701	李长江	男	.T.	05/12/75	2500.00	直销	Memo	Gen
3	199801	李四方	男	.T.	06/18/77	2000.00	零售	memo	gen
4	199803	赵英	女	.T.	03/19/75	2600.00	客服	memo	gen
6	200001	张军	男	.T.	05/11/77	2200.00	零售	memo	gen
8	200006	陈文	男	.T.	08/08/74	2000.00	直销	memo	gen
9	200601	张丽英	女	.F.	04/23/82	1500.00	零售	memo	gen
10	200602	王强	男	.F.	10/23/83	1500.00	直销	memo	gen

图 2-33　SET DELETED ON 状态下的 LIST 结果

（3）恢复删除

格式：

    RECALL [<范围>][FOR <条件>][WHILE<条件>] [NOOPTIMIZE]

功能：将指定记录的逻辑删除标记清除，即将逻辑删除的记录恢复为不删除状态。

说明：

① 不带选项的 RECALL 命令默认范围是当前记录（NEXT 1）。

② <范围>指定要恢复记录的范围，只有在指定范围内的记录才被恢复。

③ [FOR <条件>][WHILE<条件>]指定恢复记录的满足<条件>。

【例 2.15】表记录的逻辑删除与恢复。

```
USE 商品
DELETE FOR 类别="饮料" OR 类别="糖果"
SET DELETED OFF         &&设置逻辑删除标志无效
LIST                    &&显示结果如图 2-34 所示
```

记录号	商品号	商品名称	类别	库存量	单价	单位
1	1001	海飞丝	洗涤	700.00	50.00	瓶
2	1002	潘婷	洗涤	580.00	40.00	瓶
3	1003	沙宣	洗涤	360.00	47.00	瓶
4	1004	飘柔	洗涤	400.00	38.00	瓶
5	*2001	可口可乐	饮料	500.00	72.00	箱
6	*2002	非常可乐	饮料	300.00	68.00	箱
7	*2003	娃哈哈矿泉水	饮料	600.00	43.00	箱
8	*3001	德芙巧克力	糖果	800.00	80.00	包
9	*3002	大白兔奶糖	糖果	500.00	55.00	包
10	*3003	话梅奶糖	糖果	430.00	38.00	包

图 2-34　商品表逻辑删除的结果

```
RECALL FOR LEFT(商品号,2)="30"        &&恢复商品号左边 2 位="30"的记录
LIST                                  &&恢复的结果如图 2-35 所示
```

记录号	商品号	商品名称	类别	库存量	单价	单位
1	1001	海飞丝	洗涤	700.00	50.00	瓶
2	1002	潘婷	洗涤	580.00	40.00	瓶
3	1003	沙宣	洗涤	360.00	47.00	瓶
4	1004	飘柔	洗涤	400.00	38.00	瓶
5	*2001	可口可乐	饮料	500.00	72.00	箱
6	*2002	非常可乐	饮料	300.00	68.00	箱
7	*2003	娃哈哈矿泉水	饮料	600.00	43.00	箱
8	3001	德芙巧克力	糖果	800.00	80.00	包
9	3002	大白兔奶糖	糖果	500.00	55.00	包
10	3003	话梅奶糖	糖果	430.00	38.00	包

图 2-35　恢复部分逻辑删除的记录

（4）物理删除

格式：

    PACK

功能：永久删除当前表中标有删除标记的记录，并释放其在表中所占用的存储空间。

说明：PACK 命令的执行过程为，Visual FoxPro 先把所有未做删除标记的记录复制到一个临时表中，然后把原表从磁盘上删除，再用原表名命名临时表，PACK 执行完毕。如果按 Esc 键中止 PACK，原表保持不变，PACK 失败。运行 PACK 命令时，如果磁盘空间不够，PACK 也会失败。

【例 2.16】物理删除操作。

```
USE 职工
COPY TO ZG3
USE ZG3
DELETE FOR 性别="男"        &&删除男职工的记录
PACK                       &&PACK 后记录号重新编排
LIST                       &&显示结果如图 2-36 所示
```

记录号	职工号	姓名	性别	婚否	出生日期	基本工资	部门	简历	照片
1	199803	赵英	女	.T.	03/19/75	2600.00	客服	memo	gen
2	199804	洪秀珍	女	.T.	12/25/76	2100.00	直销	memo	gen
3	200005	孙学华	女	.F.	02/17/76	2300.00	客服	memo	gen
4	200601	张丽英	女	.F.	04/23/82	1500.00	零售	memo	gen

图 2-36 PACK 后的结果

（5）物理删除所有记录

格式：

```
ZAP [IN <工作区号>/<别名>]
```

功能：物理删除当前表或指定表的所有记录，只留下表的结构。

说明：ZAP 命令等价于 DELETE ALL 和 PACK 联用，但 ZAP 速度更快。如果设置 SET SAFETY ON（默认状态），则在删除记录前 Visual FoxPro 会要求确认，如图 2-37 所示；如果设置 SET SAFETY OFF，则无任何提示就将全部记录物理删除了。

图 2-37 ZAP 确认对话框

【例 2.17】物理删除所有记录。

```
USE ZG3
LIST                        &&结果如图 2-36 所示
SET SAFETY ON               &&设置安全开关为 ON 状态
ZAP                         &&出现确认对话框，如图 2-37 所示
```

若回答"是"，则删除所有记录，只保留表的结构。

```
LIST                        &&没有记录显示
```

2.4 表的排序与索引

在 Visual FoxPro 中，当创建一个表文件并输入记录时，这些记录间存在一种输入的自然顺序或称物理顺序，系统按此顺序编排记录号。这种顺序一般不能满足实际工作的输出要求，常常需要根据某一个或多个关键字段重新调整记录的先后次序。例如，要求"学生.dbf"的记录按奖学金从大到小输出或者要求记录按照出生年月从小到大输出，等等。另外，在有序的记录中查找数据显然速度要快得多，所以，为了更快地查找记录，也需要给记录重新编排顺序。Visual FoxPro 提供了排序与索引两种命令改变记录的顺序。

2.4.1　表记录的排序

表内容的排序是指根据某些字段重新排列表记录的先后顺序。在 Visual FoxPro 中，排序后将产生一个新表，其记录按新的顺序重新编排记录号，而原文件保持不变。排序命令如下。

格式：

```
SORT TO <表文件名> ON <字段名 1 > [/A/D] [/C] [,<字段名 2 > [/A/D] [/C]…]
    [<范围>][FOR <条件>][WHILE<条件>]
    [FIELDS <字段名表>/LIKE<通配符>/ EXCEPT<通配符>][NOOPTIMIZE]
```

功能：对当前表按<字段名 1 >、<字段名 2 >依次排序，并将排序后的记录存放到指定文件中。

说明：

① <表文件名>：重新排序后记录存放的文件。扩展名可以省略，系统自动为它指定.dbf 扩展名。

② ON <字段名 1 >：指定要排序的字段，是主排序字段。默认按升序排列，不能对备注或通用字段排序。要进一步排序，可以包含（<字段名 2 >，<字段名 3 >…）。第一个字段<字段名 1>是主排序字段，第二个字段<字段名 2>是次排序字段，依此类推，实现多重排序。

③ [/A/D] [/C]：指定排序的升序或降序。/A 为字段指定了升序。/D 指定了降序，/A 或/D 可以作用于任何类型的字段。默认情况下，字符型字段的排序顺序区分大小写。如果在字符型字段名后包含/C，则忽略大小写。可以把/C 选项同/A 或/D 选项组合起来，如/AC 或/DC。

④ SORT 命令的默认范围是 ALL，即所有记录。

⑤ FIELDS LIKE <通配符>：在新表中包含那些与字段<通配符>相匹配的原表字段。

⑥ FIELDS EXCEPT <通配符>：在新表中包含那些不与字段<通配符>相匹配的原表字段。不带 FIELDS 项则取原表的全部字段。

⑦ 排序所需的磁盘空间可能是原表的 3 倍：要有足够的磁盘空间保存新表，以及在排序过程中创建的临时工作文件。

【例 2.18】表记录的排序。

```
USE 职工
SORT ON 出生日期/D TO ZGS5   &&排序的结果文件为 ZGS5
USE ZGS5      &&查看结果文件须先打开
LIST          &&显示按出生日期从大到小降序排列，如图 2-38 所示
```

记录号	职工号	姓名	性别	婚否	出生日期	基本工资	部门	简历	照片
1	200602	王强	男	.F.	10/23/83	1500.00	直销	memo	gen
2	200601	张丽英	女	.F.	04/23/82	1500.00	零售	memo	gen
3	199801	李四方	男	.T.	06/18/77	2000.00	零售	memo	gen
4	200001	张军	男	.T.	05/11/77	2200.00	零售	memo	gen
5	199804	洪秀珍	女	.T.	12/25/76	2100.00	直销	memo	gen
6	199702	张伟	男	.F.	06/23/76	2300.00	零售	Memo	gen
7	199701	李长江	男	.T.	05/12/76	2500.00	直销	Memo	Gen
8	199803	赵英	女	.T.	03/19/75	2600.00	客服	memo	gen
9	200005	孙学华	女	.F.	02/17/75	2300.00	客服	memo	gen
10	200006	陈文	男	.T.	08/08/74	2000.00	直销	memo	gen

图 2-38　按出生日期降序排列

```
USE 职工
SORT ON 基本工资,出生日期 TO  ZGS56   &&按基本工资再按出生日期双重排序
USE ZGS56
```

```
LIST      &&显示整体顺序是基本工资升序，基本工资相同再按出生日期排序，如图2-39所示
SORT ON 职工号 TO ZGS1 FIELD 职工号,姓名  &&排序的新文件只取职工号、姓名字段
USE ZGS1
LIST          &&结果略
```

记录号	职工号	姓名	性别	婚否	出生日期	基本工资	部门	简历	照片
1	200601	张丽英	女	.F.	04/23/82	1500.00	零售	memo	gen
2	200602	王强	男	.F.	10/23/83	1500.00	直销	memo	gen
3	200006	陈文	男	.T.	08/08/74	2000.00	直销	memo	gen
4	199801	李四方	男	.T.	06/18/77	2000.00	零售	memo	gen
5	199804	洪秀珍	女	.T.	12/25/76	2100.00	直销	memo	gen
6	200001	张军	男	.T.	05/11/77	2200.00	零售	memo	gen
7	200005	孙学华	女	.F.	02/17/75	2300.00	客服	memo	gen
8	199702	张伟	男	.F.	06/23/76	2300.00	零售	Memo	gen
9	199701	李长江	男	.T.	05/12/75	2500.00	直销	Memo	Gen
10	199803	赵英	女	.T.	03/19/75	2600.00	客服	memo	gen

图 2-39　双重排序的结果

2.4.2　索引的概念与索引文件类型

用排序命令排列表的顺序实际上采用的是物理排序，排序时间长并占用大量的空间，实际使用时效率太低，所以 Visual FoxPro 引入了索引文件来实现更有效率的排列表的顺序。

1. 索引文件的概念

索引是表记录排序的一种方法，它与图书馆的图书索引类似。Visual FoxPro 的索引文件可以看成是由两个字段组成的一张索引表。一个字段放的是索引关键字，索引关键字已按照要求进行了升序或降序的排列；另一个字段放的是记录指针，按索引关键字的顺序依次指向原表的物理地址。由于索引表是按关键字进行的逻辑排序，且只有两个字段，因此大大提高了排序速度，而且只占用了很小的存储空间。索引文件是表文件的辅助文件，必须与表文件同时使用。

例如，如果要求职工表按基本工资从小到大排序，只需要按基本工资的顺序生成一个索引表，如图 2-40 所示。该表只包含记录号与基本工资（索引关键字）两列，并按基本工资从小到大的顺序排列，并按此顺序记录原表的记录号。在要求按基本工资顺序输出职工表的记录时，只需按照索引表中记录号的逻辑顺序依次从职工表中将记录逐条排列出来即可，如图 2-41 所示。

记录号	基本工资
9	1500.00
10	1500.00
3	2000.00
8	2000.00
5	2100.00
6	2200.00
2	2300.00
7	2300.00
1	2500.00
4	2600.00

图 2-40　索引文件

记录号	职工号	姓名	性别	婚否	出生日期	基本工资	部门	简历	照片
9	200601	张丽英	女	.F.	04/23/82	1500.00	零售	memo	gen
10	200602	王强	男	.F.	10/23/83	1500.00	直销	memo	gen
3	199801	李四方	男	.T.	06/18/77	2000.00	零售	memo	gen
8	200006	陈文	男	.T.	08/08/74	2000.00	直销	memo	gen
5	199804	洪秀珍	女	.T.	12/25/76	2100.00	直销	memo	gen
6	200001	张军	男	.T.	05/11/77	2200.00	零售	memo	gen
2	199702	张伟	男	.F.	06/23/76	2300.00	零售	Memo	gen
7	200005	孙学华	女	.F.	02/17/75	2300.00	客服	memo	gen
1	199701	李长江	男	.T.	05/12/75	2500.00	直销	Memo	Gen
4	199803	赵英	女	.T.	03/19/75	2600.00	客服	memo	gen

图 2-41　按索引表排列职工表的记录顺序

2. 索引文件的分类

Visual FoxPro 有两种类型的索引文件。一种是传统的单项索引文件——.idx 索引文件，这种索引文件只有一个索引表达式。.idx 文件又分为非压缩的单项索引文件（为与 FoxBASE 兼容而保留）和压缩的单项索引文件。压缩的单项索引文件可节省磁盘空间，执行速度也较快。

另一种是复合索引文件，其扩展名是.cdx，复合索引文件包含多个索引顺序，这些索引顺序都有自己的索引标识（Tag）。复合索引文件可看做是多个单项索引文件打包在一个文件中一样，它们均采用压缩的方式建立。复合索引文件有两种形式：结构复合索引文件和非结构复合索引文件。索引文件分类如图 2-42 所示。

（1）单项索引文件

单项索引文件的扩展名是.idx，是用 INDEX 命令建立的，该文件不会随着表的打开而自动打开，图 2-43 所示为三个单项索引文件的示意图。

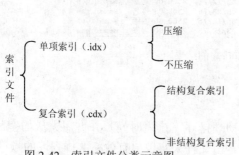

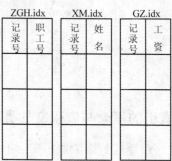

图 2-42　索引文件分类示意图　　　　图 2-43　单项索引文件示意图

（2）结构复合索引文件

结构复合索引文件是与其表名相同的复合索引文件，其扩展名是.cdx。如果在创建表结构和修改表结构时建立了字段的索引标识，Visual FoxPro 将自动建立一个与其表名相同的.cdx 结构复合索引文件。结构复合索引文件随表的打开自动打开，随表的关闭自动关闭。当在表中进行记录的添加、修改、删除等操作时，系统会自动对结构复合索引文件进行更新。图 2-44 所示为"职工.dbf"的结构复合索引文件"职工.cdx"的示意图，该结构复合索引文件中包含 3 个索引顺序，分别以 ZGH、XM、GZ 作为标识。

3．非结构复合索引文件

非结构复合索引是用命令另行建立的一个与所打开的表不同名的.cdx 文件。在打开表文件时，非结构复合索引文件不会自动打开，必须用命令打开。只有在该文件打开时，系统才能更新与维护该文件。图 2-45 所示为"职工.dbf"的非结构复合索引文件"非结构.cdx"的示意图，该复合索引文件中包含 3 个索引顺序，分别以 ZGH、XM、GZ 作为标识。

图 2-44　结构复合索引文件示意图　　　　图 2-45　非结构复合索引文件示意图

建议：表文件的索引一般选择结构复合索引文件的形式。因为结构复合索引文件不但检索速度快，而且维护方便，表文件一经打开，结构复合索引文件也跟着自动打开，因此结构复合索引文件中的数据能与表文件的数据保持同步更新。如果是临时需要索引，可以选择单项索引文件.idx。

2.4.3　索引的建立

1．菜单方式

在 Visual FoxPro 中创建索引文件的菜单方式是使用表设计器来实现的，操作步骤如下。

① 首先打开表，然后选择"显示"→"表设计器"菜单命令，进入表设计器。

② 如果是对其中的一个字段建立索引，最简单的方法就是在"字段"选项卡的索引位置选择向上↑或向下↓的箭头建立升序或降序的索引，再单击"索引"选项卡，会看到建立了一个以该字段名作为标识的普通索引，如图 2-46 所示。

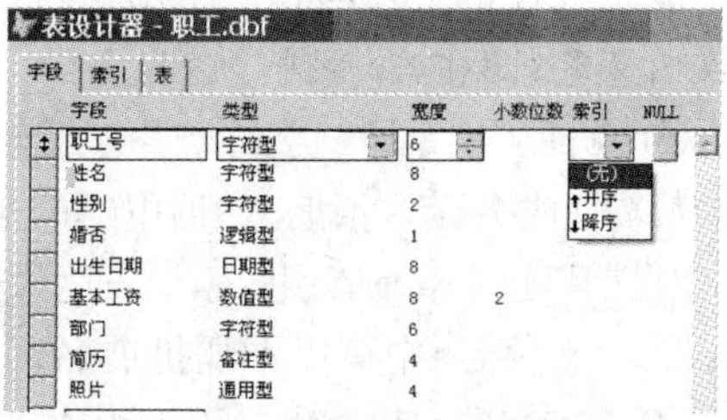

③ 也可以在"索引"选项卡中建立、修改和删

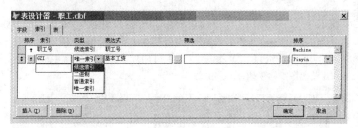

图 2-46　在"字段"选项卡中建索引标识

除索引标识。在表设计器中单击"索引"选项卡，如图 2-47 所示。在"索引"文本框中输入该索引标识的名字，索引名框左边的"排序"箭头按钮决定升序或降序排列。用鼠标拖动最左边的双向箭头钮，可以改变索引标识列出的顺序。"类型"下拉表中可选择索引类型，包括二进制、候选索引、唯一索引及普通索引等。在"表达式"框中输入索引关键字，即索引表达式。"筛选"框可挑选满足条件的记录进行索引，如图 2-47 所示。

图 2-47　在"索引卡"中建索引标识

在自由表的索引"类型"栏中有 4 种索引类型：候选索引、唯一索引、普通索引和二进制索引供选择；而在数据库表中则有五种索引类型：主索引、候选索引、唯一索引、普通索引及二进制索引供选择（参见第 3 章）。

五种索引类型的要求如下。

① 主索引：索引表达式必须是关键字段，即索引表达式在数据表中是唯一、确定的。

② 候选索引：同主索引的要求一样。

③ 唯一索引：相同索引值的记录只留一条记录。等同于命令中的 UNIQUE 选项，可以节省存储空间。例如，按职工表中"婚否"建立索引，如果选唯一索引，则索引表中只有 2 条记录。

④ 普通索引：没有限制。

⑤ 二进制索引：根据一个有效的非空逻辑表达式创建的索引。

应根据需要选择相应的索引类型，本章的索引没什么要求可以选择普通索引或唯一索引。在数据库的关联中则需要建立主索引。

2. 命令方式

（1）建立单项索引文件

格式：

```
INDEX ON <索引表达式> TO <文件名> [UNIQUE][COMPACT] [ADDITIVE]
```

功能：对当前表根据索引表达式按升序建立单项索引文件。

说明：

① ON <索引表达式>：索引表达式可以是字符、数值、日期或逻辑表达式，但备注型字段不能单独在索引表达式中引用，可以与字符型字段组合，不能按通用型字段建立索引。单项索引文件只能以升序排序。

② 多重索引是通过字符型表达式实现的。如果是非字符型字段要用 STR( )、DTOC( )、DTOS( ) 等函数转换成字符型字段，然后用"+"或"－"进行字符型字段的连接。例如，按照"基本工资"、"出生日期"建立双重索引，索引表达式应写为：STR(基本工资,6,2)+DTOS(出生日期)。

③ <文件名>中可以不加扩展名，系统会自动加上单项索引文件的.idx 扩展名。

④ [COMPACT]：建立压缩索引，省略表示不压缩。在压缩的索引中，索引表达式的长度不能超过 240 个字符。在非压缩的索引中，索引表达式的长度不能超过 100 个字符。

⑤ [UNIQUE]：当多个记录的<索引表达式>值相同时，只有其中第一个记录的值记入索引文件。

⑥ [ADDITIVE]：带该项则不关闭前面打开的索引文件，否则关闭除结构复合索引文件外所有前面打开的索引文件。

【例2.19】建立各种单项索引文件。

```
USE 职工
INDEX ON 职工号 TO ZGH          &&生成按职工号排序的单项索引文件 ZGH.idx
INDEX ON 基本工资 TO JBGZ       &&生成按基本工资排序的单项索引文件 JBGZ.idx
INDEX ON STR(基本工资,8,2)+DTOS(出生日期) TO ZG56&&生成多重索引文件
LIST    &&结果如图 2-48 所示
```

记录号	职工号	姓名	性别	婚否	出生日期	基本工资	部门	简历	照片
9	200601	张丽英	女	.F.	04/23/82	1500.00	零售	memo	gen
10	200602	王强	男	.F.	10/23/83	1500.00	直销	memo	gen
8	200006	陈文	男	.T.	08/08/74	2000.00	直销	memo	gen
3	199801	李四方	男	.T.	06/18/77	2000.00	零售	memo	gen
5	199804	洪秀珍	女	.T.	12/25/76	2100.00	零售	memo	gen
6	200001	张军	男	.T.	05/11/77	2200.00	零售	memo	gen
7	200005	孙学华	女	.T.	02/17/75	2300.00	客服	memo	gen
2	199702	张伟	男	.F.	06/23/76	2300.00	零售	Memo	gen
1	199701	李长江	男	.T.	05/12/75	2500.00	直销	Memo	Gen
4	199803	赵英	女	.T.	03/19/75	2600.00	客服	memo	gen

图 2-48 多重索引的结果

```
INDEX ON 8000-基本工资 TO JBGZID  &&可建立按基本工资降序排列的索引文件
```

其中，多重索引表达式中的 STR(基本工资,6,2) 将基本工资转换为字符型数据，DTOS(出生日期) 按年月日的顺序将出生日期转换为字符型数据。这样，上面的表达式就是字符型数据的连加，然后按字符表达式的结果进行排序，"基本工资"是主索引关键字，"出生日期"是次索引关键字。

用一个比基本工资所有值都大的数减基本工资的表达式建索引，实现了基本工资的降序排列。

（2）建立复合索引文件

格式：

```
INDEX  ON <索引表达式> TAG <索引标识> [OF <文件名>]
```

　　　　[FOR<条件>] [UNIQUE] [ASCENDING/DESCENDING] [ADDITIVE]

　　功能：对当前表根据索引表达式建立索引，并以<索引标识>为标识存入结构复合索引文件中或存入 OF 后所指定的非结构复合索引文件中。

　　说明：

　　① TAG <索引标识>：<索引标识>是为该项索引取的标识，用于区分结构复合索引文件中其他的索引项。

　　② [OF <文件名>]：若规定 OF 子句，建立的索引项存到指定的非结构复合索引文件中，此文件变为打开状态，<文件名>的扩展名.cdx 可以省略。如果不规定 OF 子句，则建立的索引项存到结构复合索引文件中。

　　③ [ASCENDING/DESCENDING]：复合索引文件可以以升序 ASCENDING 或降序 DESCENDING 排序。默认为升序。

　　其他选项同上面的单项索引文件。

　　【例 2.20】建立各种复合索引文件。

```
USE 职工 EXCLUSIVE          &&建立结构复合索引文件必须以独占方式打开表文件
INDEX ON 姓名 TAG XM1    &&按姓名建索引以标识 XM1 加到结构复合索引文件中
INDEX ON 姓名 TAG XM2 OF FJG
&&按姓名建索引标识 XM2 加到非结构复合索引文件 FJG.cdx 中
INDEX ON 婚否 TAG HF OF FJG UNIQUE
&&按婚否建唯一索引标识 HF 加到非结构复合索引文件 FJG.cdx 中
INDEX ON 基本工资 DESCENDING TAG JBGZ
&&按基本工资降序建索引并以标识 JBGZ 加到结构复合索引文件职工.cdx 中
```

　　【例 2.21】建立所有男职工按出生日期降序排列的结构复合索引。

```
USE 职工 EXCLUSIVE
INDEX ON 出生日期 DESCENDING TAG CSRQ FOR 性别="男"
LIST          &&如图 2-49 所示
```

记录号	职工号	姓名	性别	婚否	出生日期	基本工资	部门	简历	照片
10	200602	王强	男	.F.	10/23/83	1500.00	直销	memo	gen
3	199801	李四方	男	.T.	06/18/77	2000.00	零售	memo	gen
6	200001	张军	男	.T.	05/11/77	2200.00	零售	memo	gen
2	199702	张伟	男	.F.	06/23/76	2300.00	零售	Memo	gen
1	199701	李长江	男	.T.	05/12/75	2500.00	直销	Memo	Gen
8	200006	陈文	男	.T.	08/08/74	2000.00	直销	memo	gen

图 2-49　男职工按出生日期降序排列的结果

　　【例 2.22】根据职工表，建立零售部门职工按基本工资降序排序的结构复合索引。

```
INDEX ON 基本工资 TAG JBGZ1 FOR 部门="零售" DESCENDING
LIST    &&如图 2-50 所示
```

记录号	职工号	姓名	性别	婚否	出生日期	基本工资	部门	简历	照片
2	199702	张伟	男	.F.	06/23/76	2300.00	零售	Memo	gen
6	200001	张军	男	.T.	05/11/77	2200.00	零售	memo	gen
3	199801	李四方	男	.T.	06/18/77	2000.00	零售	memo	gen
9	200601	张丽英	女	.F.	04/23/82	1500.00	零售	memo	gen

图 2-50　零售部门职工按基本工资降序排序的结果

2.4.4　索引文件的打开、关闭及主控设置

1. 打开索引文件

　　索引文件不能脱离所依赖的表文件而单独使用，可以在用 USE 命令打开表文件的同时打开相关的索引文件，也可以在表文件打开后再用命令打开相关的索引文件。下列两种情况不需要打开索引文件：一种是用 INDEX 命令刚建立的索引文件是打开的；另一种情况是结构复

合索引文件，因为当用 USE 命令打开表时，结构复合索引文件也同步自动打开。

（1）打开表的同时打开索引文件

格式：

```
USE [<表文件名>/ ?] [IN <工作区号>/<别名>/0] [INDEX <索引文件名表>/ ?]
   [ORDER [<索引序号>/<单项索引文件名> /[TAG] <索引标识> [OF <复合索引文件名>]
      [ASCENDING / DESCENDING]]] [ALIAS <别名>][EXCLUSIVE/SHARED]
```

功能：在当前工作区或指定工作区打开表文件，并同时打开 INDEX 后面指出的各个索引文件。

说明：

① [IN <工作区号>/<别名>/0]：指定工作区名。IN 0 则表示选择现存（未用）的最小工作区。

② [INDEX <索引文件名表>/?]：可以是.idx 和.cdx 的任意索引文件名的组合。可以不写文件的扩展名，除非这个索引名中有相同名称的.idx 和.cdx 文件。索引文件表中的第一个索引文件是主控索引文件，记录指针按主控索引文件定位。如果第一个索引文件是一个.cdx 复合索引文件，则表中的记录以自然顺序显示和访问。用"?"号则会弹出打开索引文件的对话框，由用户选择。

③ [ORDER [<索引序号>/<单项索引文件名>/ [TAG] <索引标识> [OF <复合索引文件名>]]]：确定主控索引文件或标识。所谓主控索引是指处理和显示记录使用的索引顺序。不带此选项则以[INDEX<索引文件名表>]的第一个索引文件为主控索引。

④ [ASCENDING / DESCENDING]：用来确定是以升序还是降序来显示和访问表中的记录，它并不改变索引文件或标识，仅改变记录被显示或访问的顺序。

⑤ [ALIAS <别名>]：给打开的表文件取别名。

⑥ [EXCLUSIVE/SHARED]：以独占或共享的方式打开表文件。默认是独占的方式。

【例 2.23】打开索引文件并观察记录指针以及文件头尾的情况。

```
USE 职工 INDEX  JBGZ,ZGH,FJG  && JBGZ,ZGH,FJG 为例 2.19、例 2.20 建立的索引文件
LIST                  &&以 JBGZ.idx 为主控索引，如图 2-51 所示
GO TOP
?RECNO(),BOF()        &&首记录是逻辑第一条记录
   9    .F.
SKIP -1
?RECNO(),BOF()        &&当 BOF()为真时，当前记录号是逻辑顺序第 1 的记录号
   9    .T.
GO BOTTOM
?RECNO(),EOF()        &&末记录是逻辑的最后一条记录
   4    .F.
SKIP
?RECNO(),EOF()        &&当 EOF()为真时，当前记录号是总记录数加 1
   11    .T.
```

在打开索引文件后，记录指针按主控索引文件的逻辑顺序移动。在文件尾处，即 EOF( )为.T.处，记录号等于记录总数加 1；在文件头处，即 BOF( )=.T.处，其记录号总是与逻辑上的第一个记录的记录号相同。

记录号	职工号	姓名	性别	婚否	出生日期	基本工资	部门	简历	照片
9	200601	张丽英	女	.F.	04/23/82	1500.00	零售	memo	gen
10	200602	王强	男	.F.	10/23/83	1500.00	直销	memo	gen
3	199801	李四方	男	.T.	06/18/77	2000.00	零售	memo	gen
8	200006	陈文	男	.T.	08/08/74	2000.00	直销	memo	gen
5	199804	洪秀珍	女	.T.	12/25/76	2100.00	直销	memo	gen
6	200001	张军	男	.T.	05/11/77	2200.00	零售	memo	gen
2	199702	张伟	男	.F.	06/23/76	2300.00	零售	Memo	gen
7	200005	孙学华	女	.F.	02/17/75	2300.00	客服	memo	gen
1	199701	李长江	男	.T.	05/12/75	2500.00	直销	Memo	Gen
4	199803	赵英	女	.T.	03/19/75	2600.00	客服	memo	gen

图 2-51 　以基本工资的索引为主控

（2）打开表文件后打开索引

格式：

SET INDEX TO [<索引文件名表>/?]

[ORDER <索引序号>/<单项索引文件名>/ [TAG] <索引标识> [OF <复合索引文件名>]

[ASCENDING/DESCENDING]] [ADDITIVE]

功能：在表文件打开后打开其相应的索引文件供当前表使用。

说明：[ADDITIVE]在前面已打开的索引文件后追加打开索引文件，否则前面已打开的索引文件（除结构复合索引文件外）被关闭。其他命令参数与上面的 USE 命令相同。

【例 2.24】打开前面已经建立的非结构复合索引文件 FJG.cdx、单项索引文件 ZG56.idx、ZGH.idx、JBGZ.idx，并观察主控索引。

USE 职工

SET INDEX TO FJG, ZG56, ZGH

LIST

&&记录仍以物理顺序显示，如图 2-52 所示，因为索引文件名表的第一个文件是复合索引

记录号	职工号	姓名	性别	婚否	出生日期	基本工资	部门	简历	照片
1	199701	李长江	男	.T.	05/12/75	2500.00	直销	Memo	Gen
2	199702	张伟	男	.F.	06/23/76	2300.00	零售	memo	gen
3	199801	李四方	男	.T.	06/18/77	2000.00	零售	memo	gen
4	199803	赵英	女	.T.	03/19/75	2600.00	客服	memo	gen
5	199804	洪秀珍	女	.T.	12/25/76	2100.00	直销	memo	gen
6	200001	张军	男	.T.	05/11/77	2200.00	零售	memo	gen
7	200005	孙学华	女	.F.	02/17/75	2300.00	客服	memo	gen
8	200006	陈文	男	.T.	08/08/74	2000.00	直销	memo	gen
9	200601	张丽英	女	.F.	04/23/82	1500.00	零售	memo	gen
10	200602	王强	男	.F.	10/23/83	1500.00	直销	memo	gen

图 2-52 　第一个打开的是复合索引时的显示情况

SET INDEX TO JBGZ ADDITIVE 　　　&&追加打开 JBGZ.idx

LIST 　　　&&以 JBGZ.idx 为主控索引，如图 2-53 所示

记录号	职工号	姓名	性别	婚否	出生日期	基本工资	部门	简历	照片
9	200601	张丽英	女	.F.	04/23/82	1500.00	零售	memo	gen
10	200602	王强	男	.F.	10/23/83	1500.00	直销	memo	gen
3	199801	李四方	男	.T.	06/18/77	2000.00	零售	memo	gen
8	200006	陈文	男	.T.	08/08/74	2000.00	直销	memo	gen
5	199804	洪秀珍	女	.T.	12/25/76	2100.00	直销	memo	gen
6	200001	张军	男	.T.	05/11/77	2200.00	零售	memo	gen
2	199702	张伟	男	.F.	06/23/76	2300.00	零售	Memo	gen
7	200005	孙学华	女	.F.	02/17/75	2300.00	客服	memo	gen
1	199701	李长江	男	.T.	05/12/75	2500.00	直销	Memo	Gen
4	199803	赵英	女	.T.	03/19/75	2600.00	客服	memo	gen

图 2-53 　按基本工资升序显示

2．确定主控索引文件

格式：

SET ORDER TO [<索引序号>/<单项索引文件名>

/ [TAG]<索引标识>[OF<复合索引文件名>]

[IN <工作区号>/<别名>] [ASCENDING/DESCENDING]]

功能：重新确定主控索引文件或主控标识。

说明：

① <索引序号>：是指定主控索引文件或主控标识的一种方法。<索引序号>是以 USE 或 SET

INDEX 的索引文件列表中出现的次序编号的，其顺序为：从 1 号开始按打开的.idx 文件在<索引文件名表>中的次序编号；然后是结构复合索引文件，按其索引标识生成的顺序依次编号；最后是非结构复合索引文件，按其索引标识生成顺序依次编号。表 2-6 给出了索引序号的次序。显然，索引序号是动态的，随打开的索引文件而变化，用户很难记清楚究竟有多少单项索引被打开，复合索引中有多少个索引标识，以及各标识建立的次序，这就为使用索引序号确定主控索引带来麻烦。建议使用<单项索引文件名>或<索引标识>来确定主控更为方便。

表 2-6　索引序号的次序

文件类型	索引个数	索引序号
表文件		0
单项索引文件	M	1, 2, …, M
结构复合索引文件	N	$M+1$, $M+2$, …, $M+N$
非结构复合索引文件	K	$(M+N)+1$, $(M+N)+2$, …, $(M+N)+K$

② <单项索引文件名>：如果要指定一个.idx 文件为主控索引，直接使用<单项索引文件名>，不带扩展名.idx。

③ [TAG]<索引标识>[OF<复合索引文件名>]：如果指定一个复合索引文件中的一个索引标识为主控索引，也可以直接使用它的索引标识，即[TAG]<索引标识>[OF<复合索引文件名>]。如果在已打开的多个复合索引文件中存在同名的索引标识，则使用[OF<复合索引文件名>]选项，用来指定包含主控索引标识的复合索引文件。

④ [IN<工作区号>/<别名>]：为非当前工作区中已打开的表确定主控索引文件或主控索引标识。

⑤ 若要恢复原始物理顺序显示或处理数据，则可用 SET ORDER TO 或 SET ORDER TO 0 命令。

【例 2.25】确定主控索引文件或主控标识。

```
USE 职工 EXCLUSIVE  &&打开表同时打开结构复合索引职工.cdx
LIST        &&没有指定主控索引是以物理顺序显示的，如图 2-54 所示
SET INDEX TO JBGZ, ZG56, ZGH, FJG        &&打开多个索引文件
SET ORDER TO ZG56        &&指定单项索引文件名 ZG56.idx 为主控索引
```

记录号	职工号	姓名	性别	婚否	出生日期	基本工资	部门	简历	照片
1	199701	李长江	男	.T.	05/12/75	2500.00	直销	Memo	Gen
2	199702	张伟	男	.F.	06/23/76	2300.00	零售	memo	gen
3	199801	李四方	男	.T.	06/18/77	2000.00	零售	memo	gen
4	199803	赵英	女	.T.	03/19/75	2600.00	客服	memo	gen
5	199804	洪秀珍	女	.F.	12/25/76	2100.00	直销	memo	gen
6	200001	张军	男	.T.	05/11/77	2200.00	零售	memo	gen
7	200005	孙学华	女	.F.	02/17/75	2300.00	客服	memo	gen
8	200006	陈文	男	.T.	08/08/74	2000.00	直销	memo	gen
9	200601	张丽英	女	.F.	04/23/82	1500.00	零售	memo	gen
10	200602	王强	男	.F.	10/23/83	1500.00	直销	memo	gen

图 2-54　职工表的物理顺序

```
SET ORDER TO ZGH        &&将单项索引文件名 ZGH.idx 作为新的主控索引
SET ORDER TO TAG HF     &&将复合索引文件 FJG.cdx 的 HF 索引标识作为新的主控索引
LIST        &&结果如图 2-55 所示，是唯一索引，只有两条记录
```

记录号	职工号	姓名	性别	婚否	出生日期	基本工资	部门	简历	照片
2	199702	张伟	男	.F.	06/23/76	2300.00	零售	Memo	gen
1	199701	李长江	男	.T.	05/12/75	2500.00	直销	Memo	Gen

图 2-55　按婚否建的唯一索引

```
SET ORDER TO            &&恢复自然顺序
```

3. 索引文件更新

所谓索引文件的更新是指当修改、增加、删除表文件的记录时，这些改变的数据能够反

映到索引文件中。如果索引文件是打开的，则表记录所做的一切变动，都能自动地反映到索引文件中，也就是说，索引文件能够自动更新。如果索引文件未打开时修改、增加、删除表文件的记录，则这些记录的变动不能反映到索引文件中，需要打开索引文件，然后再用下面的命令更新。显然，结构复合索引文件能够自动的更新，不需要用 REINDEX 命令来更新。因此，建议用户更多地使用结构复合索引。

格式：

```
REINDEX [COMPACT]
```

功能：更新当前工作区打开的所有索引文件。

说明：[COMPACT]将普通的单项索引（.idx）文件转换为压缩的.idx 文件。

4．关闭索引文件

有两种命令格式：

格式 1：

```
CLOSE INDEXES
```

格式 2：

```
SET INDEX TO
```

功能：关闭当前工作区除结构复合索引文件以外的所有已打开的索引文件。

注意：如果关闭了表文件则该表的所有索引文件自动关闭。

2.4.5　表内容检索

1．顺序查找

（1）顺序查找命令

格式：

```
LOCATE FOR <条件> [WHILE <条件>] [<范围>]
```

功能：按表的排列顺序依次搜索满足条件的第一条记录。

说明：

① 该命令可用于查找未索引或已索引的表文件。

② LOCATE 的默认范围是 ALL，即所有记录。

③ 如果找到满足条件的记录，函数 FOUND( )的结果为.T.，函数 EOF( )为.F.；否则，FOUND( )为.F.，EOF( )为.T.。

（2）继续查找命令

格式：

```
CONTINUE
```

功能：配合 LOCATE 命令在表的剩余部分寻找其他满足条件的记录。

说明：

① CONTINUE 只能在使用 LOCATE 后使用。

② 可重复执行 CONTINUE，直到到达范围边界或文件尾。

注意：LOCATE 和 CONTINUE 只能用于当前工作区。若选择了另一工作区，则应当重新选择原来的工作区才能继续原来的搜索过程。

【例 2.26】用 LOCATE、CONTINUE 顺序查找满足条件的一组记录。

```
USE 职工
LOCATE FOR YEAR(出生日期)=1976     &&查找 1976 年出生的职工
```

```
?FOUND()        &&测试找到否，结果为真，即找到
.T.
DISPLAY         &&显示找到的第一条记录，如图 2-56 所示
```

记录号	职工号	姓名	性别	婚否	出生日期	基本工资	部门	简历	照片
2	199702	张伟	男	.F.	06/23/76	2300.00	零售	Memo	gen

图 2-56　显示第一条记录

```
CONTINUE        &&继续查找下一条记录
DISPLAY         &&显示下一条记录，如图 2-57 所示
```

记录号	职工号	姓名	性别	婚否	出生日期	基本工资	部门	简历	照片
5	199804	洪秀珍	女	.T.	12/25/76	2100.00	直销	memo	gen

图 2-57　显示下一条记录

```
CONTINUE
? EOF()         &&结果为真，说明到了文件尾，查找结束
.T.
```

如果满足条件的记录有很多，显然用命令窗口的单命令来查找就非常麻烦，如果用程序的循环结构就可以方便的实现，有关内容将在后续章节中介绍。

2. 索引查找

索引查找是依赖索引文件用折半查找的算法来实现的。例如，在 2^{10} 个记录中查找一个满足条件的记录，采用折半查找的算法则不超过 10 次比较即可完成查找，而顺序查找则最多需要比较 1023 次。可见，顺序查找速度较慢，适合于记录数较少的数据表。在实际的应用系统中，数据量非常大，一般比较多地采用索引查找法。

索引查找有 SEEK 和 FIND 两个命令，其中 FIND 是为了与早期版本兼容而保留的，使用起来不如 SEEK 灵活、方便，故本节不再介绍 FIND 命令。

格式：

```
SEEK <表达式> [ORDER <索引序号>/ <单项索引文件名>
/ [TAG] <索引标识> [OF <复合索引文件名>]
[ASCENDING /DESCENDING]][IN <工作区号>/<别名>]
```

功能：在已打开的索引文件中搜索索引关键字与指定表达式匹配的第一个记录。

说明：

① <表达式>：可以是字符型、数值型、逻辑型、日期型等各种类型的表达式；也可以是单个的常量或变量（它们是表达式的特例）。若是字符型常量，则必须加定界符。

② [ORDER <索引序号>/ <单项索引文件名> / [TAG] <索引标识> [OF <复合索引文件名>]]：用来指定搜索关键字的索引序号、单项索引文件或复合索引文件的索引标识。

③ [ASCEDING/DESCENDING]：表示按升序还是降序搜索表。

④ [IN <工作区号>/<别名>]：指定搜索的工作区。

【例 2.27】用 SEEK 命令进行索引查找。

```
USE 职工
SET ORDER TO JBGZ       &&设结构复合索引的基本工资索引标识为主控
SEEK 2100               &&查找基本工资=2100 的记录
DISPLAY                 &&显示结果如图 2-58 所示
```

记录号	职工号	姓名	性别	婚否	出生日期	基本工资	部门	简历	照片
8	200006	陈文	男	.T.	08/08/74	2100.00	直销	memo	gen

图 2-58　显示结果

```
SKIP               &&查找下一个基本工资=2100 的记录
DISPLAY            &&显示结果如图 2-59 所示
```

记录号	职工号	姓名	性别	婚否	出生日期	基本工资	部门	简历	照片
3	199801	李四方	男	.T.	06/18/77	2100.00	零售	memo	gen

图 2-59　显示结果

```
INDEX ON 职工号+姓名 TAG ZGHXM        &&按职工号+姓名建立双重索引
NAME="张军"
SEEK "200001"+NAME                 &&查找的表达式是字符型的
?FOUND(),RECNO(),EOF()             &&找到记录，是第 6 号记录
.T.        6           .F.
DISPLAY                            &&显示结果如图 2-60 所示
```

记录号	职工号	姓名	性别	婚否	出生日期	基本工资	部门	简历	照片
6	200001	张军	男	.T.	05/11/77	2200.00	零售	memo	gen

图 2-60　显示结果

```
INDEX ON 出生日期 TO  CSRQ
SEEK  {^1976-12-25}                &&查找表达式可以是日期型常量或变量
DISPLAY                            &&显示结果如图 2-61 所示
```

记录号	职工号	姓名	性别	婚否	出生日期	基本工资	部门	简历	照片
5	199804	洪秀珍	女	.T.	12/25/76	2100.00	直销	memo	gen

图 2-61　显示结果

2.5　表的其他操作

　　本节主要介绍表数据的计数、求和、求平均值等统计计算命令，以及批量数据的复制与追加等命令，这些命令在数据的日常处理中应用很广泛，使用也很方便。

2.5.1　表内容的统计

1. 计数命令
格式：
　　　COUNT TO <内存变量> [<范围>][FOR <条件>][WHILE<条件>]
功能：统计当前表中指定范围内满足条件的记录个数。
说明：
　　① TO <内存变量>：必选项，指定结果存储的内存变量，如果内存变量不存在，Visual FoxPro 系统会创建。
　　② 命令的默认范围是全部记录，即 ALL。
　　③ FOR <条件>与 WHILE <条件>子句：指定要满足的条件，同 LIST 命令。
　　④ 如果 SET DELETE 是 OFF 状态，则带有删除标记的记录也包括在计数中。
　　【例 2.28】统计职工表的职工总人数，以及男、女职工的人数。
```
USE 职工
COUNT TO ZRS
COUNT FOR 性别="男" TO MZG
COUNT FOR 性别="女" TO WZG
```

?"总人数="+STR(ZRS,2),"男职工人数="+STR(MZG,1),"女职工人数="+STR(WZG,1)
&&显示结果如图 2-62 所示

| 总人数=10 | 男职工人数=6 | 女职工人数=4 |

图 2-62　显示结果

2. 数值字段求和命令

格式：

SUM [<数值型表达式表>][<范围>][FOR <条件>][WHILE<条件>]
[TO <内存变量名表>/ TO ARRAY <数组名>]

功能：对当前表的指定数值型字段或全部数值型字段纵向求和。

说明：

① <数值表达式表>：指定求和的数值型字段或字段表达式，多个表达式之间用逗号分隔。如果省略字段表达式列表，则对所有数值型字段纵向求和。

② [TO <内存变量名表>/ TO ARRAY <数组名>]：指定结果存储的多个内存变量名或内存变量数组。如果指定的<内存变量名表>或内存变量数组不存在，则 Visual FoxPro 自动创建。列表中的内存变量名用逗号分隔。

③ SUM 默认的范围是所有记录（ALL）。其他选项与 COUNT 相同。

【例 2.29】对工资表的基本工资、岗位津贴和实发金额字段求和。

SET TALK OFF　&&关闭对话开关，计算结果不马上显示
USE 工资
SUM 基本工资,岗位津贴,实发金额 TO GZ1,GZ2,GZ3
?GZ1,GZ2,GZ3　&&用显示命令显示结果，如图 2-63 所示

| 16480.00 | 10440.00 | 34260.00 |

图 2-63　显示结果

SET TALK ON　&&打开对话开关，计算结果马上显示
SUM TO ARRAY GZ
&&对所有数值型字段纵向求和，结果存入内存变量数组 GZ，显示结果如图 2-64 所示

基本工资	岗位津贴	其他发款	应发金额	其他扣款	实发金额
16480.00	10440.00	9000.00	35920.00	1660.00	34260.00

图 2-64　显示结果

LIST MEMORY LIKE GZ*　&&显示内存变量数组 GZ 的每个元素，如图 2-65 所示

```
GZ          Pub      A
      ( 1)           N    16480.00    (        16480.00000000)
      ( 2)           N    10440.00    (        10440.00000000)
      ( 3)           N     9000.00    (         9000.00000000)
      ( 4)           N    35920.00    (        35920.00000000)
      ( 5)           N     1660.00    (         1660.00000000)
      ( 6)           N    34260.00    (        34260.00000000)
```

图 2-65　显示内存变量数组 GZ

3. 求算术平均值命令

格式：

AVERAGE [<数值表达式表>][<范围>][FOR <条件>][WHILE<条件>]

　　　　[TO <内存变量名表>]/ TO ARRAY <数组名>]

功能：对当前表的指定数值型字段或全部数值型字段纵向求算术平均值。

说明：AVERAGE 命令各参数的含义与 SUM 命令相同。

【例2.30】 对工资表的基本工资、岗位津贴和实发金额字段求平均值。

```
USE 工资
AVERAGE 基本工资,岗位津贴,实发金额 TO PJ1,PJ2,PJ3
? PJ1,PJ2,PJ3          &&显示结果如图2-66所示
```

2354.29	1491.43	4894.29

图 2-66　显示结果

【例2.31】 在工资表的最后追加二条新记录，分别填入每项工资的总额和平均值。

```
USE 工资
COPY TO 工资1        &&为使原工资表不变,生成一张新的工资表作相应处理
USE 工资1
SUM TO ARRAY A  &&省略<数值表达式表>,对全部数值字段求和,结果存放在数组A中
AVERAGE  TO ARRAY B  &&结果存放在数组B的各个元素中
APPEND BLANK          &&追加一条空记录
 REPLACE 姓名 WITH "合计",基本工资 WITH A(1),岗位津贴 WITH A(2),其他发款 WITH
         A(3),应发金额 WITH A(4),其他扣款 WITH A(5),实发金额 WITH A(6)  &&
         填入合计数
APPEND BLANK          &&追加另一条空记录
REPLACE 姓名 WITH "平均值",基本工资 WITH B(1),岗位津贴 WITH B(2),其他发款 WITH
        B(3),应发金额 WITH B(4),其他扣款 WITH B(5),实发金额 WITH B(6)
LIST OFF              &&结果如图2-67所示
```

部门代码	姓名	基本工资	岗位津贴	其他发款	应发金额	其他扣款	实发金额
0001	孙宝国	2100.00	1420.00	1200.00	4720.00	300.00	4420.00
0001	陈定文	1980.00	1320.00	1000.00	4300.00	200.00	4100.00
0003	张国军	1600.00	1200.00	1200.00	4000.00	150.00	3850.00
0002	周梅英	3200.00	1800.00	1500.00	6500.00	350.00	6150.00
0002	何 荣	2600.00	2000.00	1500.00	6100.00	280.00	5820.00
0003	张丽英	2100.00	1200.00	1000.00	4300.00	180.00	4120.00
0001	任立立	2900.00	1500.00	1600.00	6000.00	200.00	5800.00
	合计	16480.00	10440.0	9000.00	35920.00	1660.00	34260.00
	平均值	2354.29	1491.43	1285.71	5131.43	237.14	4894.29

图 2-67　工资表中添加合计和平均值记录

4. 统计计算命令

格式：

```
CALCULATE <表达式表> [<范围>][FOR <条件>][WHILE<条件>]
[TO <内存变量名表>/ TO ARRAY <数组名>]
```

功能：能对当前表文件的字段作平均、总和、最大、最小等各种统计计算。

说明：<表达式表>可由函数任意组合而成，下面给出一些常用函数。

- AVG(<数值表达式>)：计算<数值表达式>的算术平均值。
- SUM(<数值表达式>)：计算<数值表达式>的和。
- CTN( )：返回满足<条件>的记录数。
- MIN(<表达式>)：返回<表达式>的最小值，该<表达式>可以是各种数据类型。
- MAX(<表达式>)：返回<表达式>的最大值，该<表达式>可以是各种数据类型。

其他各参数的含义与 SUM 命令相同。

【例 2.32】 应用统计计算命令统计有关项目。

```
USE 工资
SET TALK ON
CALCULATE AVG(基本工资)，AVG (岗位津贴)，AVG (实发金额)        &&如图 2-68 所示
```

AVG(基本工资)	AVG(岗位津贴)	AVG(实发金额)
2354.29	1491.43	4894.29

图 2-68　显示结果

```
CALCULATE  MIN(基本工资)，MAX (岗位津贴)，SUM (实发金额) TO X,Y,Z    && 如
图 2-69 所示
USE 学生
CALCULATE  MIN(出生年月)，MAX (出生年月) TO NY1,NY2        &&如图 2-70 所示
```

MIN(基本工资)	MAX(岗位津贴)	SUM(实发金额)
1600.00	2000.00	34260.00

图 2-69　显示结果

MIN(出生年月)	MAX(出生年月)
04/04/70	09/14/75

图 2-70　显示结果

5. 分类求和命令

格式：

```
TOTAL ON <字段名> TO <文件名> [FIELDS <字段名表>]
[<范围>][FOR <条件>][WHILE<条件>]
```

功能：对当前表按指定字段分类并计算指定数值型字段的分类和，结果存放在新建的表文件中。

说明：

① ON <字段名>：指定分类的字段，使用 TOTAL 命令前表文件必须先打开或建立该字段的排序或索引。

② TO <文件名>：存放分类和的表文件，该表的结构与原表相同。如果指定的表不存在，Visual FoxPro 将创建它。如果新表中数值字段的宽度不足以放分类和的值，将会发生数据溢出，用星号代替字段的内容。

③ [FIELDS <字段名表>]：指定需要求和的字段，列表中的字段名用逗号分隔。如果省略了 FIELDS 子句，默认对所有的数值型字段分类求和。注意，该选项与其他命令的含义不同。

④ [<范围>] [FOR <条件>][WHILE<条件>]同 SUM 命令。

【例 2.33】 对工资表按照部门代码分类，求各工资项目的分类和。

```
USE 工资
INDEX ON 部门代码 TO BMDM
TOTAL ON 部门代码 TO GZBMT1
USE GZBMT1
LIST OFF        &&如图 2-71 所示
```

在分类统计后的表文件"GZBMT1.dbf"中，按部门统计每个职工的各项工资，对于非统计对象的"姓名"字段，显示原表文件第一条记录的值，没有实用价值。在输出处理时，可以仅将需要的字段输出。

```
USE 工资 INDEX BMDM  &&打开工资表并打开其按部门代码的索引 BMDM.idx
TOTAL ON 部门代码 FIELDS 实发金额 TO GZBMT2    &&只对实发金额求分类和
```

```
USE GZBMT2
LIST FIELDS 部门代码, 实发金额 OFF          &&仅显示需要的字段, 如图 2-72 所示
```

部门代码	姓名	基本工资	岗位津贴	其他发款	应发金额	其他扣款	实发金额
0001	孙宝国	6980.00	4240.00	3800.00	15020.00	700.00	14320.00
0002	周梅英	5800.00	3800.00	3000.00	12600.00	630.00	11970.00
0003	张国军	3700.00	2400.00	2200.00	8300.00	330.00	7970.00

部门代码	实发金额
0001	14320.00
0002	11970.00
0003	7970.00

图 2-71　按部门分类求各项工资和　　　　　　　　图 2-72　仅显示
　　　　　　　　　　　　　　　　　　　　　　　　　需要的字段

2.5.2　表内容的复制与大批量数据追加

数据表存放的是大量的原始数据，是重要的数据资源。如何实现这些数据资源的共享呢？如果 Windows 环境下的其他应用程序需要使用数据表的数据，一般需要将表文件转换为文本文件或其他格式的文件。反之，其他格式的数据文件要在 Visual FoxPro 环境下使用，需要转换为.dbf 的格式。Visual FoxPro 用表内容的复制与大批量数据追加的命令实现上述的转换。

1．表内容的复制命令

格式：

```
COPY TO <文件名> [<范围>] [FOR <条件>] [WHILE <条件>]
[FIELDS <字段名表>/FIELDS LIKE <通配符>/ FIELDS EXCEPT <通配符>]
[[TYPE] [ SDF / XLS / DELIMITED [WITH <分隔字符> / WITH BLANK ...]]]
```

功能：用当前表中选定的记录和字段复制成一个新表或其他类型的文件。

说明：

① <文件名>：指定 COPY TO 的目标文件，即创建的新文件名。新文件名的扩展名按[TYPE] 指定的文件类型的默认扩展名作为其扩展名。若不指定文件类型，则 COPY TO 创建一个新的 Visual FoxPro 表，并用.dbf 作为其扩展名。

② FIELDS <字段名表>：指定要复制到新文件的字段。若省略 FIELDS <字段名表>，则将所有字段复制到新文件。若要创建的文件不是表文件，则即使备注字段名包含在字段列表中，也不能把备注字段复制到新文件。

- FIELDS LIKE <通配符>：指定与所给<通配符>相匹配的字段。
- FIELDS EXCEPT <通配符>：复制除与所给字段相匹配的字段外的所有字段。

③ TYPE：表明要创建的文件不是 Visual FoxPro 表，而是 TYPE 后所指定的文件类型。指定文件类型时 TYPE 关键字可省略。TYPE 指定的常用文件类型如下。

- SDF：创建系统数据格式文件，是 ASCII 文本文件，扩展名为.txt。这种格式的文本文件记录都有固定长度，每条记录以回车和换行符结尾，字段间不分隔。该类型文件可以方便地与其他高级语言交换信息。
- XLS：生成的文件类型是 Microsoft Excel 文件，扩展名为.xls。
- DELIMITED：创建有分隔符分隔的文件，也是 ASCII 文本文件，扩展名为.txt，但字段之间有分隔符。这种格式的文本文件每条记录以一个回车和换行符结尾，字段之间有分隔符，如果不指定分隔符，默认的字段分隔符是逗号。因为字符型数据可能包含逗号，所以另外用双引号分隔字符型字段。
- WITH <分隔字符>：指定 DELIMITED 分隔文件的分隔字符型。
- DELIMITED WITH BLANK：指定 DELIMITED 分隔文件的分隔符为空格。

【例 2.34】用"职工"表复制产生一个新的表文件、一个新的 SDF 格式的文本文件、一个新的 DELIMITED 格式的文本文件和一个新的 Excel 格式的文件。

```
USE 职工
COPY TO YHBF FOR 婚否          &&生成只有已婚职工记录的名为 YHBF 的.dbf 文件
COPY TO ZGSDF TYPE SDF         &&生成 SDF 格式的文本文件
TYPE ZGSDF.txt                 &&显示 ZGSDF.txt 的内容，结果如图 2-73 所示
COPY TO ZGDEL TYPE DELIMITED   &&生成 DELIMITED 格式的文本文件
TYPE ZGDEL.txt                 &&显示 XSSDEL.txt 的内容，结果如图 2-74 所示
```

```
199701李长江  男T19750512 2500.00直销
199702张伟    男F19760623 2300.00零售
199801李四方  男T19770618 2000.00零售
199803赵英    女T19750319 2600.00客服
199804洪秀珍  女T19761225 2100.00直销
200001张军    男T19770511 2200.00零售
200005孙学华  女F19750217 2300.00客服
200006陈文    男T19740808 2000.00直销
200601张丽英  女F19820423 1500.00零售
200602王强    男F19831023 1500.00直销
```

图 2-73　SDF 格式的文本文件

```
"199701","李长江","男", T, 05/12/1975, 2500.00,"直销",
"199702","张伟","男", F, 06/23/1976, 2300.00,"零售",
"199801","李四方","男", T, 06/18/1977, 2000.00,"零售",
"199803","赵英","女", T, 03/19/1975, 2600.00,"客服",
"199804","洪秀珍","女", T, 12/25/1976, 2100.00,"直销",
"200001","张军","男", T, 05/11/1977, 2200.00,"零售",
"200005","孙学华","女", F, 02/17/1975, 2300.00,"客服",
"200006","陈文","男", T, 08/08/1974, 2000.00,"直销",
"200601","张丽英","女", F, 04/23/1982, 1500.00,"零售",
"200602","王强","男", F, 10/23/1983, 1500.00,"直销",
```

图 2-74　DELIMITED 格式的文本文件

COPY TO ZGXLS TYPE XLS &&生成名为 ZGXLS.xls 的 Excel 文件，如图 2-75 所示

	A	B	C	D	E	F	G
1	职工号	姓名	性别	婚否	出生日期	基本工资	部门
2	199701	李长江	男	TRUE	12-May-75	2500	直销
3	199702	张伟	男	FALSE	23-Jun-76	2300	零售
4	199801	李四方	男	TRUE	18-Jun-77	2000	零售
5	199803	赵英	女	TRUE	19-Mar-75	2600	客服
6	199804	洪秀珍	女	TRUE	25-Dec-76	2100	直销
7	200001	张军	男	TRUE	11-May-77	2200	零售
8	200005	孙学华	女	FALSE	17-Feb-75	2300	客服
9	200006	陈文	男	TRUE	08-Aug-74	2000	直销
10	200601	张丽英	女	FALSE	23-Apr-82	1500	零售
11	200602	王强	男	FALSE	23-Oct-83	1500	直销

图 2-75　Excel 格式文件

2. 大批量数据追加

格式：

APPEND FROM <文件名> [FIELDS <字段名表>][FOR <条件>]

[[TYPE] [SDF / XLS/ DELIMITED [WITH <分隔字符> / WITH BLANK …]]]

功能：从一个指定文件中读入记录，添加到当前数据表文件的尾部。

说明：

① 该命令可以将多种文件的数据成批追加到当前表文件中。这些文件可以是同类型的表文件，也可以是 ASCII 码文本文件，以及 Windows 环境下的其他类型的文件。

② <文件名>：指定读入文件的文件名。

③ <TYPE>：指定读入文件的文件类型。如果不指定文件类型，将默认为.dbf 文件。

④ [SDF / XLS/ DELIMITED [WITH <分隔字符> / WITH BLANK …]]]：同上面的 COPY TO 命令。

【例 2.35】将 ZGSDF.txt 文件追加到表文件。

```
USE 职工
COPY STRUCTURE TO ZGS          &&生成一个只有结构的 ZGS.dbf 文件
USE ZGS
APPEND FROM ZGSDF TYPE SDF     &&将 ZGSDF.txt 的数据追加到 ZGS.dbf 文件
```

2.5.3　表结构文件的建立与应用

表结构文件是一个将表的结构数据作为记录存放的特殊.dbf 文件。一个表结构文件可以保存许多表的结构数据，还可以取表结构文件的部分记录创建新的表结构。另外，利用表结构文件，可以用编程的方式修改表的结构。

1. 建立表结构文件

格式：

```
COPY STRUCTURE EXTENDED TO <表结构文件> [FIELDS <字段名表>]
```

功能：创建表结构文件，它的记录包含当前表的结构信息，它的结构由系统产生。该命令的功能如图 2-76 所示。

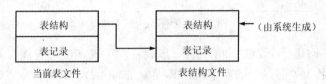

图 2-76　表结构文件建立示意

说明：

① [FIELDS <字段名表>]：指定在新表的记录中包含的字段。若省略 FIELDS <字段名表>，则所有字段在新表中都有一个记录。

② 新表的结构由系统生成且在格式上固定，由 18 个字段组成，如图 2-77 所示。

【例 2.36】用一个表结构文件保存职工.dbf、销售.dbf、商品.dbf 的结构。

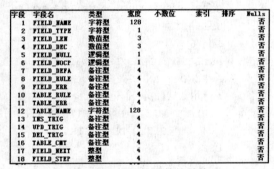

图 2-77　表结构文件的结构

```
USE 职工
COPY STRUCTURE EXTENDED TO BJG        &&用职工表复制产生表结构文件 BJG
USE 销售
COPY STRUCTURE EXTENDED TO BJG1       &&用销售表复制产生表结构文件 BJG1
USE 商品
COPY STRUCTURE EXTENDED TO BJG2       &&用商品表复制产生表结构文件 BJG2
USE BJG                               &&打开职工表结构文件 BJG
APPEND FROM BJG1                      &&将销售表结构文件 BJG1 的记录追加到 BJG
APPEND FROM BJG2                      &&将商品表结构文件 BJG2 的记录追加到 BJG
ERASE BJG1.*                          &&删除销售表结构文件 BJG1
ERASE BJG2.*                          &&删除商品表结构文件 BJG2
BROWSE                                &&显示表结构文件 BJG.dbf 的数据，如图 2-78 所示
```

2. 用表结构文件建立一个新表

格式：

```
CREATE [<表文件名>] FROM [<表结构文件名>]
```

功能：利用表结构文件创建一个表结构。

说明：<表结构文件名>是已经用 COPY STRUCTURE EXTENDED 命令或用人工方式创建的。

注意：<表结构文件名>中所有记录，包括那些做了删除标记的记录，都被用来创建<表文件名>的结构。

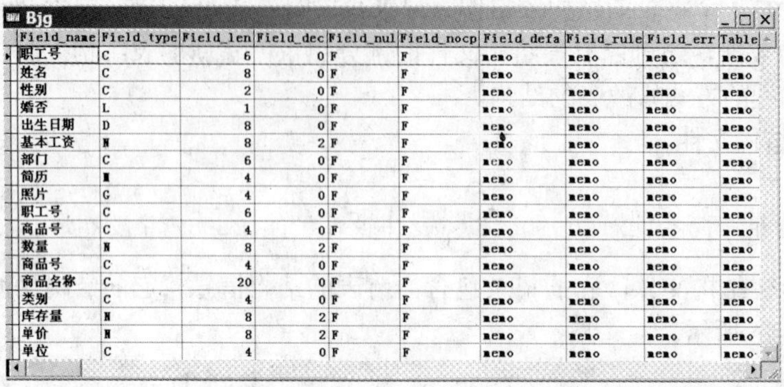

Bjg

Field_name	Field_type	Field_len	Field_dec	Field_nul	Field_nocp	Field_defa	Field_rule	Field_err	Table
职工号	C	6	0	F	F	memo	memo	memo	memo
姓名	C	8	0	F	F	memo	memo	memo	memo
性别	C	2	0	F	F	memo	memo	memo	memo
婚否	L	1	0	F	F	memo	memo	memo	memo
出生日期	D	8	0	F	F	memo	memo	memo	memo
基本工资	N	8	2	F	F	memo	memo	memo	memo
部门	C	6	0	F	F	memo	memo	memo	memo
简历	M	4	0	F	F	memo	memo	memo	memo
照片	G	4	0	F	F	memo	memo	memo	memo
职工号	C	6	0	F	F	memo	memo	memo	memo
商品号	C	4	0	F	F	memo	memo	memo	memo
数量	N	8	2	F	F	memo	memo	memo	memo
商品号	C	4	0	F	F	memo	memo	memo	memo
商品名称	C	20	0	F	F	memo	memo	memo	memo
类别	C	4	0	F	F	memo	memo	memo	memo
库存量	N	8	2	F	F	memo	memo	memo	memo
单价	N	8	2	F	F	memo	memo	memo	memo
单位	C	4	0	F	F	memo	memo	memo	memo

图 2-78　表结构文件 BJG.dbf 的数据

【例 2.37】创建一个 ZGA.dbf 文件，该表将职工表文件中的基本工资字段改为 N(9,2)，并增加一个字段名为“身高”的新字段，其类型是 N(4,2)，试用命令方式实现。

```
USE 职工
COPY  STRUCTURE  EXTENDED TO  ZGJG1         &&用职工表复制产生表结构文件 ZGJG1
USE ZGJG1                                   &&打开表结构文件 ZGJG1
GO  6                                       &&基本工资字段在第 6 条记录
REPLACE  FIELD_LEN  WITH  9, FIELD_DEC WITH 2   &&修改字段宽度和小数位
APPEND BLANK                                &&添加空记录
***用数据替换当前记录
REPLACE FIELD_NAME WITH "身高" ,FIELD_TYPE WITH "N", FIELD_LEN WITH 4,
        FIELD_DEC WITH 2
USE
CREATE ZGA  FROM  ZGJG1             &&用修改以后的表结构文件 ZGJG1 创建表结构
LIST STRUCTURE
APPEND FROM 职工                    &&将职工的所有记录追加到 ZGA.dbf 文件中
LIST
```

2.6　常用的文件管理命令

为了使用户在 Visual FoxPro 环境下也能进行文件管理，Visual FoxPro 提供了多种文件管理命令，这些命令所具有的功能多数可以通过 Windows 的资源管理器完成。但 Visual FoxPro 提供这些命令的更重要作用是，在命令方式下或程序设计中达到管理文件的目的。这里介绍几种常用的文件管理命令。

2.6.1　列文件目录命令

格式：

```
DIR/ LIST FILES/ DISPLAY FILES
[ON <驱动器号>] [[LIKE] [<路径>] [<通配文件名>]]
        [TO PRINTER [PROMPT]/ TO FILE <文件名>]
```

功能：显示指定文件夹中的文件目录信息。

说明：

① ON <驱动器号>：指定目录或文件夹所在的驱动器名。

② [LIKE] [<路径>] [<通配文件名>]：指定文件所在的路径。

③ <通配文件名>：指定文件名的匹配形式。

④ [TO PRINTER [PROMPT]/ TO FILE <文件名>]：与前述命令相同。

【例 2.38】列出文件目录信息。

```
DIR                        &&不带选项的 DIR 显示当前文件夹下所有.dbf 文件的目录
DIR  *.                    &&显示所有不带扩展名的文件目录
DIR  C:\VFP9\*.prg         &&显示 C 盘 VFP9 目录中所有命令文件目录
DIR  D:\A*.dbf             &&显示 D 盘根目录下以字母 A 开头的所有表文件目录
```

2.6.2　显示文件内容命令

格式：

```
TYPE <文件名 1> [AUTO] [WRAP]
[TO PRINTER [PROMPT]/TO FILE <文件名 2>][NUMBER]
```

功能：输出 ASCII 文本文件的内容。

说明：

① 该命令只能输出 Visual FoxPro 的命令文件、过程文件、文本文件、格式文件等 ASCII 文本文件的内容，不能输出表文件、索引文件等其他非 ASCII 文本文件内容。被输出的<文件名 1>是一个完整的文件名，必须给出文件的扩展名。

② [TO PRINTER [PROMPT]/ TO FILE <文件名 2>]：与前述命令相同。

③ [NUMBER]：在输出数据的每行的开头加一个行号。

【例 2.39】将文件内容输出到打印机。

```
TYPE C:\VFP9\GZ.TXT TO PRINTER        &&将 GZ.txt 文件内容在打印机上输出
```

2.6.3　复制磁盘文件命令

格式：

```
COPY FILE <源文件名> TO <目标文件名>
```

功能：复制磁盘上任何类型的文件到目标文件。

说明：

① 源文件应先关闭，否则会产生"文件在使用"的错误。

② 源文件名和目标文件名都要包含扩展名。

③ 若使用 COPY FILE 复制含有备注字段、结构索引或两者兼有的表，则必须同时复制.fpt 和.cdx 文件，否则被复制的表文件无法正常使用。

【例 2.40】文件复制操作。

```
COPY  FILE 职工.dbf  TO  ZGBF.dbf      &&复制表文件
COPY  FILE 职工.fpt  TO  ZGBF.fpt      &&复制表的备注文件
COPY  FILE 职工.cdx  TO  ZGBF.cdx      &&复制表的结构复合索引文件
```

2.6.4　更改磁盘文件名命令

格式：

```
RENAME <原文件名> TO <新文件名>
```

功能：将原文件的名称更改为一个新的名称。

说明：

① <原文件名> 和 <新文件名>都要包括扩展名。

② <新文件名>不能是现有文件，而<原文件名>则必须存在并先关闭它。

注意：

① 如果重命名的表是具有.fpt 备注文件的自由表，应同时重命名备注文件。

② 不能使用 RENAME 命令重命名数据库中的表。要重命名数据库中的表，可使用 RENAME TABLE 命令。

【例 2.41】更改磁盘文件名。

```
USE 职工
COPY TO 职工 1
RENAME 职工 1.dbf TO 职工 2.dbf        &&将表文件改名
RENAME 职工 1.fpt TO 职工 2.fpt        &&将相应的备注文件改名
```

2.6.5　删除磁盘文件名命令

格式 1：

```
ERASE <文件名>/?
```

格式 2：

```
DELETE FILE <文件名>/?
```

功能：从磁盘上删除指定的一个或一批文件。

说明：

① 文件名必须包括扩展名，可以使用文件通配符 "?" 和 "*"。

② 在执行删除文件命令之前，必须先关闭被删除的文件。

③ 若使用 "?"，则显示 "删除" 对话框，从中可以选择要删除的文件。如果删除的表带有.fpt 备注文件，相应地也要删除该备注文件。

注意：使用 ERASE 命令时，必须十分小心。使用此命令删除的文件不能再恢复。在删除文件时，也不会有任何警告。

【例 2.42】删除文件操作。

```
USE  ZGBF          &&打开 ZGBF.dbf 表文件
ERASE  ZGBF.dbf    &&删除正在使用的表文件产生 "文件在使用" 的错误
USE                &&关闭表文件
ERASE  ZGBF.dbf    &&删除表文件
ERASE  ZGBF.fpt    &&删除相应的备注文件
ERASE  *.txt       &&删除当前目录下所有的文本文件
```

2.7　小　　结

数据表是数据库系统中非常重要的文件类型，表文件（.dbf）由结构和记录两部分组成。表结构的建立和维护的主要工具是表设计器。表记录的编辑主要是利用浏览窗口实现的。浏览窗口兼有记录追加、修改、浏览、删除等功能。批量修改命令 REPLACE 功能也较强。在表记录的处理中，记录指针是一个重要的概念，应掌握记录指针的绝对定位、相对定位和查找定位。

索引是对表处理的又一个重要概念。表索引文件包括：单项索引文件、结构复合索引文件和非结构复合索引文件，应熟练掌握索引文件的建立、打开与使用。注意数据表使用时的物理顺序和逻辑顺序，表的首记录与末记录、文件头与文件尾的概念，以及记录指针的状态。对表的查询操作有顺序查找和索引查找两种方法。另外，对表的常用统计计算命令也应熟练掌握。

习　题　2

2.1　判断题

1．打开表文件，使用 LIST 命令显示后，若再用 DISPLAY 命令将显示第一条记录内容。

2．执行 DISPLAY ALL 命令后，记录指针在最后一条记录上。

3．当 EOF( )为.T.时，RECNO( )永远为 RECCOUNT( )+1。

4．当 BOF( )为真时，RECNO( )永远是 1。

5．TOTAL 命令只能对表文件中的数值字段分类求和。

6．REPLACE 命令可以修改内存变量和字段变量的值。

7．索引文件可以独立打开并使用。

8．一个表文件可以建立多个索引。

9．当记录指针指向第一条记录时，其文件头函数 BOF( )值为假。

10．记录的逻辑删除只是对记录加了一个删除标记，记录仍可以正常操作。

11．Visual FoxPro 可以通过.txt 文件与其他高级语言进行数据交换。

12．在给表文件更改文件名后，其同名的备注文件也必须改名。

13．SKIP 2 与 GO 2 的效果一样，都使指针指向第二条记录。

14．在索引文件被删除时，其相应的表文件必须打开。

15．LOCATE 命令只能查找未索引文件的记录。

16．ZAP 命令物理删除整个表文件。

17．在修改文件名时，文件必须关闭。

18．建立表文件时，一定也产生同名的备注文件。

19．表文件记录的物理顺序和其索引文件记录的逻辑顺序总是不一致的。

20．对一个表建立索引，就是将原表中的记录重新排列其物理顺序。

21．使用 LIST ALL 命令可以把备注型字段的内容显示出来。

22．OLE 的链接和嵌入的区别在于数据的存储地点不同。

23．关闭表文件时，对应的索引文件将自动关闭。

24．某一字段的数据类型是数值型，如果整数部分最多 5 位，小数部分 2 位，则该字段宽度应定义为 7 位。

25．在同一表文件中，所有记录的长度均相等。

2.2　选择题

1．设职工.dbf 表文件中共有 10 条记录，执行如下命令序列：

```
USE 职工
GOTO 5
LIST
? RECNO ( )
```

执行最后一条命令后，屏幕显示的值是（　　）。

　A．5　　　　　　　B．1　　　　　　　C．10　　　　　　　D．11

2. 在命令窗口中，已打开职工表，要将记录指针定位在第一个基本工资大于 2100 元的记录上，用（　　）命令。

　　A．LOCATE FOR 基本工资>2100　　　　　B．DISPLAY FOR 基本工资>2100

　　C．BROWSE FOR 基本工资>2100　　　　　D．LIST FOR 基本工资>2100

3. 执行 LIST NEXT 1 命令后，记录指针的位置指向（　　）。

　　A．下一条记录　　　B．原记录　　　　　C．尾记录　　　　　D．首记录

4. 在已打开的表文件的第 5 条记录前插入一条空记录，可使用（　　）命令。

　　A．GO 5　　　　　　　　　　　　　　　　B．GO 4
　　　　INSERT　　　　　　　　　　　　　　　　　INSERT BEFORE

　　C．GO 5　　　　　　　　　　　　　　　　D．GO 5
　　　　INSERT BLANK　　　　　　　　　　　　　INSERT BEFORE BLANK

5. 打开一张空表（无任何记录的表），未做记录指针移动操作时，RECNO( )、BOF( )和 EOF( )函数的值分别为（　　）。

　　A．0、.T.和.T.　　　B．0、.T.和.F.　　　　C．1、.T.和.T.　　　　D．1、.T.和.F.

6. 命令 DELETE ALL 和 ZAP 的区别是（　　）。

　　A．DELETE ALL 只删除当前工作区的所用记录，而 ZAP 删除所用工作区的记录

　　B．DELETE ALL 删除当前工作区的所用记录，而 ZAP 只删除当前的记录

　　C．DELETE ALL 只删除记录，而 ZAP 连同表文件一起删除

　　D．DELETE ALL 删除记录后可以用 RECALL 命令恢复，而 ZAP 删除后不能恢复

7. 执行不带索引文件名的 SET INDEX TO 命令的作用是（　　）。

　　A．重新建立索引文件　　　　　　　　　　B．关闭索引文件

　　C．删除索引文件　　　　　　　　　　　　D．打开所有索引文件

8. 可以随着表的打开而自动打开的索引是（　　）。

　　A．单项索引文件（IDX）　　　　　　　　B．结构复合索引文件（CDX）

　　C．SORT 文件（DBF）　　　　　　　　　D．非结构复合索引文件（CDX）

9. 若要对职工表建立以基本工资和出生日期的多字段索引，其正确的索引关键字表达式为（　　）。

　　A．基本工资+出生日期

　　B．STR (基本工资, 8, 2) +出生日期

　　C．基本工资+DTOC (出生日期)

　　D．STR (基本工资, 8, 2) + DTOS (出生日期)

10. 对表文件按关键字建立索引并设为主控后，命令 GO BOTTOM 把文件指针移到（　　）。

　　A．记录号不能确定　　　　　　　　　　　B．逻辑最后一条记录

　　C．最大记录号的记录　　　　　　　　　　D．RECCOUNT( )+1 号记录

11. 假设数据表文件已经打开，并设定了主控索引，为了确保指针定位在物理记录号为 1 的记录上，应该使用的命令是（　　）。

　　A．GO TOP　　　　B．GO BOF( )　　　　C．SKIP 1　　　　　D．GO 1

12. 使用 USE 命令打开表文件时，其对应的结构复合索引文件也自动打开，这时表记录的顺序将按（　　）显示。

　　A．第一个索引标识　　　　　　　　　　　B．最后一个索引标识

　　C．主控索引标识　　　　　　　　　D．物理顺序

13．某数据表文件有 5 个字段，不支持空值，其中有 3 个字符型字段的宽度分别为 6、12 和 10，另有一个逻辑型字段和一个日期型字段，该数据表文件中每条记录的总字节数是（　　）。

　　A．37　　　　　　B．38　　　　　　C．39　　　　　　D．40

14．假设已打开职工表并设姓名字段为主控索引，现有一个内存变量 W，其值为"张军"，可用命令（　　）来查找姓名为"张军"的职工。

　　A．LOCATE W　B．SEEK 张军　　　　C．SEEK W　　　　D．LOCATE 张军

15．假设已打开职工表和相应的索引文件，要查找第 2 个基本工资为 2300 元的职工，应使用命令（　　）。

　　A．SEEK 2300　　　　　　　　　　B．SEEK NEXT 2

　　C．SEEK 2300　　　　　　　　　　D．SEEK 2300

　　CONTINUE　　　　　　　　　　　SKIP

16．ABC.dbf 是一个有两个备注型字段的数据表文件，打开该表后，使用 COPY TO ABC1 命令进行复制操作，其结果将（　　）。

　　A．得到一个数据表文件

　　B．得到一个新的数据表文件和一个新的表备注文件

　　C．得到一个新的数据表文件和两个新的表备注文件

　　D．显示出错信息，表明不能复制具有备注字段的数据表文件

17．假设当前数据表文件有 20 条记录，当前记录号是 10。执行命令 LIST REST 以后，当前记录号是（　　）。

　　A．10　　　　　　B．20　　　　　　C．21　　　　　　D．1

18．要将当前表中的记录保存到一个扩展名为.txt 的文本文件，应当使用的命令是（　　）。

　　A．MODIFY COMMAND　　　　　　B．COPY FILE TO

　　C．APPEND FROM　　　　　　　　D．COPY TO

19．在命令中省略范围和 FOR 短语时，默认 ALL 的命令是（　　）。

　　A．DISPLAY　　　B．COUNT　　　　C．RECALL　　　D．REPLACE

20．设表中有一个字符型字段姓名，打开表文件后，要把内存变量姓名的字符串内容输入到当前记录的姓名字段，应当使用命令（　　）。

　　A．姓名=姓名

　　B．REPLACE 姓名 WITH M.姓名

　　C．REPLACE 姓名 WITH 姓名

　　D．PRELACE ALL 姓名 WITH M–>姓名

实验 2.1　数据表结构的建立与记录输入

一、实验目的

　　掌握表结构的建立与修改方法，熟悉表设计器的使用；输入表记录，为后续实验准备数据；掌握在表的浏览窗口中输入、修改和查询记录操作；掌握备注型与通用型字段的输入方法，能够在通用型字段中链接或嵌入 OLE 对象。

二、实验准备

复习教材中关于表文件结构的建立、结构的显示和编辑操作，复习表文件记录的输入、记录的显示和编辑操作。

三、实验内容

1. 设置默认路径

（1）用命令方式

　　SET DEFAULT TO <硬盘上的作业文件夹>

（2）用菜单方式

选择"工具"→"选项"→"文件位置"选项卡中的"默认目录"项，单击"修改"命令按钮，将<硬盘上的作业文件夹>设置为默认目录。

2. 建立数据表的结构

利用表设计器建立职工、销售和商品 3 个数据表文件的结构，具体结构要求即各个字段的字段名、宽度、类型等数据如表 2-7～表 2-9 所示。

表 2-7 "职工.dbf"结构设计

字段名	类型	宽度	小数位
职工号	字符型	6	
姓名	字符型	8	
性别	字符型	2	
婚否	逻辑型	1	
出生日期	日期型	8	
基本工资	数值型	8	2
部门	字符型	4	
简历	备注型	4	
照片	通用型	4	

表 2-8 "销售.dbf"结构设计

字段名	类型	宽度	小数位
职工号	字符型	6	
商品号	字符型	4	
数量	数值型	8	2
金额	数值型	12	2

表 2-9 "商品.dbf"结构设计

字段名	类型	宽度	小数位
商品号	字符型	4	
商品名称	字符型	20	
类别	字符型	4	
库存量	数值型	8	2
单价	数值型	8	2
单位	字符型	4	

3. 输入表的记录

给职工、销售和商品 3 个数据表文件输入相关记录。其中，对职工表的通用型字段"照片"，要求用嵌入和链接两种方式实现输入，三个表文件的记录内容如图 2-79～图 2-81 所示。

职工号	姓名	性别	婚否	出生日期	基本工资	部门	简历	照片
199701	李红	女	T	05/12/75	2500.00	直销	memo	Gen
199702	张伟	男	F	06/23/76	2300.00	零售	memo	gen
199801	李四方	男	F	06/18/77	2000.00	零售	memo	gen
199803	赵英	女	T	03/19/75	2600.00	客服	memo	gen
199804	洪秀珍	女	T	12/25/76	2100.00	直销	memo	gen
200001	张军	男	T	05/11/77	2200.00	零售	memo	gen
200005	孙宝华	男	F	02/17/75	2300.00	客服	memo	gen
200006	陈文	男	T	08/08/74	2000.00	直销	memo	gen
200601	张丽英	女	F	04/23/82	1500.00	零售	memo	gen
200602	王强	男	F	10/23/83	1500.00	直销	memo	gen

图 2-79　职工.dbf

职工号	商品号	数量
199701	1001	80.00
199702	1001	30.00
199803	2003	15.00
199701	2001	30.00
199804	3001	50.00
200001	2002	46.00
199801	3003	32.00
199803	1003	23.00
200601	1002	16.00
199702	2002	18.00

图 2-80　销售.dbf

商品号	商品名称	类别	库存量	单价	单位
1001	海飞丝	洗涤	700.00	50.00	瓶
1002	潘婷	洗涤	580.00	40.00	瓶
1003	沙宣	洗涤	360.00	47.00	瓶
1004	飘柔	洗涤	400.00	38.00	瓶
2001	可口可乐	饮料	500.00	72.00	箱
2002	非常可乐	饮料	300.00	68.00	箱
2003	娃哈哈矿泉水	饮料	600.00	43.00	箱
3001	德芙巧克力	糖果	800.00	80.00	包
3002	大白兔奶糖	糖果	500.00	55.00	包
3003	话梅奶糖	糖果	430.00	38.00	包

图 2-81　商品.dbf

4．修改表结构

用菜单方式：选择"显示"→"表设计器"菜单命令实现，或用命令方式：MODIFY STRUCTURE 修改和查看结构。

5．显示表结构

用 LIST STRUCTURE 或 DISPLAY STRUCTURE 显示结构，要求记录 3 个表文件的字段总长度。

四、实验 2.1 报告

1．通过上述实验，请回答下列问题

（1）一个表文件的总长度与其中各个字段的长度和之间有什么关系？原因何在？

（2）哪些常用的字段类型宽度是系统规定的？日期型字段的宽度是多少？

（3）如果以共享方式打开表，能修改表的结构吗？

（4）用 LIST 与 DISPLAY 显示结构有什么区别？

（5）备注型与通用型字段的内容存放在什么文件中？

（6）在通用型字段中链接或嵌入 OLE 对象的区别是什么？

2．实验完成情况及存在问题

实验 2.2　数据表记录的定位、删除与索引

一、实验目的

掌握用数据工作期和命令打开、关闭表的操作；理解记录指针的概念，掌握记录指针的绝对定位、相对定位命令；熟悉函数 EOF( )、BOF( )、RECNO( )的使用；掌握表记录的删除操作，理解逻辑删除和物理删除的概念；掌握单项索引文件、结构复合索引文件和非结构复合索引文件的概念及索引文件的建立、打开与使用；理解表使用时的物理顺序和逻辑顺序。

二、实验准备

复习表记录指针的定位方法，理解表记录的逻辑与物理删除。复习排序和索引的概念及相关操作，主要包括：什么是排序；什么是单项索引文件，它是如何建立及打开的，它与表文件的关系；什么是复合索引文件（包括结构复合索引文件和非结构复合索引文件），它们与单项索引文件有什么区别，是如何建立和打开的，它们与表文件的关系；确定主控索引的意义。

三、实验内容

1．表文件的打开、关闭操作

用数据工作期同时打开职工、销售和商品 3 个表文件，然后关闭其中的两个文件。

用 USE 打开、关闭职工、销售和商品表文件，在数据工作期观察打开的情况。

2．移动及测试记录指针

以 3 个数据表文件为基础，熟悉表记录指针的移动方法及表处理的常用函数。当执行 LIST、DISPLAY、GO、SKIP 等语句后，测试 EOF( )、BOF( )、RECNO( )等函数的值，特别注意当文件指针在表文件的首记录、末记录和文件头、文件尾时，测试函数的返回值 。在命令窗口输入如下命令（注意，输入一条命令后要键入回车键），并在有问号处记录下命令的运行结果。

```
USE 职工
GO  5
?RECNO()
SKIP 3
?RECNO()
GO BOTTOM
?RECNO(),EOF()
SKIP
?RECNO(),EOF()
GO TOP
?RECNO(),BOF()
SKIP -1
?RECNO(),BOF()
?FCOUNT( )
?RECCOUNT( )
USE 销售
?FCOUNT( )
?RECCOUNT( )
```

3．对表文件的记录进行显示和简单的编辑

（1）显示职工表的前 3 条记录，再显示最后 3 条记录。

（2）将职工表中所有基本工资大于 2000 的已婚女职工，其基本工资在原有基础上调 10%，并用 DISPLAY 命令显示修改前后的记录。

（3）在命令窗口设置 SET DELETE ON，逻辑删除职工表中在 1978 年以后出生的女职工记录，用 LIST 命令显示结果，再将打上删除标记的记录恢复，并用 DISPLAY 命令检查恢复是否正确。

（4）在命令窗口设置 SET DELETE OFF，将第（3）题再做一遍，注意结果有什么不一样。

4．对表文件的记录进行计算

建立工资表文件，其表结构及记录如表 2-10 和表 2-11 所示，用 REPLACE 命令计算每位职工的应发金额和实发金额。

5．建立排序文件

（1）单字段排序：将职工表按照出生日期的升序排列显示。

（2）多字段排序：将职工表按性别排序，性别相同的情况下，再按基本工资的升序排列。

表 2-10 "工资.dbf"的结构

字段名	类型	宽度	小数位
部门代码	Character	4	
姓名	Character	8	
基本工资	Numeric	7	2
岗位津贴	Numeric	7	2
其他发款	Numeric	7	2
应发金额	Numeric	8	2
其他扣款	Numeric	7	2
实发金额	Numeric	8	2

表 2-11 "工资.dbf"的数据

记录号	部门代码	姓名	基本工资	岗位津贴	其他发款	应发金额	其他扣款	实发金额
1	0001	孙宝国	2100.00	1420.00	1200.00	0.00	300.00	0.00
2	0001	陈定文	1980.00	1320.00	1000.00	0.00	200.00	0.00
3	0003	张国军	1600.00	1200.00	1200.00	0.00	150.00	0.00
4	0002	周梅英	3200.00	1800.00	1500.00	0.00	350.00	0.00
5	0002	何　荣	2600.00	2000.00	1500.00	0.00	280.00	0.00
6	0003	张丽英	2100.00	1200.00	1000.00	0.00	180.00	0.00
7	0001	任立立	2900.00	1500.00	1600.00	0.00	200.00	0.00

6．为职工表建立单项及复合索引文件

（1）建立单项索引文件，按职工表的基本工资字段升序排列。

（2）建立单项索引文件，按出生日期的升序排列。

（3）建立结构复合索引文件的索引标识，按姓名的升序索引。

（4）建立结构复合索引文件的索引标识，按出生日期的降序索引。

（5）建立非结构复合索引文件的索引标识，按出生日期的升序排列。

（6）建立非结构复合索引文件的索引标识，按基本工资、出生日期的升序索引。

（7）用一条命令打开上面建立的所有索引文件，并确定主控索引文件或标识，在屏幕上显示索引结果。

（8）建立一个单项索引文件，使其按基本工资降序排列。

（9）利用表设计器对建立的索引文件进行检查。

四、实验 2.2 报告

1．通过上述实验，请回答下列问题

（1）LIST＿＿＿＿＝DISPLAY，而 DISPLAY＿＿＿＿＝LIST。

（2）执行了 LIST 命令后，EOF( )＝＿＿＿＿。

（3）执行了 GO TOP 命令后，BOF( )＝.T.，对吗？为什么？

（4）如何用 LIST/DISPLAY 命令显示备注字段内容？

（5）你认为用 REPLACE 对表文件记录进行修改，与用 BROWSE 命令修改有什么不同？

（6）SET DELETED ON/OFF 语句对被逻辑删除的记录有何影响？

（7）通过实验，请归纳当 EOF( )为.T.时，RECNO( )为多少？当 BOF( )为.T.时，RECNO( )为多少？

（8）用 SORT 命令建立排序文件后，紧接着用 LIST 命令却看不到排序结果，为什么？

（9）建立索引文件时，有一个可选参数[UNIQUE]，它有什么意义？能举例说明吗？

（10）请总结一下表的排序与表索引有什么不同。

2．实验完成情况及存在问题

实验 2.3　数据表记录的查找、统计及文件操作

一、实验目的

掌握记录的顺序查找和索引查找，熟练运用 REPLACE 命令，掌握数据表的统计计算类命令，掌握表内容的复制与批量追加命令。

二、实验准备

复习表内容的检索命令，表内容的计数、数值字段求和、求平均数、分类求和命令，以及表内容的复制命令。

三、实验内容

1．进行记录内容查询

（1）用 LOCATE-CONTINUE 命令查找显示职工表中所有"基本工资"为 2300 的记录（假设记录不止一条）。

（2）用 SET ORDER TO 命令重新指定新的主控索引文件或标识，索引查找姓名为"张伟"的记录。

（3）利用 SEEK 索引查询命令，将职工表文件中所有"基本工资"为 2300 的记录逐条显示（假设记录不止一条）。

2．统计各类记录数、计算数值字段的合计数、平均数、分类求和

（1）统计职工表文件中基本工资的平均值和总额。

（2）分别统计职工表文件中男女职工的人数。

（3）统计销售表中数量小于 50 的记录数。

（4）销售表文件中分别按职工号和商品号分类汇总销售数量。

3．追加记录

在工资表的最后追加一条记录，填入每个项目的合计数，再追加一条记录，填入每个项目的平均值，结果如表 2-12 所示。

表 2-12　工资表中每个项目的平均值与合计记录

部门代码	姓名	基本工资	岗位津贴	其他发款	应发金额	其他扣款	实发金额
0001	孙宝国	2100.00	1420.00	1200.00	4720.00	300.00	4420.00
0001	陈定文	1980.00	1320.00	1000.00	4300.00	200.00	4100.00
0003	张国军	1600.00	1200.00	1200.00	4000.00	150.00	3850.00

续表

部门代码	姓名	基本工资	岗位津贴	其他发款	应发金额	其他扣款	实发金额
0002	周梅英	3200.00	1800.00	1500.00	6500.00	350.00	6150.00
0002	何　荣	2600.00	2000.00	1500.00	6100.00	280.00	5820.00
0003	张丽英	2100.00	1200.00	1000.00	4300.00	180.00	4120.00
0001	任立立	2900.00	1500.00	1600.00	6000.00	200.00	5800.00
	合　计	16480.0	10440.0	9000.00	35920.00	1660.00	34260.00
	平均值	2354.29	1491.43	1285.71	5131.43	237.14	4894.29

4. 表复制产生：.dbf、.txt 和.xls 文件

利用 COPY TO 命令，根据职工表文件，复制产生"职工 2.dbf"，"职工 2.txt"，"职工 2.xls"文件，结果包含所有已婚的女职工的职工号、姓名、性别、基本工资字段。

5. 用 APPEND FROM 命令批量追加记录到数据表文件

（1）将"职工.dbf"文件中男职工的数据批量追加到上面的"职工 2.dbf"文件。

（2）将"职工 2.txt"文件的所有数据追加到"职工 2.dbf"文件（注意文件类型）。

6. 在 Visual FoxPro 命令窗口，用命令实现如下操作：

（1）显示所有.dbf 文件名。

（2）显示"职工 2.txt"文件的内容。

（3）删除当前文件夹下的所有.xls 文件。

四、实验 2.3 报告

1. 通过上述实验，请回答下列问题

（1）顺序查找与索引查找有何不同？

（2）SUM 命令与 REPLACE 命令有什么不同？

（3）在对表进行分类汇总前必须要对分类字段做什么操作？

（4）如果要将数据表文件转换成其他软件系统能够接收的格式，用什么命令实现？

（5）能够直接用赋值语句修改字段变量的内容吗？应该用什么命令？

2. 实验完成情况及存在问题

第3章 数据库的建立与操作

在第 2 章中，我们已经学习了数据表的概念及其操作，通过这些操作和命令，可以对表中的信息进行各种访问。但在实际应用中，很多表数据之间是有联系的。

本章以商品营销数据库为例，介绍如何建立并使用数据库，对相互关联的多个表进行管理。通过本章的学习，用户对 Visual FoxPro 9.0 关系数据库管理系统有一个大致的了解，可以学会建立并操作数据库，了解数据库的规则和完整性，使用基本的结构化查询语句。

3.1 数据库的建立

数据库是与特定主题或用途相关联的数据和对象的集合。在 Visual FoxPro 9.0 中，数据库是以文件形式存在的，用来组织管理表、视图（本地视图和远程视图）、连接和存储过程之间的关系。数据库的各种对象中，只有表是可以独立存储的文件，而其他数据库对象的信息则完全存储在数据库中，如图 3-1 所示。

图 3-1　数据库的基本结构

3.1.1　建立数据库

关系型数据库由一张或多张相关的二维表（关系）组成，每张表包含某个特定主题的信息。例如，在设计"营销"数据库时，可以将职工数据、商品数据和销售数据分别存储在不同的表中。图 3-2 所示为一个"营销"数据库中的 3 个表文件（"职工"、"商品"和"销售"）

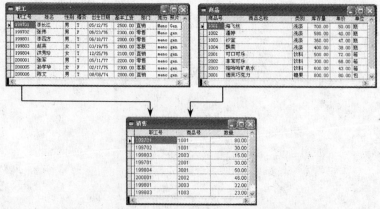

图 3-2　"营销"数据库中的 3 个表文件及它们之间的关联

及它们之间的关联方式。"职工"表与"销售"表之间的关联通过"职工号"字段的匹配实现，而"商品"表与"销售"表之间的关联则通过"商品号"字段的匹配实现。

1．建立数据库

在 Visual FoxPro 中，数据库实质上是存储表规则、视图和表之间关系的容器，相关的所有数据库对象都存放在数据库。Visual FoxPro 数据库提供了以下功能：存储相关的表、在表间建立联系、设置属性和数据有效性规则、使用相关的表协同工作等。

数据库文件的扩展名为.dbc，相关的数据库备注文件扩展名为.dct，相关的索引文件扩展名为.dcx。在创建数据库对象之前，必须先创建一个数据库文件。

创建数据库有多种方法，本节主要介绍交互方式和命令方式两种。

（1）交互方式创建数据库

在 Visual FoxPro 9.0 中，交互方式创建数据库有两种途径：一是通过菜单来实现，二是使用项目管理器来实现。这里介绍菜单实现的步骤：

① 单击"文件"菜单中的"新建"项；

② 在"新建"对话框中选择"数据库"后，单击"新建"按钮，弹出"创建"对话框；

③ 在如图 3-3 所示的"创建"对话框中，输入新数据库的文件名，然后单击"保存"按钮，进入如图 3-4 所示的数据库设计器窗口，即可完成建表、视图等多种操作。

图 3-3　"创建"对话框　　　　图 3-4　数据库设计器

（2）命令方式创建数据库

在 Visual FoxPro 9.0 中，还可以在命令窗口中使用 CREATE DATABASE 命令来直接创建数据库。

格式：

```
CREATE DATABASE [数据库名/?]
```

功能：创建指定名称的数据库。

说明：

① [数据库名]：指定要创建的数据库名称。

② [?]：指定打开"创建"对话框并要指定数据库名称。

③ 不带选项时，指定打开"创建"对话框并要指定数据库名称。

【例 3.1】用命令创建名称为"营销"的数据库。

```
CREATE  DATABASE 营销
```

注意：使用命令方式创建数据库后，数据库并不能直接打开，需要重新打开数据库，打开数据库的方法将在 3.1.3 节中介绍。

2．数据库设计器

如图 3-3 所示的数据库设计器窗口是数据库的主要操作窗口，其中会显示出数据库所包含的所有表、视图及其相互之间的关系。"数据库设计器"工具栏提供对数据库各种操作的快速访问；数据库菜单则提供对数据库的各种操作；而在数据库设计器上单击鼠标右键，可以在弹出的快捷菜单中选取相应的操作功能。

"数据库设计器"工具栏如图 3-5 所示，主要功能如下。

图 3-5　数据库设计器工具栏

① 新建表：使用表向导创建新表。

② 添加表：将现有的表添加至数据库。

③ 移去表：从数据库中将表移出。

④ 新建远程视图：使用数据库设计器创建远程视图。

⑤ 新建本地视图：使用数据库设计器创建本地视图。

⑥ 修改表：在表设计器中打开表。

⑦ 浏览表：在浏览窗口中显示并编辑表。

⑧ 编辑存储过程：在编辑窗口中显示 Visual FoxPro 存储过程。

⑨ 连接：连接本地计算机上的其他数据源。

3.1.2　数据库表和自由表的相互转换

1. 概念

在 Visual FoxPro 中，表可以分为两种类型：把属于数据库的表称为数据库表，而把独立存在、不与任何数据库相关联的表称为自由表。

数据库表与自由表可以相互转换，数据库表拥有许多自由表所没有的特性，如长文件名、长字段名、有效性规则等。

2. 自由表转换成数据库表

在一个已经打开的数据库中，可以创建表或向数据库中添加已存在的表。用户可以选定某个自由表添加进数据库，该表就成为数据库表。向数据库中添加表的方法有两种。

（1）交互方式

在数据库设计器窗口中，单击"数据库"→"添加表"，或通过右键快捷菜单中的"添加表"项，在"选择表名"对话框中选择"自由表"即可。

（2）命令方式

格式：

```
ADD TABLE 表名/? [长表名]
```

功能：将自由表添加进数据库。

说明：

① "表名"指定要添加到数据库中的表的名称。

② "?"显示"打开"对话框，选择或输入要添加到数据库中的表。

③ [长表名]：指定表的长表名，最多 128 个字符，可以取代短表名。

【例 3.2】用命令打开"营销"数据库，并向其中添加"职工"表。

```
OPEN  DATABASE 营销
ADD  TABLE 职工
```

注意：一个表同时只能属于一个数据库，因此要添加的必须是自由表，当向数据库添加的是一个数据库表时，Visual FoxPro 将显示出错信息。如果需要将一个属于其他数据库的表添加到当前数据库中，必须先将该表从原来所属的数据库中移出。添加完成后，该自由表就变成了数据库表，同时也具备了数据库表的各种特性。

3．数据库表转换成自由表

将表从数据库中移出的方法有两种。

（1）交互方式

在数据库设计器窗口中，单击"数据库"菜单中的"移去表"或右键快捷菜单中的"删除"即可。

在使用交互方式移去表时，Visual FoxPro 会弹出如图 3-6 所示的对话框，"移去"表示只从数据库中移去表，而不会从磁盘上删除该表文件；"删除"表示将表从数据库中移去，同时从磁盘上删除该表文件；"取消"则取消上述操作。

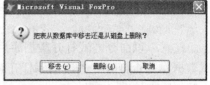

图 3-6　移去表时的对话框

（2）命令方式

格式：

```
REMOVE TABLE 表名/? [DELETE][RECYCLE]
```

功能：将表从数据库中移去。

说明：

① "表名"指定要移出数据库的表的名称。

② "?"显示"移除"对话框，选择或输入要移出数据库中的表。

③ [DELETE]表示从当前数据库中移出指定的表，并将该表从磁盘上删除。

④ [RECYCLE]表示移出表的同时，将该表文件放入 Windows 回收站。

【例 3.3】用命令打开"营销"数据库，并将其中的"商品"表移出。

```
OPEN DATABASE 营销
REMOVE TABLE 商品
```

注意：移出表的操作完成后，该表就成为自由表，同时与该表相关的长表名、有效性规则将被删除，该表与其他表原有的关联和规则也不存在了。

3.1.3　数据库的基本操作

数据库的基本操作包括打开数据库、关闭数据库、修改数据库和删除数据库等，这些操作都有多种方法实现，下面主要介绍交互菜单方式和命令方式。

1．打开数据库

（1）交互方式

单击"文件"菜单中的"打开"命令，在"打开"对话框中选择"文件类型"为"数据库（*.dbc）"，选择或输入要打开的数据库名即可。

（2）命令方式

格式：

```
OPEN DATABASE [文件名/?][EXCLUSIVE/SHARED][NOUPDATE][VALIDATE]
```

功能：打开已指定的数据库。

说明：

① [文件名]指定要打开的数据库的名称。

② [?]显示"打开"对话框，选择或输入要打开的数据库名。

③ [EXCLUSIVE/SHARED]表示数据库以独占/只读的方式打开。打开方式决定了其他用户是否可以访问该数据库，如果两者都没有选取，则数据库的打开方式由命令 SET EXCLUSIVE 的设置决定，默认为独占方式。

④ [NOUPDATE]表示被打开的数据库只能读取，不能修改。

⑤ [VALIDATE]指定让 Visual FoxPro 确保数据库中的引用有效。Visual FoxPro 将检查磁盘上数据库中的表和索引是否可用，以及被引用的字段和索引标识是否存在于表和索引中。

【例 3.4】用命令以共享方式打开"营销"数据库。

```
OPEN DATABASE 营销 SHARED
```

注意：以命令方式打开数据库后，数据库设计器并不显示，这时可以使用 DBC( )函数测试数据库是否打开。当数据库打开时，如果创建新表，该表将自动添加到当前数据库中，成为数据库表。

2．关闭数据库

（1）交互方式

Visual FoxPro 并未提供直接关闭数据库的菜单操作，当退出 Visual FoxPro 时，数据库自动关闭。

（2）命令方式

格式 1：

```
CLOSE DATABASES [ALL]
```

格式 2：

```
CLOSE ALL
```

功能：关闭已打开的数据库。

说明：

① 不带选项时，关闭当前数据库和表。

② [ALL]表示关闭所有打开的数据库和数据库表、自由表及索引文件等。

【例 3.5】用命令关闭当前打开的"营销"数据库。

```
CLOSE DATABASES
```

注意：

① 关闭了数据库，其中的表也全部关闭。

② 关闭了数据库设计器窗口，不等于关闭了数据库。

3．修改数据库

（1）交互方式

修改数据库的操作与打开数据库相同，打开后进入数据库设计器，进行交互式的修改。

（2）命令方式

格式：

```
MODIFY DATABASE [数据库名/?][NOWAIT][NOEDIT]
```

功能：修改已指定的数据库。

说明：

① [数据库名]：指定要修改的数据库的名称。

② [?]：显示"打开"对话框，选择或输入要修改的数据库名。

③ [NOWAIT]：指定在打开数据库设计器后程序继续执行，不必等待数据库设计器关闭。

该选项仅在程序中使用才有效。

④ [NOEDIT]: 指定禁止修改数据库。

【例 3.6】用命令修改"营销"数据库。

```
CLOSE DATABASE 营销
```

4. 删除数据库

（1）交互方式

Visual FoxPro 并未提供删除数据库的菜单操作，如果需要删除数据库，可在操作系统的资源管理器中直接删除数据库文件。删除时需要注意：如果希望删除数据库的同时也删除其包含的表，则同时删除相应表文件即可；如果希望删除数据库而保留数据库中的表，则需要先将这些表从数据库中移出，再删除数据库。

（2）命令方式

格式：

```
DELETE DATABASE [数据库名/?][DELETE TABLES]
```

功能：删除已指定的数据库。

说明：

① [数据库名]: 指定要从磁盘上删除的数据库的名称。

② [?]: 显示"打开"对话框，选择或输入要删除的数据库名。

③ [DELETE TABLES]: 在删除数据库的同时，一并删除包含在数据库中的表。

【例 3.7】用命令删除"营销"数据库。

```
DELETE DATABASE 营销
```

注意：使用命令删除数据库时，若未使用"DELETE TABLES"选项，则删除数据库后，其数据表会变成自由表。

5. 设置当前数据库

（1）交互方式

当有多个数据库打开时，只有一个可以作为当前数据库。在 Visual FoxPro 的常用工具栏的下拉列表框中，列出了已打开的数据库名称，可以选择其中指定的数据库作为当前数据库。

（2）命令方式

格式：

```
SET DATABASE TO [数据库名]
```

功能：设置一个打开的数据库为当前数据库或非当前数据库。

【例 3.8】现"营销"和"学籍"两个数据库都已打开，用命令将"营销"数据库设置为当前数据库。

```
SET DATABASE TO 营销
```

3.1.4　工作区

前面介绍的操作和命令都是单表操作，当打开一个新的表时，原先打开的表会自动关闭。在实际应用中，经常需要同时访问多个表，在 Visual FoxPro 中，可以通过工作区技术来实现。

1. 工作区的概念

工作区是 Visual FoxPro 在内存中开辟的临时区域，在一个工作区中，用户可以打开一个表及其备注、索引等，而在不同的工作区中可以打开多个表，并且可以利用多种方法访问不同工作区中的表。

（1）工作区编号

每个工作区都有一个编号，它可以标识一个工作区，同时也可以标识在该工作区打开的表。Visual FoxPro 中最多允许使用 32767 个工作区，可以用 1，2，3，…，32767 来标识。

（2）当前工作区

在 Visual FoxPro 中，有 32767 个工作区同时存在，每个工作区中都可能存在一个表，但在同一时刻，用户只能对一个工作区中的表文件进行读/写操作，而对其他工作区的表只能进行有限的访问。当前正在操作的工作区称为当前工作区，而在当前工作区打开的表文件称为当前表文件。当前工作区是可变的，用户可以根据需要选择任意一个工作区作为当前工作区。当 Visual FoxPro 启动时，系统自动选择 1 号工作区作为当前工作区。

（3）工作区的别名

除工作区的固定编号外，系统还为每个工作区规定了一个固定的别名，称为系统别名。1，2，3，…，10 号工作区的系统别名分别为 A，B，C，…，J；11，12，…，32767 号工作区的系统别名分别为 W11，W12，…，W32767。

用户在某工作区打开一个表文件的同时，也可以为工作区定义一个别名，称为用户别名。默认的用户别名是表名。用户自定义别名可使用以下命令：

格式：

```
USE <表文件名> [ALIAS <别名>][NOUPDATE]
```

功能：打开表时指定工作区别名。

说明：

① <别名>指定工作区的用户别名，由最多 254 个字母、数字或下划线组成，不可包含特殊字符，并且不能与已有的别名冲突。

② 如果省略[ALIAS <别名>]，则系统使用表名作为该工作区的别名。

③ 选项[NOUPDATE]指定不允许修改表文件的结构。

【例 3.9】打开"职工"表时使用 S1 作为别名。

```
USE 职工 ALIAS  S1
```

（4）选择工作区

使用 SELECT 命令可以选择或转换当前工作区。

格式：

```
SELECT <工作区编号>/<工作区别名>
```

功能：选择当前工作区。

说明：

① <工作区编号>指定该工作区为当前工作区。

② <工作区别名>指定该别名代表的工作区为当前工作区。

例如，选择已打开的别名为 S1 的表为当前工作区，用命令：

```
SELECT  S1
```

（5）工作区之间的联访

所谓工作区之间的联访，是指在当前工作区访问非当前工作区中表内容（表字段中的数据）的一种联系形式。工作区之间的联访是通过工作区的别名实现的。

格式 1：

    <工作区别名>.<字段名>

格式 2：

    <工作区别名>-><字段名>

功能：访问非当前工作区中的表内容。

说明：

① <工作区别名>指定要访问的工作区。

② <字段名>为该工作区打开表文件的一个字段名，所得到的内容是在该工作区打开的表中当前记录对应在该字段的值。

例如，当打开职工表的 S1 工作区为非当前工作区，则访问其中的姓名字段的方法为：

    S1.姓名或 S1->姓名

（6）浏览工作区

在 Visual FoxPro 中，如果想了解系统中工作区的使用情况，有两种方法：一是选择"窗口"菜单的"数据工作期"项，二是在命令窗口中使用 SET 命令。系统显示如图 3-7 所示的"数据工作期"对话框。

图 3-7 "数据工作期"对话框

在"数据工作期"对话框中，左边显示了系统中已被使用的工作区的别名，其中特殊显示的工作区为当前工作区。

（7）工作区的使用规则

Visual FoxPro 使用工作区的规则如下。

① 一个工作区同时只能打开一个表文件，当在同一工作区打开第二个表文件时，第一个将被关闭。

② 当前工作区只有一个，修改字段值、移动表指针等操作只能对当前表进行，而对非当前工作区的表只能只读访问。

③ 每个工作区中的表文件都有独立的记录指针，如果工作区之间没有建立关联，对当前工作区中的表文件进行的操作不会影响到其他工作区的指针。

④ 一个表文件可以在多个工作区打开，命令如下：

格式：

    USE <表文件名> [AGAIN]

功能：再次打开表文件。

说明：[AGAIN]指定再次打开表文件。

⑤ 由系统指定当前可用的最小号工作区，使用命令如下：

格式 1：

    SELECT 0

功能：选择系统中可用的最小号的工作区为当前工作区。

格式 2：

    USE <表文件名> IN 0

功能：在系统中可用的最小号的工作区中打开表文件。

2．工作区的操作示例

（1）打开表

在指定工作区中打开表可以使用下列方法。

① 使用 USE 命令指定在某个工作区中打开表。

【例 3.10】在 3 号工作区中打开"职工"表。

```
USE 职工 IN 3
SELECT 3
BROWSE
```

注意：使用 USE…IN 的方法在对应工作区打开表后，当前工作区保持不变，因此要浏览打开的表，必须将该工作区设置为当前工作区。

② 使用 SELECT 命令指定某个工作区为当前工作区，再打开表。

【例 3.11】在 3 号工作区中打开"职工"表。

```
SELECT 3
USE 职工
BROWSE
```

③ 在不同工作区中多次打开同一个表。

【例 3.12】要在 1、2、4 号工作区中同时打开"职工"表。

```
SELECT 1
USE 职工
USE 职工 AGAIN  IN 2
SELECT D
USE 职工 AGAIN
```

④ 在系统当前可用的最小号工作区中打开表。可使用"数据工作期"窗口中的"打开"按钮打开表，或使用命令 SELECT 0 或 USE <表文件名> IN 0。

【例 3.13】在系统当前可用的最小号工作区中打开"职工"表。

```
SELECT 0
USE 职工     &&或 USE 职工 IN 0
```

（2）关闭表

关闭工作区中的表有以下几种方法。

① USE IN 3

② SELECT 3

```
USE
```

③ USE 职工 IN 3

```
USE IN 职工
```

④ 在同一工作区中已经打开了一个表，则打开另一个表时，前一个表自动关闭。

```
SELECT 3
USE 职工
BROWSE
USE 商品
```

⑤ 在"数据工作期"窗口中选择要关闭的工作区的别名，然后单击"关闭"按钮。

（3）指定工作区的别名

① 系统默认别名

打开表时，系统默认使用表文件名作为别名。

【例 3.14】打开"职工"、"销售"和"商品"表，用别名选择当前工作区。

```
USE 职工 IN 1
USE 商品 IN 2
```

```
USE 销售 IN 3
SELECT 1              &&工作区编号
BROWSE
SELECT 商品           &&默认工作区别名
BROWSE
SELECT C              &&系统别名
BROWSE
```

② 用户自定义别名

打开表时，使用带 ALIAS 子句的 USE 命令为工作区指定别名。

【例 3.15】在 3 号工作区打开"职工"表，并指定工作区的别名为 EMPLOYEE。

```
USE 职工 IN 3 ALIAS EMPLOYEE
SELECT EMPLOYEE
BROWSE
```

（4）多工作区的使用

① 使用 SELECT 指定或转移当前工作区

【例 3.16】分别在 1、2、3 号工作区打开"职工"表、"商品"表、"销售"表。

```
SELECT 1                 &&工作区编号
USE 职工
USE 商品 IN 2
USE 销售 IN 3 ALIAS SALES
SELECT 商品              &&默认别名
BROWSE
SELECT SALES            &&用户自定义别名
BROWSE
SELECT A                &&系统别名
BROWSE
```

② 使用别名访问非当前工作区的表

【例 3.17】在 3 号工作区中访问其他工作区的表。

```
USE 职工 IN 1
USE 商品 IN 2 ALIAS GOODS
SELECT 3
USE 销售
LOCATE FOR 职工号=A.职工号
?职工号, A.姓名, 数量
LOCATE FOR 商品号=GOODS->商品号
?商品号, GOODS->商品名称, 数量
```

③ 不同工作区中表文件的指针相互独立

【例 3.18】分别在 1、2 号工作区打开"职工"表、"销售"表，测试表指针的关系。

```
USE 职工 IN 1
USE 销售 IN 2
SELECT 1
DISPLAY              &&1 号工作区的当前记录
SELECT 2
DISPLAY              &&2 号工作区的当前记录
```

```
SELECT 1
SKIP                && 1 号工作区中的表指针移动
DISPLAY             && 1 号工作区中的当前记录改变
SELECT 2
DISPLAY             && 2 号工作区中的当前记录不变
```

3.1.5　建立表间的临时关联

通过 3.1.4 节的例子可以看出，不同工作区的表记录指针是独立的，子表（"销售"表）的记录指针不能随父表（"职工"表）的记录指针联动。在实际的应用中，这一特性是非常有用的，可以通过建立表间的临时关联来实现。

例如，在浏览"职工"表时，希望快速查找当前员工的销售记录，可先在"职工"表与"销售"表之间以"职工号"字段为关联字段建立两表间的"一对多"的临时关联，然后在不同浏览窗口分别打开两个表，当在"职工"表浏览窗口中移动当前记录指针时，可以看到"销售"表浏览窗口中显示出该职工对应的一条或多条销售记录。同样，如果在浏览"销售"表时，希望快速确定某笔销售记录所对应的职工信息，可先在"销售"表与"职工"表之间，以"职工号"为关联字段建立两表间"多对一"的临时关联。因此，要建立临时关联，两表之间既可以是"一对多"的关联，也可以是"多对一"的关联。

1．建立表间的临时关联

建立临时关联的前提条件是：子表需要建立以关联字段为表达式的索引，并设置该索引为主控索引。

创建临时关联可以通过多种方法实现：数据工作期、命令方式和数据环境。下面介绍前两种方式，数据环境方式将在第 5 章中介绍。

（1）通过"数据工作期"窗口创建表间的临时关联

操作步骤如下：

① 在"数据工作期"窗口中单击"打开"按钮，分别打开"职工"表和"销售"表；

② 在"别名"列表框中选择"职工"，单击"关系"按钮后，在"关系"列表框中出现"职工"，下方还有一根折线，如图 3-8 所示；

③ 选择"别名"列表框中的"销售"表，弹出"设置索引顺序"对话框，如图 3-9 所示，选择"销售:职工号"后单击"确定"按钮。

④ 在如图 3-10 所示的"表达式生成器"对话框中，选择"字段"列表框中的"职工号"，单击"确定"按钮完成设置，临时关联如图 3-11 所示，在右边的"关系"列表框中，上面一行表示父表，下面一行表示子表，中间的折线表示两表的临时关联。

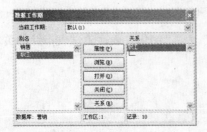

図 3-8　"数据工作期"对话框

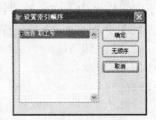

图 3-9　"设置索引顺序"对话框

 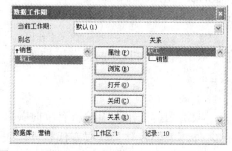

图 3-10 "表达式生成器"对话框   图 3-11 设置后的"数据工作期"对话框

（2）使用命令方式创建表间的临时关联

格式：

> SET RELATION TO [<关系表达式 1>] INTO <工作区 1>/<表别名 1>
>
> [, <关系表达式 2> INTO <工作区 2>/<表别名 2>…]
>
> [IN <工作区>/<表别名>][ADDITIVE]

功能：建立数据表之间的临时关联。

说明：

① [<关系表达式>]为在父表与子表之间建立关联的关系表达式，通常为字段名。

② INTO <工作区>/<表别名>指定子表的工作区编号或子表别名。

③ [IN <工作区>/<表别名>]指定父表的工作区编号或父表别名。

④ [ADDITIVE]表示在建立新的关联时，保留当前工作区中已存在的表关联。

注意：使用上述命令之前，必须在子表中建立与<关系表达式>相匹配的索引。

【例 3.19】在"职工"表与"销售"表之间建立临时关联。

```
USE 职工 IN 1
USE 销售 IN 2
SELECT 销售
INDEX ON 职工号 TAG 职工号
SET ORDER TO 职工号
SELECT 职工
SET RELATION TO 职工号 INTO 销售
BROWSE
SELECT 销售
BROWSE           && 结果如图 3-12 所示
```

图 3-12 职工表与销售表"一对多"的临时关联

　　临时关联可以让子表的记录指针随着父表联动，同样也可以让父表的记录指针随着子表联动，即在浏览"销售"表的时候，希望快速查找当前销售记录对应的职工信息。

2．取消表间的临时关联

格式1：

```
SET RELATION OFF INTO <工作区>/<表别名>
```

功能：取消当前工作区中的父表与<工作区>/<表别名>指定的工作区中的子表已建立的关联。

格式2：

```
SET RELATION TO
```

功能：取消当前工作区中的所有临时关联。

　　除此之外，关闭临时关联双方任意一个表，临时关联也将自动取消。

【例 3.20】通过"销售"表与"商品"的临时关联，计算出"销售"表中的销售总金额。

　　分析：由于销售"数量"在销售表中，而商品单价在商品表，两者不在同一张表中，如果要计算销售金额，可以通过关键字"商品号"建立两表间的临时关联，使子表"商品"表的指针会随着主表"销售"表的指针联动，如图 3-13 所示。然后再通过批量替换计算出各商品的金额。

图 3-13　临时关联的指针联动示意图

```
USE 销售
USE 商品 IN 0 ORDER 商品号      &&在最小未使用的工作区打开商品表并指定主控索引
SELECT 销售
SET RELATION TO 商品号 INTO 商品       &&建立销售表与商品表的临时关联
REPLACE ALL 金额 WITH 数量*商品.单价   &&根据数量和商品表的单价计算销售金额
SET RELATION TO                       &&取消已经建立的临时关联
LIST                                  &&结果如图 3-14 所示
```

记录号	职工号	商品号	数量	金额
1	199701	1001	80.00	4000.00
2	199702	1001	30.00	1500.00
3	199803	2003	15.00	645.00
4	199701	2001	30.00	2160.00
5	199804	3001	50.00	4000.00
6	200001	2002	46.00	3128.00
7	199801	3003	32.00	1216.00
8	199803	1003	23.00	1081.00
9	200601	1002	16.00	640.00
10	199702	2002	18.00	1224.00

图 3-14　例 3.20 运行结果

3.2　数据库的完整性实现

　　数据字典是 Visual FoxPro 数据库所特有的一个数据集合，它是包含数据库中所有表（即数据库表）信息的一个表，用于存储表的长表名或长字段名、有效性规则和触发器，以及有关数据库对象的定义（如视图和命名连接）等。

例如，"营销"数据库中，"职工"表、"商品"表和"销售"表的有效性检验、表间的关联、长表名等信息都存放在"营销"数据库对应的一个数据字典中。

数据字典可创建和指定的项目包括：

- 建立表的主索引和候选索引；
- 为表和字段指定长名称；
- 为每个字段和表添加注释；
- 为表的各个字段指定标题，这些标题将作为表头显示在"浏览"窗口中；
- 为字段指定默认值；
- 设置字段输入掩码和显示格式；
- 设置字段级规则和记录级规则；
- 建立数据库表间的永久关联；
- 为表设置触发器；
- 建立存储过程；
- 建立本地视图和远程视图；
- 建立到远程数据源的连接。

视图可参考第 8 章内容，触发器、存储过程和连接数据源由于比较复杂，不再赘述，读者可以参考其他教材。

3.2.1　长表名和表注释

为了更清楚地描述表的含义，可以为数据库表设置长表名和表注释。

数据库表可以使用长达 128 个字符的名称，作为数据库引用该表的名称。Visual FoxPro 默认的表名与表的文件名相同。

在 Visual FoxPro 中以独占方式打开数据库表，在"表设计器"对话框中选择"表"选项卡，如图 3-15 所示，在"表名"框中可以设置数据库表的长表名，在"表注释"框中可以设置表的注释。

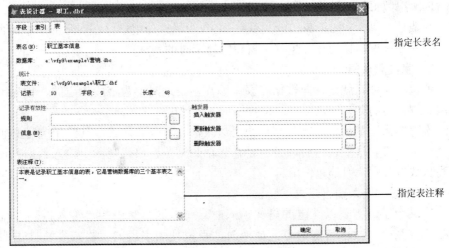

图 3-15　在"表设计器"中设置长表名和注释

3.2.2 长字段名和字段属性

长字段名和字段属性是数据库表的特性，这些特性使得数据库表的性能要优于自由表。长字段名和字段属性可以在"表设计器"对话框中的"字段"选项卡下设置，如图 3-16 所示。

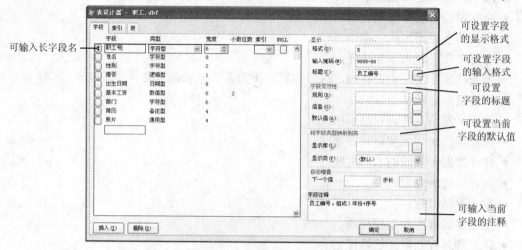

图 3-16 在"表设计器"中设置长字段名和字段属性

1．长字段名

在使用表设计器建立数据库表时，允许字段名称最多可以为 128 个字符，并且自动存放在.dbc 文件中，而其前 10 个字符同时作为字段名存放在.dbf 文件中。作为数据库表时，必须使用它的长字段名来引用该表中的字段。如果将表从数据库中移去，长字段名将被截取为 10 个字符。

需要注意的是，在截取字段名时，如果长字段名的前 10 个字符在表中不唯一，则系统将取长字段名的前几个字符，后面增加下划线和序号，但总长度仍为 10 个字符。另外，由于系统对于汉字的短字段名不易区分，在定义汉字的长字段名时，最好用前 5 个汉字（10 个字符长度）就能区分开。

2．字段标题

一般情况下，Visual FoxPro 将字段名作为标题使用，但在实际应用中，可为数据库表中的字段建立标题，作为在"浏览"窗口中显示时的列标题。

3．字段默认值

所谓默认值，就是在向数据库表中添加新记录时，为字段指定的、预先准备好的值。为字段设置合适的默认值，可以加快数据输入的速度。

设置的字段默认值可以是常量或表达式，如果是表达式，其结果类型必须与字段的数据类型一致。设置过默认值后，无论是在表单、浏览窗口或视图中输入数据，还是以程序的方式写入数据，默认值都起作用。

4．字段的输入输出格式

当某个字段需要以一定的格式输入时，可以利用字段的"输入掩码"特性加以说明。而当需要某个字段以特定的方式显示时，可以使用字段的"格式"特性说明。输入掩码和格式主要通过掩码字符实现，掩码字符及其功能可参见表 3-1。格式码及其属性请参见相关的手册。

表 3-1 输入掩码

掩码代码	功　能
A	只能输入英文字母或汉字
L	只能输入英文字母 T 或 F
N	只能输入英文字母、汉字或数字
U	只允许输入字母，并自动将小写字母转换为大写
W	只允许输入字母，并自动将大写字母转换为小写
X	允许输入任何字符
Y	只能输入英文字母 Y、y、N、n，并自动将小写字母转换为大写字母
9	只允许输入字符型数据或数值型数据的数字
#	只能输入数字、空格、正负号和英文句号"."
!	可输入任何字符，但所输入的英文字母将全部转换为大写
$	将数值型数据按其设计宽度的第一个位置上加一个货币符"$"显示
$$	将数值型数据按其实际数据宽度，在前面位置上加一个货币符"$"显示
*	在实际数据不足设计宽度时，在数值型数据前加"*"，与"$"并用可保护数据
.	指定小数点位置
,	分隔小数点左边的数字，例如以 3 位分节金额的表示方式

5. 字段注释

在数据库表中，可以为每一个字段附加相应的字段注释，这样可以更好地了解字段的组成及用途。

3.2.3 设置记录规则

在数据库表中，为保证数据的可靠性和有效性，在数据输入和更新操作时，必须确认数据类型、取值范围等是否合理，以此来控制输入到数据库表字段和记录中的数据，这些规则称为有效性规则。有效性规则将把所输入的值与所定义的规则表达式进行比较，如果输入的值不满足规则要求，则拒绝该值。有效性规则能够控制输入到表中的数据，而不管数据是通过浏览窗口、表单，还是使用程序来访问。

有效性规则分为：字段级有效性规则和记录级有效性规则。

1. 字段级有效性规则

字段级有效性规则用来控制用户输入到字段中的数据。当用户在浏览窗口、表单等界面上改变了字段值，并且焦点离开该字段（单元格）时，或者用户在使用 APPEND、REPLACE 等命令使字段值发生改变时，开始检查字段的有效性。

字段级有效性规则有两种设置方法。

（1）交互方式

① 在如图 3-16 所示的"表设计器"对话框中的"规则"文本框中直接输入规则表达式，或者单击后面的"…"按钮，打开"表达式生成器"对话框进行设置，如图 3-17 所示。

② 在"信息"文本框中输入表达式，来指定当违反本规则时的提示信息，如"基本工资应该在 0-10000 之间！"。

③ 设置完成后，当对表中的"基本工资"字段修改数据时，如果超过指定范围，则会出现如图 3-18 所示的提示框。

图 3-17 "表达式生成器"对话框

图 3-18 违反规则时的提示

（2）命令方式

格式：

ALTER TABLE <数据库表名> ALTER COLUMN <字段名> SET CHECK <表达式 1> ERROR <表达式 2>

功能：修改数据库表的字段级有效性规则。

说明：

① <表达式 1>指定该字段值的检验规则。

② <表达式 2>指定当违反本规则时的提示信息。

【例 3.21】对"职工"表中的"基本工资"字段设置有效性规则。

ALTER TABLE 职工 ALTER COLUMN 基本工资 SET CHECK 基本工资>=0 AND 基本工资<=10000 ERROR "基本工资应该在 0－10000 之间！"

2．记录级有效性规则

记录级有效性规则可以在同一条记录的多个字段间进行比较，以检查数据是否有效。当用户在浏览窗口、表单等界面上改变了记录的值，并且焦点离开该记录（行）时，或者用户在使用 APPEND、REPLACE 等命令使记录值发生改变时，开始检查记录的有效性。

记录级有效性规则与字段级有效性规则类似，也有两种设置方法。

（1）交互方式

① 在如图 3-15 所示的"表设计器"对话框的"规则"文本框中直接输入规则表达式，或者单击后面的"…"按钮，打开"表达式生成器"对话框进行设置。

② 在"信息"文本框中输入表达式，来指定当违反本规则时的提示信息。

（2）命令方式

格式：

ALTER TABLE <数据库表名> SET CHECK <表达式 1> ERROR <表达式 2>

功能：修改数据库表的字段级有效性规则。

说明：

① <表达式 1>指定该记录的检验规则。

② <表达式 2>指定当违反本规则时的提示信息。

3.2.4 主索引与表间的永久关联

关系数据库系统是采用表来存储数据的，而不同表之间的关联则是通过两个表中的关联字段来实现。例如，"职工"表存储的是所有员工的信息，"销售"表则是存储员工的销售记录，两表通过"职工号"字段关联，既可以查看员工信息并了解该员工的销售情况，也可以查看销售信息同时找到对应的员工。通常情况下，"职工"与"销售"是一对多的关系，即每个员工可以有多种商品的销售记录，而每个商品的销售记录只属于一个员工，这种不同数据库表中的数据之间存在的联系称为永久关联。

永久关联要求职工表中的"职工号"字段必须唯一且不能为空，因此需要以"职工号"字段建立主索引。主索引是不允许在指定字段或表达式中出现重复值和空值的索引，这样的索引可以起到主关键字的作用，即唯一地识别一条记录。如果在任何已包含了重复数据的字段上建立主索引，Visual FoxPro 将产生错误信息。每一个表只能建立一个主索引，且只有数据库表才能建立主索引。

永久关联保存在数据库中，主要用于实现参照完整性，在查询设计器和视图设计器中作为默认连接条件使用，并且在数据环境中作为默认临时关联显示。但与临时关联不同的是，永久关联不需要每次重新创建，也不能控制不同工作区表的记录指针之间的关联。

1. 建立表间的永久关联

如果需要在父表"职工"表和子表"销售"表之间建立永久关联，可采用如下两种方法。

（1）"数据库设计器"方式

通过"数据库设计器"建立表间的永久关联的步骤如下。

① 在"表设计器"中，为父表"职工"表以"职工号"为索引表达式建立主索引。为子表"销售"表以"职工号"为索引表达式建立普通索引。

② 在"数据库设计器"中，拖动鼠标，将"职工"表的主索引"职工号"字段拖至"销售"表的普通索引"职工号"字段，此时在两个索引之间显示一条连线，表示建立了"一对多"的关联，如图 3-19 所示。

③ 用鼠标单击连线，使连线变粗，再单击右键，在快捷菜单上选择"编辑关系"，在如图 3-20 所示的"编辑关系"对话框中选定关联的条件。

（2）命令方式

Visual FoxPro 9.0 并未提供直接建立永久关联的命令，而是使用 ALTER TABLE 命令在建立父表（"职工"表）的主关键字（即主索引）和子表（"销售"表）的外部关键字（即普通索引）时，建立永久关联。

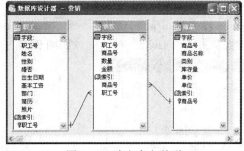

图 3-19　建立永久关联

图 3-20　"编辑关系"对话框

【例 3.22】用命令方式在"职工"表与"销售"表之间建立永久关联。

```
*建立"职工"表的主索引
ALTER TABLE 职工 ADD PRIMARY KEY 职工号 TAG 职工号
*建立"销售"表的普通索引，并与"职工"表的"职工号"索引建立永久关联
```

```
ALTER TABLE 销售 ADD FOREIGN KEY 职工号 TAG 职工号 REFERENCES 职工 TAG;
职工号
```

需要说明的是，当子表（"销售"表）的索引为普通索引时，所建立的永久关联为"一对多"关联；当子表的索引为主索引或候选索引时，所建立的永久关联为"一对一"关联。

2．删除表间的永久关联

删除表间的永久关联也有两种方式。

（1）"数据库设计器"方式

在"数据库设计器"中，用鼠标单击两表之间的连线，关系线将加粗，再按 Delete 键，则可以删除该关联。

（2）命令方式

可使用 ALTER TABLE 命令删除永久关联。

【例 3.23】若要删除"职工"表与"销售"表间的永久关联，可使用如下命令：

```
ALTER TABLE 销售 DROP FOREIGN KEY TAG 职工号 SAVE
```

3.2.5　参照完整性实现

参照完整性根据一系列规则来保持数据库表中数据的有效性和一致性，实施参照完整性可以有效地维护数据库中多个表的关联。

1．参照完整性规则

参照完整性是指"子"表外部关键字的取值应为"空"值或"父"表的子集。数据库表实施参照完整性规则，当新增、修改或删除记录时，可以确保数据库表中数据的有效性和一致性。具体规则如下：

- 当父表中没有关联记录时，记录不能添加到相关子表中；
- 若父表中的某记录在相关联子表中有匹配记录，则该记录值不能随意改变；
- 若父表中的某记录在相关联子表中有匹配记录，则该记录不能被删除。

2．参照完整性实现

Visual FoxPro 9.0 提供了"参照完整性设计器"。该设计器可以根据用户设置的规则自动生成代码，这些代码在用户进行某些操作时自动启用，以确保该操作符合参照完整性的规则。

建立参照完整性的步骤如下。

① 打开"数据库设计器"。

② 单击"永久关联连线"项，在右键菜单中选择"编辑参照完整性"项，或者单击"数据库"菜单的"编辑参照完整性"项，打开"参照完整性生成器"对话框，如图 3-21 所示。

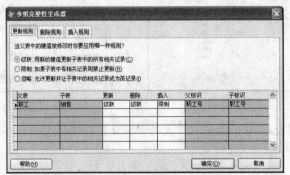

图 3-21　"参照完整性生成器"对话框

在"参照完整性生成器"对话框中,有"更新规则"、"删除规则"、"插入规则"三个选项卡,分别代表在父表中更新记录时、在父表中删除记录时和在子表中插入或修改记录时,应当遵循的规则。规则有如下三种。

- 级联:当父表记录中关联字段值更新或删除时,自动完成相关子表中记录字段值的更新和删除操作。
- 限制:若子表记录中有与父表记录中关联字段值相匹配的记录,则禁止对这些父表记录的字段值进行更新或删除。若要向子表中插入记录,而该记录在父表中无相匹配的记录,则禁止插入。
- 忽略:允许进行任何操作。

③ 设置相应的完整性规则后,单击"确定"按钮,然后在出现的提示框中单击"是"按钮即可。

需要注意的是,当数据库中有多个永久关联时,在"参照完整性生成器"对话框下方的表格中会出现多个记录,要先选择永久关联,再设置相应的规则。

3.3 控制共享数据的访问

前面使用的命令和程序通常是在一台计算机上运行的。如果创建的应用程序在网络环境中的多台计算机上运行,或者一个表单程序的多个实例对相同的数据进行访问,为了保证数据的一致性,需要对这些数据的访问进行限制。本节主要介绍保护数据的几种方法:文件的独占和共享、加锁与解锁。

3.3.1 数据表的打开方式

数据表的打开方式有两种:独占方式和共享方式。以共享方式打开表,其他用户也能对该文件进行访问;以独占方式打开表,则其他用户不能对该文件进行读/写操作。独占方式不具备在网络环境中共享数据的许多优点,因而应该避免使用。

在 Visual FoxPro 中,使用以下几条命令时,用户必须以独占方式打开表文件:ALTER TABLE、INDEX、INSERT [BLANK]、MODIFY STRUCTURE、PACK、REINDEX、ZAP。如果在一个共享表文件中执行这些命令,Visual FoxPro 将返回出错信息:"文件必须以独占方式打开"。

1. 以独占方式打开表

打开一个表文件最严格的限制方式是独占方式。所谓"独占",就是使得表文件和数据只能自己使用,别人既不能修改,也不能查看。

在交互方式打开表时,在"打开"对话框的下方,选中"独占打开"复选框,即可以独占方式打开表。而在命令方式中,独占方式打开有两种命令格式。

格式 1:

```
SET EXCLUSIVE ON/OFF
```

功能:该命令指定 Visual FoxPro 是否以独占方式或共享方式打开表文件。当设置为 ON 时,打开所有表文件都使用独占方式;当设置为 OFF 时,打开的表文件为共享方式。该命令的默认值为 ON。

【例 3.24】以独占方式打开表。

```
SET EXCLUSIVE ON
USE 职工
```

需要注意的是，SET EXCLUSIVE 不能改变已打开的表文件的状态。例如，一个表文件在 SET EXCLUSIVE ON 时打开，而后执行了 SET EXCLUSIVE OFF，这时该表文件仍然保持着独占的方式打开。

格式 2：

```
USE <文件名> EXCLUSIVE
```

功能：以独占方式打开表文件。

【例 3.25】以独占方式打开表。

```
USE 职工 EXCLUSIVE
```

【例 3.26】对于数据库也是一样的处理。

```
OPEN DATABASE 数据库名 EXCLUSIVE
```

2．以共享方式打开表

以共享方式打开一个表时，多个计算机可以同时访问该表，但只是查看数据，而不能进行修改。

在交互方式打开表时，去掉"独占打开"复选框，即可以共享方式打开表。而在命令方式中，既可以用 SET EXCLUSIVE ON/OFF 来设置，也可以使用带 SHARED 的 USE 命令：

格式：

```
USE <文件名> SHARED
```

功能：以共享方式打开表文件。

【例 3.27】对于数据库共享打开也是一样的处理。

```
OPEN DATABASE 数据库名 SHARED
```

SET EXCLUSIVE ON/OFF 与 USE <表文件名> [EXCLUSIVE/SHARED]命令的区别在于：前者一旦设置，对以后打开的表文件都将有效，而后者的 USE 命令只对当前打开的表文件有效，但它的优先级高于前者。例如，用户已经使用 SET EXCLUSIVE ON 命令设置了独占方式，但是，在 USE 命令中用了 SHARED 选项，此时该表文件将以共享方式打开。

3.3.2 锁定数据

通过独占和共享的打开方式，可以设计简单的网络程序，但这种程序的效率很低，因为一旦有人独占数据，其他人就不能查看了。而如果始终都有人在以共享方式打开表，其他用户根本没有机会修改数据。

为了解决这些问题，可以对数据表进行锁定和解锁，来最大限度地减少共享访问冲突和保护数据的完整性。

1．自动锁定

要进行自动锁定，可通过下面的语句完成。

格式：

```
SET LOCK ON/OFF
```

功能：启用或废止在某些命令中的自动文件锁定。

在 Visual FoxPro 中，许多命令在执行之前，将自动锁定一张表或一条记录，锁定成功后执行该命令，结束后再自动解除锁定。能自动锁定记录和表的命令如表 3-2 所示。

表 3-2　自动锁定表和记录的命令

命　　令	锁定范围	命　　令	锁定范围
ALTER TABEL	整个表	APPEND	整个表
APPEND BLANK	表头部	APPEND FROM	整个表
APPEND FROM ARRAY	表头部	APPEND MEMO	当前记录
BLANK	当前记录	BROWSE	当前记录及关联表中记录
CURSORSETPROP	依据参数而定	CHANGE	当前记录及关联表中记录
DELETE	当前记录	DELETE NEXT *n*	当前 *n* 个记录
DELETE RECORD *n*	记录 *n*	DELETE FOR/ALL	整个表
DELETE-SQL	当前记录	EDIT	当前记录及关联表中记录
GATHER	当前记录	INSERT	整个表
INSERT-SQL	表头部	MODIFY MEMO	当前记录
READ	当前 *n* 个记录及各涉及记录	RECALL	当前记录
RECALL NEXT *n*	当前 *n* 个记录	RECALL RECORD *n*	记录 *n*
RECALL FOR/ALL	整个表	REPLACE	当前 *n* 个记录及各涉及记录
REPLACE NEXT *n*	当前 *n* 个记录及各涉及记录	REPLACE RECORD *n*	当前 *n* 个记录及各涉及记录
REPLACE FOR/ALL	整个表	SHOW GETS	当前记录和别名字段引用的所有记录
TABLEUPDATE()	取决于缓冲	UPDATE	整个表
UPDATE-SQL	整个表	ZAP	整个表

由表 3-2 可以看出，不同命令对于数据表的锁定范围是不同的。

表锁定用来防止其他用户在表中进行写入操作，但允许读取整个表。由于表锁定阻止其他用户更新表中记录，因而很少使用。

锁定记录的命令比锁定表的命令限制要小。锁定一个记录时，其他用户仍然可以添加或删除其他记录。如果记录或表已经被其他用户锁定，或者表已经被其他用户以独占方式打开，则锁定记录或表的操作将失败。如果不能锁定记录，尝试锁定当前记录的命令将返回出错信息："其他用户正在使用记录"。

锁定表头时，其他用户不能添加或删除记录，但可以修改字段内的数据。

因此，尽可能地使用记录锁定，少用表头锁定，尽量不用表锁定。

2．人工锁定

虽然上述命令可以进行自动锁定，但是为了实现更好的程序可控性，Visual FoxPro 还提供了 3 个函数对表文件或记录进行人工锁定，以及 2 个函数用于测试表文件或记录是否锁定。

（1）表文件加锁函数

格式：

```
FLOCK([工作区号/别名])
```

功能：对指定工作区号或别名的表文件加锁。

说明：如果省略工作区号或别名，则给当前工作区的表文件加锁。如果成功锁定该表，函数返回.T.；如果该表或表中的某个记录已经被另一个用户锁定，函数返回.F.。

【例 3.28】人工锁定文件。

```
FLOCK()              && 表文件加锁
REPLACE ALL 基本工资 WITH 基本工资+500
UNLOCK               && 解锁
```

当一个表文件被锁定时，加锁的用户可以对表进行读/写操作，而其他用户只能进行只读操作，锁定状态将一直持续，直到加锁用户执行解锁（UNLOCK）命令，或者该用户关闭表文件，或者该用户退出 Visual FoxPro。

在默认状态下，FLOCK( )对锁定表文件只做一次尝试，但用户可以通过 SET REPROCESS 命令设置尝试的次数和时间。

用户使用 SET RELATION 命令建立了两个或多个表之间的临时关联后，对一个表文件加锁，并不能对其他相关的表文件加锁，用户必须明确地对需要加锁的相关表文件执行加锁命令。

（2）记录加锁函数

如果需要修改部分记录，可以使用记录加锁函数 LOCK( )和 RLOCK( )，二者的功能完全一样。

格式：

```
LOCK/RLOCK([工作区号/别名]/[记录号列表,工作区号/别名])
```

功能：锁定表文件中的一条或多条记录。

说明：如果不指定工作区号或别名，那么将锁定当前工作区中的当前记录。如果锁定成功，则函数返回.T.，否则返回.F.。锁定成功后，设置锁定的用户可对锁定记录进行读/写操作，而其他用户只能对这些记录进行只读操作。

【例3.29】将"职工"表中记录号为 1、2、6 的记录锁住。

```
LOCK("1, 2, 6", "职工")
```

如果省略记录号，则锁住指定工作区号或别名的当前记录；如果省略了工作区号或别名，则锁定当前工作区的当前记录；如果使用了记录号列表，必须指定出工作区号或别名；如果只指定一条记录，可省略工作区号或别名，且记录号用数值指定。

【例3.30】将当前工作区的 3 号记录锁定。

```
LOCK(3)
```

需要注意的是，如果需要锁定多条记录，必须设置 SET MULTILOCKS ON，并且命令中要包含工作区号或别名。

（3）表锁定状态函数

格式：

```
ISFLOCKED([工作区号/别名])
```

功能：返回指定工作区号或别名的工作区中表的锁定状态。

（4）记录锁定状态函数

格式：

```
ISRLOCKED([记录号, [工作区号/别名]])
```

功能：返回指定工作区号或别名的工作区中表的指定记录的锁定状态。

3.3.3　数据解锁

在共享环境下，锁定表文件或记录并完成了相应的数据操作之后，应及时解锁，以便其他用户进行修改操作。要解锁被自动加锁的记录，只需要移动记录指针即可，即使在设置了 SET MULTILOCKS ON 的情况下也是如此。而对于人工锁定的记录，则必须明确地对记录解锁，命令如下。

格式：

```
UNLOCK [IN <工作区号>/<别名>]/[ALL]
```

功能：对指定表文件、一条或多条记录进行解锁，或对所有表文件和所有记录进行解锁。

说明：

① 没有选项的 UNLOCK 命令只对当前工作区中的表文件或记录进行解锁。

② [IN <工作区号>/<别名>]选项指定工作区号或别名。

③ 包含[ALL]选项，则解除所有工作区中表文件和所有记录的锁。

UNLOCK 命令只能由加锁的用户对表文件或记录进行解锁。不能对以独占方式打开的表文件进行解锁。如果多个表文件之间建立了临时关联，解除其中一个表文件或记录的锁定并不能解除其他相关表文件或记录的锁，用户必须明确地对每一个相关表文件进行解锁。

除了使用 UNLOCK 命令外，还可以通过以下方法对表文件或记录进行解锁：

① 将 SET MULTILOCKS 从 ON 转换到 OFF 或者从 OFF 转换到 ON 时，会隐式地执行 UNLOCK ALL 命令，解除所有工作区中的所有表文件和记录的锁定。

② SET MULTILOCKS OFF 之后，锁定另一条记录（无论自动还是人工）将解锁原来加锁的记录。

③ 为表文件加锁，将解除该表文件中所有记录的锁定。

④ 关闭数据库或表文件，或者退出 Visual FoxPro 时将解开所有数据库表文件和记录的锁定。

⑤ 如果在用户自定义函数中某条记录被自动锁定，当记录指针从该记录移开后再移回该记录，自动锁定将被解除。

3.4　结构化查询语言 SQL

结构化查询语言 SQL 是"Structured Query Language"的缩写。它是关系型数据库的国际标准语言，既可以应用于大型数据库系统，也可以用于微机数据库系统，是数据库的通用语言。

SQL 语言主要由 3 部分组成，分别是数据定义语言 DDL、数据操纵语言 DML 和数据控制语言 DCL。

- 数据定义语言 DDL，用于完成对数据库中的相关内容进行定义、删除和修改，由 CREATE（创建）、DROP（删除）和 ALTER（修改）命令组成。
- 数据操纵语言 DML，用于完成对数据操作的命令，由 INSERT（插入）、UPDATE（更新）、DELETE（删除）和 SELECT（查询）等命令组成。
- 数据控制语言 DCL，用于控制用户对数据库的访问权限的命令，由 GRANT（授权）、REVOTE（回收）命令组成。由于 Visual FoxPro 没有权限管理功能，所以没有数据控制语言命令。

在 SQL 语言的诸多语句中，使用最频繁且应用最广泛的是 SELECT-SQL 查询语句，本节主要介绍 SELECT-SQL 查询语句。

3.4.1　SELECT 数据查询语句

查询是指从一个或多个表中，依照一定的顺序或符合一定的标准提取信息的一种方法。查询可以对数据源进行各种组合，有效地筛选记录、管理数据并对结果进行排序，控制查询结果及结果的存放位置。

SELECT-SQL 功能强大，同时也非常复杂，这里只介绍其中最常用的部分。

1. SELECT 语句格式

格式：

```
SELECT [ALL/DISTINCT] [TOP <数值表达式> [PERCENT]]
[别名.]字段表达式[AS 列标题][, [别名.]字段表达式[AS 列标题]…]
```

```
FROM [FORCE] [数据库名!]表名[别名]
[INNER/LEFT [OUTER]/RIGHT [OUTER]/FULL [OUTER] JOIN
[数据库名！]表名 [别名] [ON 连接条件...]]
[[INTO 查询结果存放目标]/ [TO FILE 文件名 [ADDITIVE] / TO PRINTER
[PROMPT]/ TO SCREEN]]
[PREFERENCE 引用名] [NOCONSOLE] [PLAIN] [NOWAIT]
[WHERE 连接条件 [AND 连接条件...] [AND/OR 筛选条件
[AND/OR 筛选条件...]]]
[GROUP BY 组列 [, 组列...]] [HAVING 筛选条件]
[UNION [ALL] SELECT 命令]
[ORDER BY 索引标识 [ASC/DESC] [, 索引标识[ASC/DESC]...]]
```

功能：从一个表或多个表中筛选出满足给定条件的记录。

说明：

① SELECT 子句：指定需要在查询结果中出现的常量、字段或表达式等。[ALL]选项指定在查询结果中要包括所有满足检索条件的记录，也包括重复值；[DISTINCT]选项指定在查询结果中重复的记录只出现一次。

② FROM 子句：指定在查询结果中以及在连接条件中涉及的表。

③ INNER JOIN 子句：指定多表之间的连接类型。INNER JOIN 为内部连接，LEFT [OUTER] JOIN 为左（外部）连接，RIGHT [OUTER] JOIN 为右（外部）连接，FULL [OUTER] JOIN 为完全（外部）连接。这 4 种连接类型的具体功能将在第 8 章介绍。

④ INTO 子句：指定查询结果输出目标。如果同时选定 INTO 子句和 TO 子句，则 INTO 子句优先。其中，指定查询输出目标如下。

- 浏览窗口：默认输出目标。
- 独立的表：INTO TABLE 表名。
- 临时表：INTO CURSOR 临时表名。
- 数组：INTO ARRAY 数组名。
- 活动窗口：INTO SCREEN。

⑤ WHERE 子句：指定查询的筛选条件和多表的连接条件等。

⑥ GROUP BY 子句：指定对查询结果进行分组，可以利用它进行分类汇总。

⑦ ORDER BY 子句：指定对查询结果实现升/降序排列。

2．基本查询

基本查询就是无条件查询，即 SELECT 命令中只包括 SELECT 子句和 FORM 子句。

（1）查询单表所有字段内容

【例 3.31】选择"职工"表中所有记录的所有字段。

```
SELECT * FROM 职工
```

（2）查询单表中的部分字段内容

【例 3.32】选择"职工"表中所有记录的部分字段。

```
SELECT 职工号, 姓名, 基本工资 FROM 职工
```

【例 3.33】将"职工"表中所有记录的字段名"职工号"、"姓名"和"基本工资"改名为"职工编号"、"姓名"和"应发工资"显示。

```
SELECT 职工号 AS 职工编号, 姓名, 基本工资 AS 应发工资 FROM 职工
```

说明：关键字 AS 指定字段内容在显示时的列标题。

（3）取消重复记录

【例 3.34】查询"销售"表中有销售记录的职工。

```
SELECT DISTINCT 职工号 FROM 销售
```

（4）查询经过计算的表达式

【例 3.35】查询"商品"表中商品打九折的价格。

```
SELECT 商品号, 商品名称, 单价*0.9 AS 优惠价 FROM 商品
```

3. 条件查询

（1）查询单表满足条件的内容

【例 3.36】选择"销售"表中数量大于等于 50 的记录。

```
SELECT 职工号, 商品号, 数量 FROM 销售 WHERE 数量>=50
```

【例 3.37】将"职工"表中所有原基本工资达到 2000 元的记录再加 10%作为应发工资显示。

```
SELECT 职工号, 姓名, 基本工资*1.1 AS 应发工资 FROM 职工 WHERE 基本工资>=2000
```

【例 3.38】选择"职工"表中，已婚职工中基本工资达到 2000 元的记录。

```
SELECT * FROM 职工 WHERE 婚否=.T. AND 基本工资>=2000
```

【例 3.39】查询"直销"部门和"零售"部门的全体员工信息。

```
SELECT * FROM 职工 WHERE 部门 IN ("直销", "零售")
```

说明：IN 运算符判断前面的数据是否包含在后面的数据列表中，因此本例也可以写为：

```
SELECT * FROM 职工 WHERE 部门="直销" OR 部门="零售"
```

【例 3.40】查询基本工资在 1000～2000 元之间的员工信息。

```
SELECT * FROM 职工 WHERE 基本工资 BETWEEN 1000 AND 2000
```

说明：BETWEEN-AND 表示介于两者之间，本例也可以使用 BETWEEN()函数或者组合条件来实现，语句如下：

```
SELECT * FROM 职工 WHERE BETWEEN(基本工资,1000,2000)
SELECT * FROM 职工 WHERE 基本工资>=1000 AND 基本工资<=2000
```

（2）查询单表符合匹配条件的内容

【例 3.41】查询职工表中所有姓"张"的员工信息。

```
SELECT * FROM 职工 WHERE 姓名 LIKE "张%"
```

说明：LIKE 运算符通常与通配符"%"、"_"同时使用，实现模糊匹配查询。其中，"%"代表任意字符，"_"代表单个字符。例如，查找姓名中包含"英"字的员工，语句如下：

```
SELECT * FROM 职工 WHERE 姓名 LIKE "%英%"
```

4. 查询的排序

当用户需要对查询的结构排序时，可用 ORDER BY 子句对查询结构按一个或多个查询列的升序（ASC）或降序（DESC）排列，默认为升序。

【例 3.42】将"职工"表中"零售"部门的所有员工信息按基本工资降序排列。

```
SELECT * FROM 职工 WHERE 部门="零售" ORDER BY 基本工资 DESC
```

【例 3.43】将全体职工按基本工资降序和出生年月升序排列。

```
SELECT * FROM 职工 ORDER BY 基本工资 DESC, 出生日期 ASC
```

5. 多表查询

【例 3.44】查询所有员工的销售业绩。

```
SELECT 职工.职工号, 职工.姓名, 销售.商品号, 销售.数量 FROM 职工, 销售 WHERE 职工.职工号=销售.职工号
```

说明：该查询涉及“职工”和“销售”两张表，需要通过“职工号”字段进行关联，即职工.职工号=销售.职工号。

由于多表查询涉及多个表，在 SELECT 子句中通常使用“表名.字段名”来说明数据来源，如果字段在多个表中是唯一的，可以省略表名。

【例 3.45】 查询并统计所有员工的销售业绩，结果存放在一个新的“商品销售”表中。要求结果中含有销售的职工号、姓名、商品号、商品名称、数量、单价和金额字段。

分析：该查询涉及“销售”、“职工”和“商品”三张表，需要通过“职工号”、“商品号”字段进行关联，同时，要根据销售表的数量、商品表的单价计算出销售金额。

```
SELECT 销售.职工号,姓名,销售.商品号,商品名称,数量,单价,数量*单价 as 金额 FROM;
职工,销售,商品 WHERE 销售.职工号=职工.职工号 AND 销售.商品号=商品.商品号;
INTO TABLE 商品销售
BROWSE    &&结果如图 3-22 所示
```

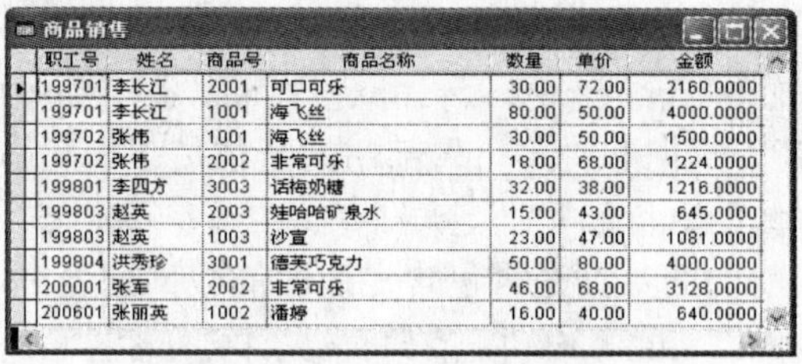

职工号	姓名	商品号	商品名称	数量	单价	金额
199701	李长江	2001	可口可乐	30.00	72.00	2160.0000
199701	李长江	1001	海飞丝	80.00	50.00	4000.0000
199702	张伟	1001	海飞丝	30.00	50.00	1500.0000
199702	张伟	2002	非常可乐	18.00	68.00	1224.0000
199801	李四方	3003	话梅奶糖	32.00	38.00	1216.0000
199803	赵英	2003	娃哈哈矿泉水	15.00	43.00	645.0000
199803	赵英	1003	沙宣	23.00	47.00	1081.0000
199804	洪秀珍	3001	德芙巧克力	50.00	80.00	4000.0000
200001	张军	2002	非常可乐	46.00	68.00	3128.0000
200601	张丽英	1002	潘婷	16.00	40.00	640.0000

图 3-22　例 3.45 的结果

【例 3.46】 查询数量少于 20 的员工及商品。

```
SELECT 职工.职工号, 姓名, 商品.商品号, 商品名称, 数量 FROM 职工, 销售, 商品;
WHERE 职工.职工号=销售.职工号 AND 商品.商品号=销售.商品号 AND 数量<20
```

6. 统计查询

在实际应用中，除了需要将表中的记录查询出来，还需要在原有数据的基础上，通过计算来输出统计结果。

【例 3.47】 显示全体员工基本工资的最高值、最低值、人数、平均值和总和。

```
SELECT MAX(基本工资) AS 最高工资, MIN(基本工资) AS 最低工资, COUNT(基本工资);
AS 总人数, AVG(基本工资) AS 平均工资, SUM(基本工资) AS 工资总和 FROM 职工
```

说明：MAX、MIN、COUNT、AVG、SUM 分别为求最大、最小、计数、平均和求和的函数。

7. 分组查询

GROUP BY 子句可以将查询结果按照某个字段值或多个字段值的组合进行分组，每组在某个字段值或多个字段值的组合上具有相同的值。在对查询结果进行分组后，统计函数是对同一分组的记录进行统计。

【例 3.48】 按部门统计职工的平均基本工资。

```
SELECT 部门, AVG(基本工资) AS 平均工资 FROM 职工 GROUP BY 部门
```

3.4.2　SQL 语言的其他常用语句

SELECT 语句用于实现对表数据的查询显示，若要对表数据做一些改变，则需要 INSERT（插入）、UPDATE（更新）、DELETE（删除）等语句来实现。

1. INSERT 数据插入语句

格式：

　　INSERT INTO 数据表名([字段列表]) VALUES(取值列表)

功能：将数据值（VALUES 子句）添加到目标表（INSERT INTO 子句）中。

说明：取值列表中值的个数一定要与字段列表中字段的个数相等，并且类型要一致。

【例 3.49】向"职工"表中添加职工号为"200805"、姓名为"张文辉"、性别为"男"的记录，其他字段暂时不确定。

　　INSERT INTO 职工(职工号, 姓名, 性别) VALUES("200805","张文辉","男")

2. UPDATE 数据更新语句

格式：

　　UPDATE 数据表名 SET 字段名=<表达式>[, 字段名=<表达式>] WHERE 条件

功能：修改表（UPDATE 子句）中满足条件（WHERE 子句）的所有记录，修改为 SET 子句中指定的值。

【例 3.50】将"职工"表中基本工资低于 2000 元的员工增加 200 元。

　　UPDATE 职工 SET 基本工资=基本工资+200 WHERE 基本工资<2000

3. DELETE 数据删除语句

格式：

　　DELETE [数据表名.*] FROM 数据表名 WHERE 条件

功能：删除表（DELETE 子句）中满足条件（FROM 子句和 WHERE 子句）的所有记录。

说明：该删除为逻辑删除，如果需要彻底删除，还需执行 PACK 命令。

【例 3.51】删除"销售"表中所有"199701"的销售记录。

　　DELETE FROM 销售 WHERE 职工号="199701"

3.5 小　　结

　　本章主要介绍了关系数据库的基本知识、数据库的建立和操作、网络环境下的数据库使用及 SELECT-SQL 语言的基本用法。其中，数据库的实体完整性和参照完整性是在实际使用数据库时必须注意的问题；而在多表环境下，多工作区的操作能更加方便、快速地访问多个数据库表；数据库表的永久关联主要用于实现参照完整性，而临时关联则是通过多表之间记录指针的联动实现关联查询，这在实际应用中非常有用；SQL 语句使得在命令方式下查询或修改数据库变得非常轻松和灵活。

　　在本章和第 2 章中，我们学习了很多 Visual FoxPro 的操作命令，这些命令都是以独立语句的形式存在，而在实际应用中，我们需要使用更多相关联的语句序列来完成一个完整的任务，这些语句序列就构成了程序，第 4 章将开始学习结构化的程序设计。

习　题　3

3.1　判断题

1. 关系数据库中关系运算的操作对象为二维表。

2. 数据库文件和数据库备注文件的扩展名分别是.dbc 和.dct。

3. 一个表文件同时可以属于多个数据库。

4. 如果一个数据库处于打开状态，则这时创建的所有表均自动添加到打开的数据库中。

5．数据库表与自由表之间可以相互转换。

6．工作区是 Visual FoxPro 在磁盘上开辟的临时区域，在多个工作区中，可以同时打开多个具有独立记录指针的表文件。

7．一个工作区同时只能打开一张表，而一张表可以同时在不同工作区打开。

8．当使用 SELECT 0 时，所选择的工作区号可能为 3 号工作区。

9．在 Visual FoxPro 中，每个工作区都有两个别名，一个是系统指定的，一个是用户自定义的。

·　10．数据库表间的永久关联，既可以在数据库设计器中建立，也可以使用 SET RELATION 命令来建立。

11．建立永久关联的主要目的是使子表指针随着父表指针移动。

12．表文件的永久关联和临时关联只能在数据库表间建立，不能在自由表间建立。

13．数据库的参照完整性规则可以确保数据库中数据的有效性和一致性，但是前提是表与表之间必须建立永久关联或临时关联。

14．数据库的参照完整性是指一个表中的主关键字的取值必须是确定的、唯一的。

15．要实现数据库中两个表文件之间的数据关联，必须在两个表之间提供公共的字段，即一个表的主关键字段与另一个表的外部关键字段，且要以相同的数据类型匹配。

16．"SELECT 职工"命令与"SELECT 姓名 FROM 职工"命令，是同一个 SELECT 语句的不同用法。

17．SELECT 语句只能查询数据库表，不能查询自由表。

3.2　选择题

1．每一个表应该包含一个或一组字段，这些字段是表中所保存的每一条记录的唯一标识，此信息称为表的（　　）。

    A．主关键字　　　　　B．候选关键字　　　　C．复合关键字　　　　　D．外部关键字

2．在 Visual FoxPro 的数据库设计器中能建立两个表之间的关联，这种关联是（　　）。

    A．永久关联　　　　　　　　　　　　　B．永久关联或临时关联

    C．临时关联　　　　　　　　　　　　　D．永久关联和临时关联

3．Visual FoxPro 中，当某字段定义为主索引字段（即主关键字）时，该字段输入时（　　）。

    A．不能出现重复值和空值　　　　　　　B．能出现重复值和空值

    C．能出现重复值，不能出现空值　　　　D．能出现空值，不能出现重复值

4．命令 SELECT 0 的功能是（　　）。

    A．选中最小工作区号　　　　　　　　　B．选择最近使用的工作区

    C．选中当前未使用的最小工作区号　　　D．选择当前工作区

5．在 Visual FoxPro 中，关于自由表的叙述正确的是（　　）。

    A．自由表和数据库表是完全相同的　　　B．自由表不能建立字段级规则和约束

    C．自由表不能建立临时关联　　　　　　D．自由表不可以加入到数据库中

6．设置参照完整性时，要求两个表（　　）。

    A．是同一个数据库中的两个表　　　　　B．不同数据库中的两个表

    C．两个自由表　　　　　　　　　　　　D．一个是数据库表，另一个是自由表

7．永久关联建立后（　　）。

    A．在数据库关闭后自动取消　　　　　　B．如不删除将长期保存

　　　C. 无法删除　　　　　　　　　　　　D. 只供本次运行使用

8. 下列关于定义参照完整性的说法中，错误的是（　　　）。

　　　A. 只有在建立两个表的永久性关联的基础上，才能建立参照完整性

　　　B. 建立参照完整性必须在数据库设计器中进行

　　　C. 建立参照完整性之后，就不能向子表中添加数据

　　　D. 建立参照完整性之前，首先要清理数据库

9. Visual FoxPro 中的索引有（　　　）。

　　　A. 主索引、候选索引、普通索引、视图索引

　　　B. 主索引、次索引、唯一索引、普通索引

　　　C. 主索引、次索引、候选索引、普通索引

　　　D. 主索引、候选索引、唯一索引、普通索引

10. 唯一索引的"唯一性"指的是（　　　）。

　　　A. 字段值的"唯一"　　　　　　　　B. 索引项的"唯一"

　　　C. 表达式的"唯一"　　　　　　　　D. 列属性的"唯一"

11. 下列叙述中，错误的是（　　　）。

　　　A. 一个表可以有多个外部关键字

　　　B. 数据库表可以设置记录级的有效性规则

　　　C. 永久关联建立后，子表记录指针将随着主表记录指针相应移动

　　　D. 对于临时关联，一个子表不允许有多个主表

12. Visual FoxPro 中参照完整性规则不包括（　　　）。

　　　A. 更新规则　　　　B. 删除规则　　　　C. 查询规则　　　　D. 插入规则

13. SELECT * FROM 职工，语句的意义是（　　　）。

　　　A. 从职工表中检索所有的记录　　　B. 从职工表中检索所有带"*"的记录

　　　C. 从职工表中检索所有带"*"的字段　D. 从职工表中检索所有的字段

14. 以下关于 SQL 查询的描述正确的是（　　　）。

　　　A. 不能根据自由表建立查询　　　　B. 只能根据自由表建立查询

　　　C. 只能根据数据库表建立查询　　　D. 可以根据数据库表和自由表建立查询

15. 下列 SQL 语句中，能对职工表中的记录按基本工资进行排序显示的语句是（　　　）。

　　　A. SELECT * FROM 职工 SORT TO 基本工资

　　　B. SELECT * FROM 职工 ORDER BY 基本工资

　　　C. SELECT * FROM 职工 GROUP BY 基本工资

　　　D. SELECT * FROM 职工 COUNT 基本工资

16. 若职工表的主关键字是职工号，则下列操作不能执行的是（　　　）。

　　　A. 向表中添加职工号为"199805"、姓名为"王芳"记录

　　　B. 删除表中职工号为"199804"的记录

　　　C. 将表中的职工号"199801"改为"199701"

　　　D. 将表中职工号为"200001"的职工姓名改为"张小军"

17. SQL 查询命令的基本结构是（　　　）。

　　　A. SELECT – FROM – ORDER BY　　　B. SELECT – WHERE – GROUP BY

　　　C. SELECT – FROM – HAVING　　　　D. SELECT – FROM – WHERE

18．在 SQL 语句中，与表达式"基本工资 BETWEEN 1500 AND 2000"功能相同的表达式是（　　）。

    A．基本工资>1500 AND 基本工资<2000

    B．基本工资>=1500 AND 基本工资=<2000

    C．基本工资>=1500 OR 基本工资=<2000

    D．基本工资>1500 OR 基本工资<2000

19．在 SQL 语句中，与表达式"姓名 LIKE '李%'"功能相同的表达式是（　　）。

    A．LEFT (姓名, 1) = "李"　　　　　　　　B．LEFT (姓名, 2) = "李"

    C．"李" $ 姓名　　　　　　　　　　　　D．AT ("李", 姓名) <> 0

20．在 Visual FoxPro 的数据库设计器中建立表之间永久关联，其父表必须建立（　　）类型的索引。

    A．主索引　　　　B．候选索引　　　　C．唯一索引　　　　D．普通索引

3.3　操作题

1．在"营销"数据库中，为"商品"表和"销售"表建立一对多的永久关联，并设置参照完整性规则为"限制"。

2．分别使用"数据工作期"和 SET RELATION 命令建立"商品"表与"销售"表的临时关联，并观察建立临时关联前后两表记录指针之间的变化。

3．使用 SELECT 语句查询所有职工的职工号、姓名，以及所有商品的商品号、名称和数量。

实验 3　Visual FoxPro 数据库设计

一、实验目的

掌握数据库的建立与使用，多工作区的使用，表间的永久关联和临时关联；掌握 SQL 语句的基本用法，运用 SELECT 语句进行数据库信息的查询。

二、实验准备

准备好职工、销售、商品三张表，并建立相应的复合索引。启动 Visual FoxPro，并将默认的目录路径设置为三张表所在的目录。

复习教材有关内容，重点掌握数据库建立、打开、修改，多工作区操作，表间永久关联和临时关联建立及参照完整性实现，SQL 语句的使用。

三、实验内容

1．建立一个"营销"数据库

要求如下：

（1）新建一个名为"营销"的数据库。在数据库中加入已经作为自由表反复使用过的三张表：职工.dbf，销售.dbf，商品.dbf。

（2）清理三张表的数据，使它们满足数据库的实体完整性和参照完整性（即职工表中职工号、商品表中的商品号不能重复，销售表中职工号、商品号必须是职工表、商品表中的对应数据的子集），并对各表分别建立相应索引，其中职工表的职工号索引和商品表的商品号索

引都为主索引（注：在每张表的表设计器中建立相应索引）。

（3）在建好的数据库中分别建立职工表、商品表与销售表之间的永久关联。

2．多工作区及表间临时关联

要求如下：

（1）使用命令方式：通过 SELECT 语句选择不同工作区分别打开职工表、商品表、销售表，分别移动各工作区的表中记录指针，观察各表指针之间是否相互关联（参见教材中工作区操作示例）。

（2）建立表间临时关联。

方法如下：

（1）试用"数据工作期"建立职工表与销售表间的临时关联，观察两表间记录指针关联情况。

（2）使用 SET RELATION TO…INTO 命令建立职工表与销售表间、销售表与商品表间临时关联。通过三表关联，输出某职工的职工号、姓名、商品号、商品名称、销售数量等数据。

3．设置表间参照完整性规则

分别建立"职工"表和"销售"表间的永久关联和"商品"表和"销售"表间的永久关联，并建立参照完整性规则为"级联"。

4．SQL 语句的基本用法

（1）在命令窗口中输入以下语句：

```
SELECT * FROM 销售 WHERE 职工号="199701"
```

屏幕上出现什么结果？

回答：＿＿＿＿＿＿＿＿＿＿＿＿＿＿＿＿＿＿＿＿＿＿＿＿

（2）在命令窗口中输入以下语句：

```
SELECT 职工号，姓名，性别 FROM 职工
```

屏幕上出现什么结果？

回答：＿＿＿＿＿＿＿＿＿＿＿＿＿＿＿＿＿＿＿＿＿＿＿＿

（3）在命令窗口中输入以下语句：

```
SELECT DISTINCT 职工号 FROM 销售
```

屏幕上出现什么结果？

回答：＿＿＿＿＿＿＿＿＿＿＿＿＿＿＿＿＿＿＿＿＿＿＿＿

（4）在命令窗口中输入以下语句：

```
SELECT 职工号，AVG（数量）FROM 销售 GROUP BY 职工号 ORDER BY 职工号
```

屏幕上出现什么结果？

回答：＿＿＿＿＿＿＿＿＿＿＿＿＿＿＿＿＿＿＿＿＿＿＿＿

（5）求男、女职工的平均基本工资，请写出相应的 SQL 语句：

回答：＿＿＿＿＿＿＿＿＿＿＿＿＿＿＿＿＿＿＿＿＿＿＿＿

（6）在命令窗口中输入以下语句：

```
SELECT 职工.职工号，AVG（销售.数量）FROM 职工，销售；
    WHERE 职工.职工号 = 销售.职工号 GROUP BY 职工.职工号
```

屏幕上出现什么结果？

回答：＿＿＿＿＿＿＿＿＿＿＿＿＿＿＿＿＿＿＿＿＿＿＿＿

5．设置数据库表字段有效性规则、记录有效性规则

规则如下：

（1）出生日期介于 1948-1-1 和 1988-1-1 之间；

（2）基本工资大于 1000 元；

（3）库存量、单价和数量大于 0。

四、实验报告

1．实验过程报告

（1）写出第 2 题使用 SET RELATION TO…INTO 命令建立职工表与销售表间临时关联，销售表与商品表间临时关联。通过三表关联，输出某职工的职工号、姓名、商品号、商品名、数量等数据的具体命令。

（2）在第 2 题中，如何在当前工作区引用其他工作区的字段，写出相应命令。

（3）试写出按部门统计职工销售商品总量的 SQL -SELECT 语句。

2．简答题

（1）数据库永久关联的作用？

（2）表间临时关联可用哪些方法实现？临时关联的作用？

（3）写出数据库中一对多表建立永久关联的操作步骤。

（4）结构化查询语言 SQL 是一种什么语言？

（5）用 SQL-SELECT 语句查询"职工"表中所有职工的职工号、姓名和出生日期，写出 SQL 命令。

（6）用 SQL-SELECT 语句查询"职工"表、"销售"表中金额小于 1000 的职工号、姓名、金额，并将结果存放在"不合格"表中，写出 SQL 命令。

3．实验完成情况及存在问题

第 4 章　结构化程序设计

通过前 3 章的学习，我们可以利用 Visual FoxPro 提供的菜单和命令对表中的信息进行简单操作。例如，表的建立、修改，记录的输入、修改，等等。但这些操作是"交互方式"完成的，命令无法保存且不能连续执行，这就要学习新的理论知识——程序设计。

当今，无论是面向过程的程序设计还是面向对象的程序设计，其程序设计的思路和方法基本上都是按照结构化程序设计。结构化程序设计是指运用基本控制结构编写的程序。本章重点介绍程序基本控制结构的框架及其作用，并通过实例由浅入深、举一反三。

4.1　程序文件设计

程序文件是为了解决实际问题而编写的命令集合。这些命令集合以一定的结构有序地编排在一起，并以文件的形式存储在磁盘上，这种文件称为命令文件或程序文件。在 Visual FoxPro 中命令文件的扩展名为.prg（执行时自动编译为目标文件，扩展名为.fxp）。随着计算机硬件的不断发展，程序设计也飞速发展，它经历了由面向过程的程序设计方法到面向对象的程序设计方法的转变。面向过程的程序设计方法以结构化程序设计方法为主要特征。

4.1.1　结构化程序设计基础

1．结构化程序设计基本特点

1965 年荷兰学者迪克特拉（E.W.Dijkstra）首先提出结构化程序设计的概念。目前，一种比较流行的说法是：结构化程序设计是单入口、单出口的结构，采用自顶向下、逐步求精、逐步细化的设计方法。其目的是为了解决团队开发大型软件时，如何实现高效率、高可靠性的问题。目前，程序的可读性好、可维护性好已成为评价程序质量的首要标准。虽然 Visual FoxPro 采用了面向对象的程序设计方法，通过事件动作调动相对划分得比较小的程序。但对于具体的事件处理，依然要使用结构化程序设计方法，用控制结构来控制程序执行的流向。

一个结构化程序应该具有如下主要特点：只有一个入口，只有一个出口，没有死语句（永远执行不到的语句），没有死循环（无限制的循环）。程序的质量标准是"清晰第一，效率第二。"

1966 年，博姆（Bohm）和雅可比尼（Jacopini）二位学者提出了只用三种基本的结构就能实现任何单入口、单出口的结构，这三种基本的结构就是"顺序结构"、"选择结构"和"循环结构"。

2．算法表示

借助计算机来解决实际问题，必须将解决问题的方法、步骤编写成程序，以便告诉计算机该怎么做。算法是指完成一个任务所需要的具体步骤和方法。也就是说给定初始状态或输入数据，经过计算机程序的有限次运算，能够得出所要求或期望的结果或输出数据。算法常常含有重复的步骤和比较判断或逻辑判断。同样的任务可以用不同的算法（步骤和方法）来完成。

算法的描述方法有很多，如自然语言、传统流程图、N-S 结构化流程图和伪代码等。无论哪种表示方法都可以达到清晰描述算法过程，整理解决问题思路的目的。在此，以传统的流程图为例，学习描述算法的方法。图 4-1 列出了常用的流程图符号。

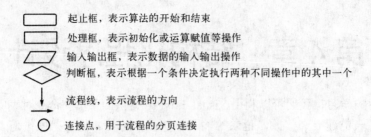

　　　　　　起止框，表示算法的开始和结束

　　　　　　处理框，表示初始化或运算赋值等操作

　　　　　　输入输出框，表示数据的输入输出操作

　　　　　　判断框，表示根据一个条件决定执行两种不同操作中的其中一个

　　　　　　流程线，表示流程的方向

　　　　　　连接点，用于流程的分页连接

图 4-1　常用的流程图符号

【**例 4.1**】下面的命令集合就是 Visual FoxPro 的一个程序，程序的功能是为指定职工的基本工资增加 200 元。图 4-2 所示为该程序的流程图。

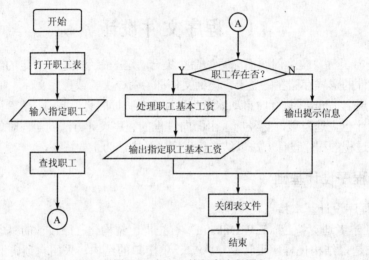

图 4-2　例 4.1 的程序流程图

```
*****CH4-1.prg *****
NOTE 修改并显示指定职工的基本工资        &&注释语句
SET TALK OFF                            &&关闭对话显示
CLEAR                                   &&清屏
USE 职工                                &&打开职工表文件
ACCEPT "请输入职工号:" TO ZGH           &&输入职工号到 ZGH
LOCATE FOR 职工号= ZGH                  &&查找指定职工号
IF  !EOF()                             &&判断记录指针是否到文件尾
    REPLACE 基本工资 WITH 基本工资+200  &&修改基本工资字段值
    ?职工号,姓名, 基本工资             &&显示指定职工的职工号、姓名、基本工资
ELSE                                    &&如果没有找到
    ?"没有找到!"                        &&显示信息"没有找到!"
ENDIF                                   &&判断结束
USE                                     &&关闭表
SET TALK ON                             &&恢复对话显示
```

4.1.2　程序设计的基本命令

　　在 Visual FoxPro 中的命令通常也称为语句。它由命令动词和命令短语两部分组成，每行只能有一条语句，并以回车结束。

1．程序注释语句

格式：

    NOTE [<注释>] 或 *[<注释>]

功能：对程序的结构或功能进行注释，提高程序的可读性。

2．语句注释

格式：

    &&[<注释>]

功能：在语句行末尾注释，对当前语句行进行说明。

3．清屏语句

格式：

    CLEAR

功能：执行清屏操作。

4．常用环境设置语句

Visual FoxPro 提供的环境设置语句有很多，在前面的章节已经介绍过一些，如 SET DATE TO、SET DELETE OFF/ON 等，这里介绍本章需要用到的几个常用环境设置语句。

① SET TALK ON/OFF：打开或关闭系统交互对话显示方式，默认为打开显示。

② SET EXACT OFF/ON：决定字符串比较运算符"="两边内容是否必须完全匹配，默认为不必完全匹配。

③ SET SAFETY ON/OFF：设置是否在决定改写已有文件之前显示警告。

④ SET EXCLUSIVE ON/OFF：设置表打开的独占或共享方式，默认为独占方式。

⑤ SET ESCAPE ON/OFF：决定在程序执行期间按 ESC 键是否可以中断退出，默认为可以退出。

⑥ SET CONSOLE ON/OFF：设置输入语句输入时是否显示数据，默认为显示方式。

5．简单的输入语句

以下介绍的简单输入语句主要用在程序交互接收用户输入的数据。在使用程序时往往有一些数据是需要用户现场输入的，如查询的姓名、银行卡的密码等。

（1）数据接收语句

格式：

    INPUT [<字符表达式>] TO <内存变量>

功能：等待用户从键盘输入数据并赋给指定的<内存变量>。

说明：<字符表达式>为提示信息，如果是字符串常量，必须将其括起来。从键盘输入的数据可以是常量、变量或表达式，数据类型可以是除备注型和通用型外的所有类型。

例如，如图 4-3 所示，在命令窗口键入以下语句，执行结果显示在输出区。

注意：如果用 INPUT 语句接收字符型数据，用户在输入时必须用定界符将字符串括起来。如图 4-4 所示，在命令窗口输入以下命令，用户输入的职工姓名"王琳"必须用字符串定界符括起。

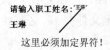

图 4-3　交互方式运用 INPUT 语句　　　　　图 4-4　INPUT 接收字符型数据示例

（2）字符串接收语句

格式：

```
ACCEPT [<字符表达式>]  TO <内存变量>
```

功能：等待用户从键盘输入数据并赋给指定的<内存变量>。键盘输入的数据只能是字符型常量。

说明：<字符表达式>为提示信息。

例如，在命令窗口键入以下命令，如图 4-5 所示，用户的输入及结果在输出区。注意，输入的汉字不需要定界符。这是与 INPUT 语句的区别。

（3）单字符接收语句

格式：

```
WAIT [<字符表达式>] [TO <内存变量>] [WINDOW [AT <行坐标,列坐标>]] [NOWAIT]
     [TIMEOUT <秒数>]
```

功能：等待用户从键盘输入单个字符并赋给指定的<内存变量>。

说明：

① 若不选[<字符表达式>]，则系统自动在屏幕上显示"按任意键继续"；若不选[TO <内存变量>]，则键盘输入的数据不赋给内存变量。

② [WINDOW [AT <行坐标，列坐标>]]：将显示信息输出在指定位置的窗口中。行坐标与列坐标可以是数值表达式。

③ [NOWAIT]：不等待键盘输入数据便继续执行。

④ [TIMEOUT <秒数>]：在指定秒数内等待键盘输入数据，若超出秒数便继续执行。

例如，在命令窗口键入以下命令，如图 4-6 所示，结果显示在输出区。

图 4-5　交互方式运用 ACCEPT 语句　　　图 4-6　交互方式运用 WAIT 语句

4.1.3　程序文件的建立与执行

Visual FoxPro 的程序文件是包含一系列命令和语句的磁盘文件。通常可以用以下方法创建、保存、修改和执行程序。

1．创建程序

在 Visual FoxPro 中，可以通过两种常用的方法创建程序。

（1）使用"文件"→"新建"菜单命令或"新建"按钮

在"新建"对话框中选择"程序"选项，再选择"新建文件"按钮，进入程序代码的编辑窗口。这与新建表文件类似。

（2）使用新建和编辑程序文件的命令

格式：

```
MODIFY COMMAND [文件名[.扩展名]]
```

功能：打开一个文本编辑窗口，创建或修改一个程序文件。

例如，在命令窗口中键入命令 MODIFY COMMAND，则打开了一个称为"程序 1"的新代码编辑窗口（如果没有指定文件名），这时就可以键入应用程序代码了，如图 4-7 所示。

2．保存程序

创建程序后，必须将程序保存在磁盘上。以下是 3 种常用的文件保存方法。

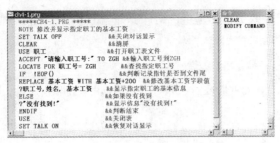

图 4-7　代码编辑窗口

① 从"文件"菜单中选择"保存"选项。

② 从"文件"菜单中选择"另存为"选项。

③ 直接按 Ctrl+W 组合键。

出现对话框后提示用户为程序指定保存的位置、程序名等。

3．修改程序

首先，按以下方式打开想要修改的程序。

① 选择"文件"→"打开"菜单选项或"打开"按钮，在打开文件的对话框中选择"文件类型"为"程序"，然后在"文件名"列表中选定要修改的程序。

② 在命令窗口中用命令打开要修改的程序。

```
MODIFY COMMAND <程序文件名>
```

或者使用 MODIFY COMMAND ?命令，在文件列表中选择要修改的程序。

文件打开之后，便可以进行修改，修改窗口与创建窗口相同。修改完毕后应注意保存。

4．执行程序

程序创建之后便可以执行。可采用以下方法之一来执行程序。

① 在程序文件打开时，用常用工具栏中的"！"按钮运行程序。

② 选择"程序"→"运行"菜单项。在程序列表中，选择想要运行的程序，单击"运行"按钮。

③ 在命令窗口中，键入 DO 和要执行的程序文件名：

```
DO <程序文件名>
```

命令文件（.prg）在运行时先自动编译生成目标程序（.fxp）文件，然后再执行。

4.2　程序控制的基本结构

在结构化程序设计中，任何复杂的程序都是由顺序、选择和循环 3 种基本结构组成的。下面将结合具体的程序实例说明这 3 种结构的用法。

4.2.1　顺序结构

顺序结构如图 4-8 所示，按照语句序列 1、语句序列 2…自上而下逐条顺序执行。顺序结构是最简单也是最基本的结构。在命令窗口中同样可以方便地实现（逐条输入，按回车即执行），差别在于前者以文件形式存盘，要运行文件其中的命令才能执行，并且可以在任何时候再次调用，而后者则在完成操作后不保存。

【例 4.2】火车托运行李，根据行李的重量计算托运费。收费标准假设

图 4-8　顺序结构

是 0.60 元/千克。由用户输入货物的重量，请计算并输出所需要的托运费。

```
*****CH4-2.prg *****
SET TALK OFF
CLEAR
INPUT "请输入货物的重量(kg)： "  TO  W  &&N 型数据用 INPUT 语句
F=W*0.60
?"货物重量"+ALLTRIM(STR(W,19,2))+"千克需要的托运费为：";
+ALLTRIM (STR(F,19,2))+"元"
SET TALK ON
```

该程序保存为 CH4-2.prg 文件，在命令窗口执行，如图 4-9 所示。

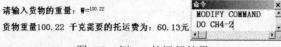

图 4-9　例 4.2 的运行结果

【例 4.3】先用表设计器为"销售"表增加一个"金额（N,12,2）"字段，然后编写程序计算指定职工（从键盘输入职工号）的销售总金额。

问题分析：金额=销售数量×商品单价。由于销售数量和商品单价不在同一张表中，如果要计算销售金额，涉及"销售"表和"商品"表。计算销售金额可用两种方法：一种方法是通过建立两表间的临时关联实现；另一种方法是借助于 SQL SELECT 语句，将所需字段集中存放在另一张表中处理。本例采用前一种方法，建立"销售"表与"商品"表按商品号的临时关联，实现两表间的指针联动，从而计算出"销售"表中"金额"字段的数据。程序流程如图 4-10 所示。

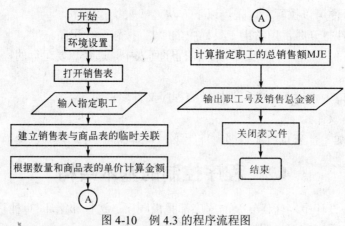

图 4-10　例 4.3 的程序流程图

程序代码如下：

```
*****CH4-3.prg *****
NOTE 求指定职工 (如 199701)的销售总金额
SET TALK OFF
CLEAR
USE 销售
ACCEPT "请输入职工号： " TO MZGH
USE 商品 IN 0 ORDER 商品号    &&在最小未使用工作区打开商品表并指定主控索引
SELECT 销售
```

```
SET RELATION TO 商品号 INTO 商品        &&建立销售表与商品表的临时关联
REPLACE ALL 金额 WITH 数量*商品.单价     &&根据数量和商品表的单价计算销售金额
SUM 金额 TO MJE FOR 职工号=MZGH         &&计算指定职工的销售总金额
?MZGH+"职工的销售总金额为:" +ALLTRIM(STR(MJE,19,2))
USE
SET TALK ON
```

4.2.2　选择结构

在处理实际问题中，常常需要根据某些给定的条件是否满足来决定所要执行的后继操作，选择结构就是在计算机语言中用来描述自然界和社会生活中分支现象的重要手段。在 Visual FoxPro 中有二路分支选择结构和多分支选择结构，如图 4-11 所示。

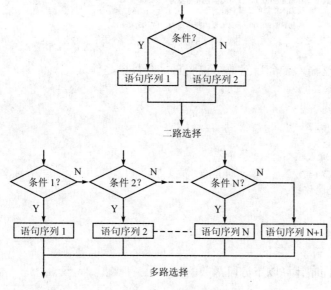

图 4-11　选择结构

1. 二路分支选择结构

格式：

```
IF <条件表达式>[THEN]
 <语句序列 1>
[ELSE
 <语句序列 2>]
ENDIF
```

功能：根据<条件表达式>的值控制执行<语句序列 1>或<语句序列 2>。即当条件成立（即其值为.T.）时，执行<语句序列 1>；当条件不成立（即其值为.F.）时，执行<语句序列 2>。

说明：ELSE 子句可不选，即当<条件表达式>的值为.F.时，不做任何操作。

【例 4.4】如果在例题 4.2 中，根据行李重量的不同，采用不同的收费标准。即当重量不超过 50kg 时，按每千克 0.60 元收费；当重量超过 50kg，超出 50kg 的部分按每千克 0.90 元收费，而其中的 50kg 仍按每千克 0.60 元收费。试编写程序计算托运费。

程序代码如下：

```
*****CH4-4.prg *****
SET TALK OFF
```

```
CLEAR
INPUT "请输入货物的重量(Kg): "  TO  W
IF W<=50
    F=W*0.60
ELSE
    F=50*0.6+(W-50)*0.9
ENDIF
?"货物重量"+ALLTRIM(STR(W,19,2))+" 千克需要的托运费为: ";
+ALLTRIM (STR(F,19,2))+"元"
SET TALK ON
```

上面程序的运行结果如图 4-12 所示。

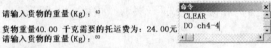

请输入货物的重量(Kg)：40

货物重量40.00 千克需要的托运费为：24.00元
请输入货物的重量(Kg)：80

货物重量80.00 千克需要的托运费为：57.00元

图 4-12　例 4.4 的运行结果

【例 4.5】从键盘输入一个自然数，说明它是奇数还是偶数。

程序代码如下：

```
*****CH4-5.prg *****
SET TALK OFF
CLEAR
INPUT "请输入一个自然数: " TO A
IF INT(A/2)=A/2      &&判断 A 能否被 2 整除（也可以用：A%2=0，或 MOD(A,2)=0）
    ?A,"是偶数!"
ELSE
    ?A,"是奇数!"
ENDIF
SET TALK ON
```

【例 4.6】编写程序计算以下分段函数的值：

$$y=\begin{cases}|3x+5|, & x\leqslant 0 \\ 2e^x-1, & 0<x<100 \\ x^2-x+3, & x\geqslant 100\end{cases}$$

分析：本例的问题有 3 个分支，需要运用两个 IF 语句的嵌套来实现。显然，当有更多路分支时，需要更多的 IF 语句嵌套。在嵌套结构中应当注意：IF 与 END 语句必须成对出现；各 IF 之间不能交叉；应当采用"锯齿"格式（也称缩格格式）书写，以突出程序结构，便于阅读。

程序代码如下：

```
*****CH4-6.prg *****
SET TALK OFF
CLEAR
INPUT "请输入数据 x=" TO  X
IF X<=0
    Y=ABS(3*X+5)
ELSE
    IF X<100
        Y=2*EXP(X)- 1
    ELSE
```

```
        Y=X*X-X+3
    ENDIF
ENDIF
?"Y=" , Y
SET TALK ON
```

2. 多分支选择结构

一个 IF-ENDIF 语句只能处理两个分支，如果有多个分支的问题，需要使用多个 IF 语句的嵌套来实现，当嵌套层次太多时，结构就比较复杂。使用下面的多分支选择结构可以方便地解决这种问题。多分支选择结构语句介绍如下。

格式：

```
DO  CASE
CASE <条件表达式 1>
    <语句序列 1>
[CASE <条件表达式 2>
    <语句序列 2>
    . . .
CASE <条件表达式 n>
    <语句序列 n>]
[OTHERWISE
    <语句序列 n+1>]
ENDCASE
```

功能：依次判断<条件表达式 I>（I=1，2，3，…，n）的逻辑值，当值为真（.T.）时，控制执行对应的<语句序列 I>（I=1，2，3，…，n）。OTHERWISE 表示当所有的<条件表达式 I>（I=1，2，3，…，n）的值都为假（.F.）时，则执行<语句序列 $n+1$>。

说明：CASE 条件语句的多少根据问题而定。当只有一条 CASE 条件语句行时，DO CASE 控制结构实现的功能与 IF 控制结构相同。

注意：如果有多个条件表达式的值为真，也只执行第一个满足条件的<语句序列>。

【例 4.7】用 DO CASE 结构实现例 4.6 的程序。

分析：从例 4.6 可以看出，当用 IF 语句的嵌套实现多路分支时，程序的结构比较复杂，可读性较差。而采用 DO CASE 结构，则程序结构更加清晰。

程序代码如下：

```
*****CH4-7.prg *****
SET TALK OFF
CLEAR
INPUT "请输入数据x=" TO  X
DO CASE
   CASE  X<=0
     Y=ABS(3*X+5)
   CASE  X<100
     Y=2*EXP(X) -1
   CASE  X>=100
     Y=X*X-X+3
ENDCASE
?"Y=" , Y
SET TALK ON
```

【例 4.8】在例 4.3 的基础上，根据职工的总销售金额给出 5 档业绩评价：优（≥6000）、良（≥4000）、中（≥2000）、合格（≥1000）、不合格（<1000）。

　　分析：输入的职工有可能存在，也可能不存在，因此要加以判断。已经在例 4.3 中对销售金额的计算做过分析，根据销售金额的不同，运用多路分支结构，可以做出销售业绩的评价。程序流程如图 4-13 所示。

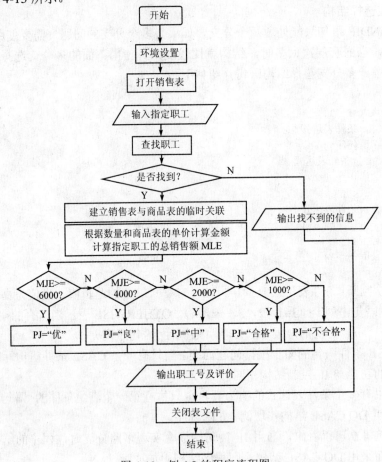

图 4-13　例 4.8 的程序流程图

　　程序代码如下：

```
SET TALK OFF
CLEAR
USE 销售
ACCEPT "请输入职工号:" TO MZGH
LOCATE FOR 职工号=MZGH
IF FOUND()                          &&如果找到记录
    USE 商品 ORDER 商品号 IN 0    &&在最小未使用工作区打开商品表并指定主控索引
    SELECT 销售
    SET RELATION TO 商品号 INTO 商品      &&建立销售表与商品表的临时关联
    REPLACE ALL 金额 WITH 数量*商品.单价  &&根据数量和商品表的单价计算销售金额
    SUM 金额 TO MJE FOR 职工号=MZGH       &&计算指定职工的销售总金额
    DO CASE
        CASE MJE>=6000
            PJ="优"
        CASE MJE>=4000
```

```
        PJ="良"
      CASE MJE>=2000
        PJ="中"
      CASE MJE>=1000
        PJ="合格"
      OTHERWISE
        PJ="不合格"
    ENDCASE
    ?MZGH+"职工的销售业绩评价为:" +PJ
  ELSE
    ?"查无此人!"
  ENDIF
  CLEAR ALL
  SET TALK ON
```

4.2.3 循环结构

在处理实际问题时,常常需要重复某些相同的操作,即对某一行或多行语句重复执行多次,解决此类问题,就要用到循环结构,其控制结构如图 4-14 所示。在 Visual FoxPro 中有 3 种循环语句:

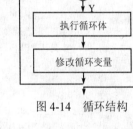

- DO WHILE…ENDDO。
- FOR…ENDFOR。
- SCAN…ENDSCAN。

3 种形式的循环语句分别适合于处理不同类型的问题。

图 4-14 循环结构

1. DO WHILE…ENDDO

DO WHILE…ENDDO 语句是最常用的循环语句,它能处理多种不同情况的循环,如不知道循环次数的循环、按循环条件控制的循环等。

格式:

```
DO WHILE <条件表达式>
    <语句序列>
      [EXIT]
      [LOOP]
ENDDO
```

功能:当<条件表达式>的值为.T.时,执行 DO - ENDDO 之间的<语句序列>,再回来判断<条件表达式>的值,为.T.则重复执行 DO - ENDDO 之间的<语句序列>,不断重复以上过程,直到<条件表达式>的值为.F.时,结束循环。ENDDO 语句的功能实际上是无条件回到 DO WHILE <条件表达式>语句。

说明:

① <条件表达式>是一个具有逻辑值的条件表达式,为循环的条件。

② <语句序列>称为循环体,它可以是一条语句,也可以是多条语句组成。在循环体<语句序列>中,必须包含改变<条件表达式>值的命令,否则将出现死循环现象。

③ [EXIT]选项用于结束当前循环操作,跳到 ENDDO 后面的语句。

④ [LOOP]选项用于跨过 LOOP 后面的语句,直接回到循环起始语句 DO WHILE。

⑤ EXIT 和 LOOP 语句(又称短路语句)通常都包含在 IF 语句或 CASE 语句中,否则将使循环操作失去实际意义。

【例 4.9】如果在例 4.4 中，需要反复输入行李重量，计算其相应的托运费，就要引进循环程序。

分析：将例 4.4 的程序需要反复做的部分套上一个"永真循环"（循环条件为.T.的循环），这样不就达到反复运行该段程序的目的了。慢！条件永远为.T.，这样不是死循环了吗？是啊！怎么办？在循环体内加上出口语句就解决了。怎么加？可以用 WAIT 语句进行人机对话，问用户"继续吗？(Y/N)"，如果确认继续，则再做循环体的语句序列，否则退出循环体（EXIT）。程序代码如下：

```
*****CH4-9.prg *****
SET TALK OFF
CLEAR
DO WHILE .T.           &&永真循环
    INPUT "请输入货物的重量(Kg)：" TO W
    IF W<=50
        F=W*0.60
    ELSE
        F=50*0.6+(W-50)*0.9
    ENDIF
    ?"货物重量"+ALLTRIM(STR(W,19,2))+" 千克需要的托运费为:";
    +ALLTRIM (STR(F,19,2))+"元"
    WAIT "继续吗？(Y/N)" TO YN    &&键盘接收一个字符
    IF UPPER(YN)<>"Y"              &&无论输入大小写，均转换为大写字母
        EXIT                       &&如果输入不是 Y 则从循环体退出
    ENDIF
ENDDO
SET TALK ON
```

程序的运行结果如图 4-15 所示。

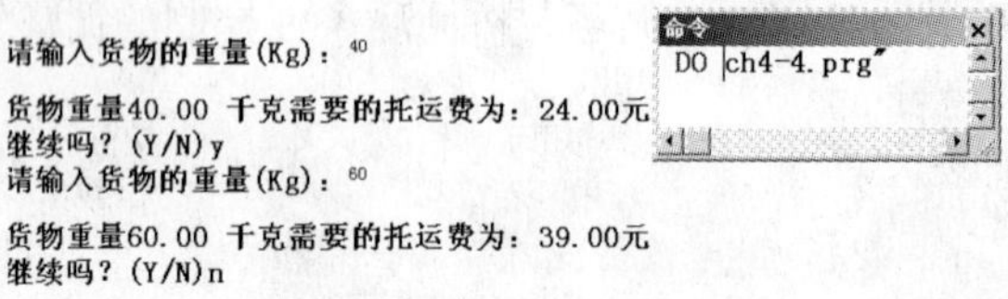

请输入货物的重量(Kg)：40

货物重量40.00 千克需要的托运费为：24.00元
继续吗？(Y/N)y
请输入货物的重量(Kg)：60

货物重量60.00 千克需要的托运费为：39.00元
继续吗？(Y/N)n

命令

DO ch4-4.prg

图 4-15　例 4.9 的运行结果

例 4.8 是一个典型的循环次数不能确定的循环，对于设计这类问题的程序，关键是加上一个永真循环（循环条件为.T.的循环），再在永真循环的循环体内设计一段出口程序（如本例的 WAIT 语句开始到 ENDIF 语句结束的这段程序）。

【例 4.10】求 1+2+3+⋯+10 的和。

分析：设置变量 I，让其从 1（初值）变到 10（终值），增量（也称步长）为 1（I=I+1），把每个 I 都加给变量 S（S=S+I），当 I 大于 10 时，计算结束。这里的 I 实际就是循环控制变量，做循环的条件为 I<=10。变量 S 存放累加和。语句 S=S+I 和 I=I+1 需要重复做 10 次。

程序代码如下：

```
*****CH4-10.prg *****
SET TALK OFF
CLEAR
S=0                    &&设置用于存放累加和的初值，初值为 0
I=1                    &&设循环控制变量 I 的初值，用于记录循环次数，初值为 1
DO WHILE  I<=10        &&循环条件为：I<=10
```

```
    S=S+I                    &&实现累加，将 I 的值加上原来的 S 再赋值给 S
    I=I+1                    &&循环变量 I 加步长 1，改变循环变量的语句
ENDDO
?"1+2+3+…+10=",S        &&输出结果
SET TALK ON
```

程序运行结果如图 4-16 所示，在运行程序中增加了语句：?"第"+STR(I,2)+"次循环"，有助于我们看出循环体语句做了 10 次。

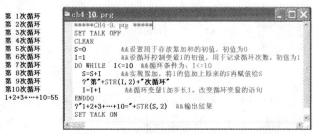

图 4-16　求累加和程序及运行结果

例 4.9 是一个典型的循环次数能够确定的循环程序，对于这类问题的程序，关键是设计一个循环变量（如本例的变量 I），循环变量必须在循环开始前赋初值（I=1）。在 DO WHILE 语句中根据循环变量的终值（10）写循环条件（I<=10），还必须在循环体内有改变循环变量的语句（I=I+1，没有此句则是死循环）。

【例 4.11】 求 X! 的值，X 从键盘输入。

分析：X! =1×2×3×…×X，从 1 一直乘到 X（设置循环变量 I，从 1 变到 X，步长为 1），做循环的条件为：I<=X。能够确定循环的次数为 X 次。

程序代码如下：

```
*****CH4-11.prg *****
SET TALK OFF
CLEAR
S=1                      &&用于存放累乘的值，初值为 1
I=1                      &&循环控制变量 I，记录循环次数
INPUT "X=" TO X          &&终值由用户输入确定
DO WHILE   I<=X          &&循环条件为：I<=X
   S=S*I                 &&实现累乘，将 I 的值剩上原来的 S，结果赋给 S
   I=I+1                 &&循环变量 I 加步长 1
ENDDO
? ALLTRIM(STR(X,19))+"!="+ALLTRIM(STR(S,19))
SET TALK ON
```

当用户运行并输入 5，则结果为 120，输入 10，则结果为 3628800。

【例 4.12】 设有一张厚为 X 毫米，面积足够大的纸，将它不断地对折，问对折多少次后，其厚度可以达到珠穆朗玛峰的高度（8844.43m）？

分析：程序以毫米（mm）为计量单位，设纸厚为 X，折叠后的厚度为 S。S 的初值为 X（S=X），对折一次后，厚度为原来厚度的 2 倍（即 S=2×S），第 2 次对折后厚度还是上次厚度的 2 倍，即 S=2×S，依次类推。那么，要达到珠穆朗玛峰的高度循环的条件是：小于珠峰高度则继续折叠，即 S<8844430。注意，当循环结束时，循环条件为.F.，即 S 是大于 8844430 的，高度已超过珠峰高度，S 符合要求，但 N 又多加了一次，所以结果 N 要减 1。

程序代码如下：

```
*****CH4-12.prg *****
SET TALK OFF
CLEAR
N=1
INPUT "纸张的厚度(mm)X=" TO X
S=X                        &&设纸的初始厚度
DO WHILE S<8844430         &&小于高度则继续循环
    S=S*2                  &&每折一次厚度是原来的2倍
    N=N+1                  &&记录折叠次数
ENDDO
?"达到珠峰高度（8844.43m),需要对折",N-1, "次。"    && N多加了1要减去
SET TALK ON
```

当用户运行并输入 X 为 0.5 时，需要对折 25 次，当输入 X 为 1 时，需要对折 24 次。

【例 4.13】用循环结构显示输出"职工"表中全部职工的姓名和基本工资。

分析：通过语句 SKIP，可使职工表中的记录指针从文件头变化到文件尾（自上而下），通过函数 EOF( ) 来控制循环。运行结果如图 4-17 所示。

程序代码如下：

```
*****CH4-13.prg *****
SET TALK OFF
CLEAR
USE 职工                    &&记录指针默认在首记录
DO WHILE !EOF()            &&循环条件是!EOF()
    ?姓名,基本工资          &&输出当前记录的数据
    SKIP                   &&下移一条记录
ENDDO
USE
SET TALK ON
```

李长江	2500.00
张伟	2300.00
李四方	2000.00
赵英	2600.00
洪秀珍	2100.00
张军	2200.00
孙学华	2300.00
陈文	2000.00
张丽英	1500.00
王强	1500.00

图 4-17　例 4.13 运行结果

本例是典型的对表文件的循环。对于这类问题的循环程序，设计的关键点是，先在循环之前打开表（记录指针默认在首记录），循环的条件是指针不在文件尾（!EOF( )），在循环体内有语句 SKIP，将指针移到下一条记录，当移到文件尾时，循环结束。

2．FOR…ENDFOR

FOR…ENDFOR 循环结构被称为计数循环，用于处理事先知道循环次数的循环。对于这类循环问题，用 FOR…ENDFOR 语句比用 DO WHILE…ENDDO 要简捷。

格式：

```
FOR 循环变量=初值 TO 终值[STEP 步长]
    <语句序列>
    [EXIT]
    [LOOP]
ENDFOR/NEXT
```

功能：循环从循环变量的初值开始，重复执行循环体内的语句序列，直到循环变量的终值结束。每循环一次，循环变量的值自动加上一个步长值。

说明：

① 循环变量为任意一个内存变量，不需要事先定义。

② 初值、终值、步长均为一个数值表达式，其值可为正数、负数或小数。

③ 若不选[STEP 步长]选项，默认递增步长为 1。

④ [LOOP]选项用于跨过 LOOP 后面的语句，直接回到循环起始语句 FOR，[EXIT]选项是退出当前循环。

【例 4.14】例 4.10 求 1+2+3+…+10 的和值，用 FOR 语句实现。

方法 1：设循环变量的初值为 1，则终值为 10，步长为 1。变量 S 存放累加和。

程序代码如下：

```
*****CH4-14.prg *****
SET TALK OFF
CLEAR
S=0                         &&用于存放累加和
FOR  I=1 TO 10  STEP 1      &&STEP 1 可省略
  S=S+I                     &&实现累加，将 I 的值加上原来的 S，结果赋给 S
ENDFOR
?"1+2+3+…+10=",S
SET TALK ON
```

方法 2：设循环变量的初值为 10，则终值为 1，步长为–1。变量 S 存放累加和。

程序代码如下：

```
SET TALK OFF
CLEAR
S=0                         &&用于存放累加和
FOR I=10 TO 1  STEP -1      &&STEP -1 不能省略
  S=S+I                     &&实现累加，将 I 的值加上原来的 S，结果赋给 S
ENDFOR
?"1+2+3+…+10=",S
SET TALK ON
```

3. SCAN…ENDSCAN

SCAN…ENDSCAN 循环结构是实现对表内容的循环操作。对于表的循环操作，用 SCAN…ENDSCAN 语句比用 DO WHILE…ENDDO 要简捷。

格式：

```
SCAN [范围][FOR<条件表达式>]
     <语句序列>
   [LOOP]
   [EXIT]
ENDSCAN
```

功能：对当前打开的表文件在指定范围、满足条件的记录中进行自上而下逐个扫描操作，并对指定的每条记录执行相同的<语句序列>操作。

说明：

① 若 SCAN 后面没有选项，则对当前表文件中所有的记录扫描。

② [LOOP]选项用于跨过 LOOP 后面的语句，回到循环起始语句 SCAN，[EXIT]选项用于退出当前循环。

【例 4.15】用 SCAN…ENDSCAN 循环结构实现例 4.13，即显示输出"职工"表中全部职工的姓名、部门、性别、基本工资等数据。

程序代码如下：

```
*****CH4-15.prg *****
SET TALK OFF
```

```
CLEAR
USE  职工
SCAN      &&没有选项，对所有记录扫描
     ? 姓名,部门,性别,基本工资
ENDSCAN
USE
SET TALK ON
```

如果对例 4.15 要求显示女职工中基本工资大于 2000 元的姓名、部门、性别、基本工资等数据，则在 SCAN 语句后增加条件 "FOR 基本工资>2000　AND 性别="女"" 即可。

程序代码如下：

```
*****CH4-15.prg *****
SET TALK OFF
CLEAR
USE 职工
SCAN FOR 基本工资>2000  AND 性别="女"
     ? 姓名,部门,性别,基本工资
ENDSCAN
USE
SET TALK ON
```

4.2.4　多种结构的嵌套

在解决比较复杂的问题时，通常需要使用多种控制结构的嵌套来解决，就是在一种控制结构里面包含另一种（或同一种）控制结构。根据问题的复杂程度不同，嵌套的层数也不同。前面已经讨论了选择结构中嵌套选择结构的情况，在此再介绍另外两种典型的情况。对于任何结构的嵌套，都要注意两点：一是嵌套不能交叉；二是语句是配对出现的，不能忘记各种结构的结束语句（ENDDO、ENDFOR、ENDSCAN、ENDIF、ENDCASE 等）。

1．循环结构中嵌套选择结构

```
DO  WHILE <条件表达式> 或 FOR I=A TO B STEP C 或 SCAN
     <语句序列>
     IF  <条件表达式>
          <语句序列>
     ELSE
          <语句序列>
     ENDIF
     [EXIT]
     [LOOP]
ENDDO 或 ENDFOR  或 ENDSCAN
```

【例 4.16】编写程序，输出 1～100 间的自然数中能被 3 整除的数及个数。

分析：根据题意可知循环 100 次，故选用 FOR 循环语句，并用表达式：MOD(I,3)=0 来判断 I 是否被 3 整除（还可用 I%3=0、INT(I/3)=I/3）。变量 S 存放被 3 整除数的个数。

程序代码如下：

```
*****CH4-16.prg *****
SET TALK OFF
CLEAR
S=0
FOR  I=1  TO 100
    IF MOD(I,3)=0          &&整除判断
```

```
    ?? I                      &&同行显示
      S=S+1                   &&统计个数
   ENDIF
ENDFOR
? "其中被 3 整除的个数为： "+STR(S,2)
SET TALK ON
```

【例 4.17】 从键盘输入一个自然数（M>3），判断它是否为素数。素数的定义是：除 1 和本身以外不能被其他数整除的自然数叫质数，所有奇数的质数叫素数。

分析：根据素数的定义，对于给定的自然数 M，分别用 2，3，…，M–1 的自然数去除 M，只要有一个数能够整除 M，M 就不是素数，如果都不能整除，M 才是素数。

程序代码如下：

```
*****CH4-17.prg *****
SET  TALK OFF
CLEAR
INPUT "输入一个自然数 M=" TO M
FOR N=2 TO M-1                 &&用 2～M-1 去除
   IF M/N=INT(M/N)             &&或 MOD(M,2)=0 或 M%2=0
        EXIT                   &&能够整除退出循环
   ENDIF
ENDFOR
IF N>M-1                       &&或 N=M，超出终值说明都不能整除
   ?M,"是素数！"
ELSE
   ?M,"非素数!"
ENDIF
SET TALK ON
```

【例 4.18】 显示输出"职工"表中 1976 年或之后出生的职工姓名和出生日期。

分析：在职工表中有出生日期字段，通过函数 YEAR（出生日期）可以得到出生的年份，下面用 DO WHILE 循环来实现。本题也可用 SCAN 循环来实现，留待读者思考。

程序代码如下：

```
*****CH4-18.prg *****
SET TALK OFF
CLEAR
USE 职工
DO WHILE !EOF()
   IF  YEAR（出生日期）>=1976
       ?姓名,出生日期
   ENDIF
   SKIP
ENDDO
USE
SET TALK ON
```

2．循环中嵌套循环结构和选择结构

```
DO  WHILE <条件表达式> 或 FOR I=A TO B STEP C 或 SCAN
      <语句序列>
     DO  WHILE  <条件表达式> 或 FOR I=A TO B STEP C 或 SCAN
          <语句序列>
         IF   <条件表达式>
```

```
                        <语句序列>
                ELSE
                        <语句序列>
                ENDIF
                [EXIT]
                [LOOP]
        ENDDO 或 ENDFOR   或 ENDSCAN
    ENDDO 或 ENDFOR   或 ENDSCAN
```

【例 4.19】输出 3～200 之间的所有素数。

分析：在例 4.17 中，能够对一个数 M 判断其是否为素数，本题 M 的取值则是 3～200，显然要再引入一个循环，使 M 在 3～200 之间变化。

程序代码如下：

```
****CH4-19.prg****
SET  TALK OFF
CLEAR
FOR M=3 TO 200        &&M 在 3～200 之间
   FOR N=2  TO  M-1
     IF M/N=INT(M/N) &&或 MOD(M,N)=0 或 M%N=0
           EXIT
     ENDIF
   ENDFOR
   IF N>M-1
     ??M
   ENDIF
ENDFOR
SET TALK ON
```

【例 4.20】显示输出如图 4-18(a)所示的图形。

```
        *        *********  *
        ***      *********  ***
        *****    *********  *****
        *******  *********  *******
        *********  *********  *********
         (a)          (b)          (c)
```

图 4-18　输出图形

分析：显示输出字符构成的平面图形，下面逐步分析如何实现：

（1）如果输出共有 9 个 "*" 的一行字符，则可用下面的代码来完成：

```
FOR J=1 TO 9
  ??"*"   &&输出不换行
ENDFOR
```

（2）如果要求输出 5 行 9 个 "*" 的平面图形，如图 4-18(b)所示，则只要在上面代码的外面再加一个循环和换行语句。其中的变量 I 是行号，控制输出的行数，变量 J 控制每行输出的个数。程序如下：

```
FOR I=1 TO 5        &&共 5 行
    FOR J=1 TO 9     &&每行 9 个"*"
        ??"*"        &&输出不换行
    ENDFOR
    ?               &&输出下一行前换行
```

```
    ENDFOR
```
（3）如果要输出如图 4-18(c)所示的结果，则第 1 行到第 5 行输出"*"的个数分别是 1、3、5、7、9。可以看出每一行"*"的个数与所在行号的关系为 2*I-1（I 为行号）。这样修改内循环的终值 9 为 2*I-1 即可。程序如下：

```
FOR I=1 TO 5
    FOR J=1 TO 2*I-1
        ??"*"
    ENDFOR
    ?
ENDFOR
```

（4）如果要实现如图 4-18(a)所示的结果，还得在每行之前空一定的位置，可以看出第 1 行到第 5 行分别空出 4、3、2、1、0 个空格，空格个数与行号 I 的关系是 5-I，所以把原来的换行语句提到前面并改为：?SPACE(5-I)。

程序代码如下：

```
*****CH4-20.prg *****
SET TALK OFF
CLEAR
FOR I=1 TO 5
    ?SPACE(5-I)
    FOR J=1 TO 2*I-1
        ??"*"
    ENDFOR
ENDFOR
SET TALK ON
```

【例 4.21】显示输出如图 4-19 所示的图形。

分析：输出的图形形状与例 4.20 的(a)图形一样，只是用字母"ABC"等代替了"*"。已知大写字母 A 的 ASCII 码是 65，B、C、D、E 等字母的 ASCII 码依次是 66、67、68、69。用函数 CHR(65)、CHR(66)、CHR(67)等就可以方便地得到字母 A、B、C。所以把上面程序的??"*"改成??CHR（64+I）即可。

程序代码如下：

```
*****CH4-21.prg *****
SET TALK OFF
CLEAR
FOR I=1 TO 5
  ?SPACE(5-I)
  FOR J=1 TO 2*I-1
    ??CHR(64+I)
  ENDFOR
ENDFOR
SET TALK ON
```

```
    A
   BBB
  CCCCC
 DDDDDDD
EEEEEEEEE
```

图 4-19　例 4.21 要求

【例 4.22】统计"职工"表中每个部门男女职工的基本工资总额并输出，输出结果如图 4-20 所示。

```
***********各部门男女基本工资总额统计************
部门      男职工基本工资总额      女职工基本工资总额
客服             0.00                4900.00
零售          6500.00               1500.00
直销          6000.00               2100.00
```

图 4-20　例 4.22 的运行显示结果

分析：由于"职工"表存放的是所有部门职工的数据，先需要把相同部门的职工排在一起，用"部门"作为关键字索引即可。然后用表的循环（循环条件：.NOT. EOF( )）扫描所有记录，在表循环里还需要设计一个循环（循环条件是：部门相同），把相同部门的男、女职工的工资分别相加，完成同部门职工的工资统计，内循环结束，输出当前部门的男女职工的基本工资总额。

程序代码如下：

```
*****CH4-22.prg *****
SET TALK OFF
CLEAR
USE 职工
INDEX ON 部门 TAG 部门
?"**********各部门男女基本工资总额统计**********"
?"部门    男职工基本工资总额    女职工基本工资总额"
DO WHILE .NOT. EOF()
  DEPA=部门                              &&提取当前记录的部门
  STORE 0 TO MEN,WOMEN                   &&给累加男女职工工资的变量赋初值零
  DO WHILE  部门=DEPA                     &&对相同部门的男女职工工资循环统计
      IF 性别="男"
          MEN=MEN+基本工资                 &&累加男职工的基本工资
      ELSE
          WOMEN = WOMEN +基本工资          &&累加女职工的基本工资
      ENDIF
      SKIP
  ENDDO
  ?DEPA+STR(MEN,19,2)+ STR(WOMEN,19,2)&&输出同一部门的男女职工工资总额
ENDDO
USE
SET TALK ON
```

问题：外循环能否用 SCAN-ENDSCAN 循环实现？

【例 4.23】能够反复显示指定表中的全部字段名，并由用户输入显示表信息的条件，最后列表显示满足条件的记录。

可以用一个永真循环实现反复查询功能，用名函数( )和值函数 EVALUATE( )将指定的表及该表所需查询的条件转换出来，字段数、字段名可以用函数 FCOUNT( )、FIELD( )得到，程序运行结果如图 4-21 所示。

```
*****CH4-23.prg *****
SET TALK OFF
DO WHILE .T.
  CLEAR
  ACCEPT "请输入表名（扩展名略）: " TO TBN
  IF FILE(TBN+".DBF")                &&测试文件是否存在
    USE (TBN)                        &&用名表达式()替换表文件名
  ELSE
    ?"指定的表不存在!"
    EXIT
  ENDIF
    ?"表中的全部字段名列表:"
    FOR N = 1 TO FCOUNT()
        ? FIELD(N)
    ENDFOR
    ACCEPT "请输入显示表信息的条件表达式: " TO EXPR
    LIST FOR EVALUATE(EXPR)            && 或用&EXPR替换条件表达式
```

```
      WAIT  "是否还要显示其他表文件中的内容?Y/N:  " TO YN
      IF UPPER(YN)!= "Y"
            EXIT
      ENDIF
ENDDO
USE
SET TALK ON
```

请输入表名（扩展名略）：职工
表中的全部字段名列表：
职工号
姓名
性别
婚否
出生日期
基本工资
部门
简历
照片
请输入显示表信息的条件表达式：基本工资>2000

记录号	职工号	姓名	性别	婚否	出生日期	基本工资	部门	简历	照片
1	199701	李长江	男	.T.	05/12/75	2500.00	直销	Memo	Gen
2	199702	张伟	男	.F.	06/23/76	2300.00	零售	Memo	Gen
4	199803	赵英	女	.T.	03/19/75	2600.00	客服	memo	Gen
5	199804	洪秀珍	女	.T.	12/25/76	2100.00	直销	memo	gen
6	200001	张军	男	.T.	05/11/77	2200.00	零售	memo	gen
7	200005	孙学华	女	.F.	02/17/75	2300.00	客服	memo	gen

是否还要显示其他表文件中的内容?Y/N： n

图 4-21　例 4.23 程序运行状态

4.3　子程序和用户自定义函数

在设计一个功能复杂的 Visual FoxPro 应用系统时，通常采用自顶向下、逐层分解各个击破的方法。即将一个复杂系统分解成许多功能模块，再将这些功能模块分解成更小的功能单一、相对独立的程序模块。

4.3.1　子程序

子程序是相对于主程序而言的一个独立的程序文件，其建立的方法与建立程序文件的方法相同，扩展名也为.prg。之所以要用子程序，主要是从以下两方面考虑：一是可以将一个大而复杂的问题拆分为若干个可解的小而简单的问题，二是实现相同功能程序的重复调用。

1. 子程序的调用

格式：

```
DO <文件名> [WITH <参数列表>]
```

功能：调用相关的子程序。

说明：调用语句可以出现在 Visual FoxPro 的命令窗口，也可以出现在另一个程序文件中。调用时可以利用 WITH 传递参数到子程序中，并可以从子程序中返回值。

主程序与子程序是一个相对的概念。一个程序被另一个程序调用，该程序相对调用它的程序来说是子程序。如果该程序还将调用其他的程序，则该程序相对被调用的程序来说就是主程序。主程序与子程序的调用关系如图 4-22 所示。

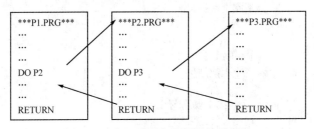

图 4-22　主、子程序的调用关系示意

2. 返回主程序

格式：

```
RETURN [TO MASTER][<表达式>]
```

功能：返回主程序。

说明：

① RETURN 返回到调用者的调用语句的下一行。

② [TO MASTER]表示返回到最高级调用者。

③ [<表达式>]表示将值返回到调用者（主要用于自定义函数）。

子程序执行时遇到 RETURN、RETRY、CANCEL、QUIT 或子程序的末尾时，自动结束并返回。

下面的程序可以充分说明子程序的调用关系。

【例 4.24】 子程序的调用关系，程序及运行结果如图 4-23 所示。

图 4-23　子程序的调用关系

【例 4.25】 编程计算：M！/((M–N)！*N！)。

分析：本公式涉及 3 个阶乘，显然只需编一个计算阶乘的子程序，然后在主程序中分别给子程序不同的参数让其计算出：M！、(M–N)！、N！，最后乘除即得出结果。

子程序代码如下：

```
****JC.prg******
FOR Y=1 TO X  &&计算 X 的阶乘
    T=T*Y
ENDFOR
RETURN
```

主程序代码如下：

```
*****CH4-25.prg *****
SET TALK OFF
INPUT "M=" TO M
INPUT "N=" TO N
X=M             && M! 的终值
T=1             &&T 放阶乘结果,初值为 1
DO JC           &&调用子程序 JC
C=T             &&把 JC 的结果赋给 C
X=N             && N! 的终值
T=1             &&清空上次结果
DO JC
C=C/T           && N! 放分母上
X=M-N           &&(M-N)! 的终值
T=1             &&清空上次结果
DO JC
C=C/T           && (M-N)! 放分母上
?C              &&输出最终结果
SET TALK ON
```

4.3.2 过程和过程文件

由于子程序是以独立的程序文件存储在外存设备中的，所以在使用中存在以下两个问题：一是系统打开的文件个数太多；二是调用子程序时反复读取磁盘的速度慢，从而降低了系统的运行效率。为此，我们引进过程文件，以解决上述两个问题。

1．过程与过程文件的定义

过程文件是存放若干个子程序的文件，可以理解为若干子程序的打包。过程文件的扩展名为.prg。

存放在过程文件中的子程序不再称为子程序而是称为过程。过程文件中的过程如何区分呢？每个过程都有自己的过程名，如图 4-24 所示，由 PROCEDURE<过程名>开头，ENDPROC 结尾。

过程格式：

```
PROCEDURE <过程名>
[<语句序列>]
ENDPROC
```

说明：过程用 PROCEDURE 语句开头，以 ENDPROC 结束。过程一般以如下两种形式存放：

① 在过程文件中，集中存放多个过程，如图 4-24(a)所示。这种形式里的过程必须先打开它的过程文件，然后才能被调用。

② 在主程序的结束语句后面存放过程，形式如图 4-24(b)所示。主程序可以直接调用其中的过程。

2．过程文件的建立与调用

过程文件的建立与一般程序文件的创建方法相同。

过程文件的打开与关闭用下面的命令。

过程文件的打开：

```
SET PROCEDURE TO <过程文件名>
```

过程文件的关闭：

```
SET PROCEDURE TO 或 CLOSE PROCEDURE
```

过程的调用：

```
DO <过程名> [WITH <参数表达式列表> ]
```

【例 4.26】用过程实现例 4.24。CH4-26.prg 文件中包含了主程序和两个过程。程序及执行结果参见图 4-25。

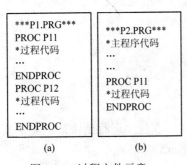

图 4-24 过程文件示意

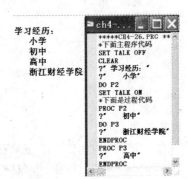

图 4-25 例 4.26 的过程文件及运行结果

由于主程序与过程放在同一文件中，因此，可以直接在 Visual FoxPro 的命令窗口或一个程序文件中调用该程序：

```
DO  CH4-26
```

4.3.3　变量的参数传递及作用域

主程序与子程序或过程之间的参数传递可以通过以下方式之一实现：

- 内存变量的作用域。
- DO <文件名> WITH <实参列表>。

1．利用内存变量作用域传递参数

利用内存变量不同的作用域可以实现程序之间参数的互相传递。Visual FoxPro 中内存变量作用域有全局和局部两种。

（1）全局变量（公用变量）

用 PUBLIC 语句定义的变量是全局变量，具有公共属性，它可以在所有程序中起作用，并且在程序运行结束后，该变量仍然存在于内存中。

定义格式：

```
PUBLIC <内存变量名表>
```

作用域：Visual FoxPro 中的所有程序。

【例 4.27】用全局变量属性实现数据传递的方式，再编程计算 M!/((M−N)!*N!)。

程序代码如下：

```
*****CH4-27.prg*****
SET  TALK  OFF
PUBLIC  T
INPUT  "M="  TO  M
INPUT  "N="  TO  N
X=M
DO  JC
C=T    &&T 是全局变量，子程序的结果可带回
X=N
DO  JC
C=C/T
X=M-N
DO  JC
C=C/T
?" M!/((M-N)!*N!)=",C
SET  TALK  ON
*阶乘子程序
PROC  JC
T=1
FOR  Y=1  TO  X
    T=T*Y
ENDFOR
RETURN
```

（2）局部变量

在程序的一定范围内起作用的变量称为局部变量，在程序运行结束后，局部变量被释放。局部变量有 3 种属性，即自然属性、私有属性和本地属性。

① 通过赋值、计算等语句得到的变量都是自然属性的。

定义格式：STORE/=、DIMENSION、DECLARE、INPUT、SUM 等。

作用域：产生变量的程序及其调用的下属子程序。

② 用 PRIVATE 语句定义的变量是私有属性的。

定义格式：

```
PRIVATE <内存变量列表>
```

作用域：该程序及其调用的下属子程序。

特殊作用：可屏蔽（隐藏）上级（主）程序中与当前程序同名的变量，即对当前程序中变量的操作不影响上级（主）程序中与当前程序同名的变量值。

③ 用 LOCAL 语句定义的变量是本地属性的。

定义格式：

```
LOCAL <内存变量列表>
```

作用范围：产生变量的程序本身。

特殊作用：可屏蔽上级（主）程序中与当前程序同名的变量，即对当前程序中变量的操作不影响上级（主）程序中与当前程序同名的变量值，同时也不受下属子程序中同名内存变量值的影响。

【例 4.28】如图 4-26 所示，一个主程序带两个过程，运行该程序，请观察其中变量的作用区域。

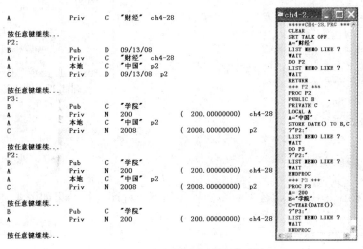

图 4-26 内存变量作用区域示例

说明：运行结果中，第 1 列中的"P2："、"P3："是程序中标注的程序段标记；第 2 列中的"Priv"、"Pub"、"本地"是系统标注的内存变量的属性；第 3 列中的"C"、"D"、"N"等是系统标注的变量的数据类型；第 4 列是变量的当前值，行尾的"p2"、"p3"是内存变量所属的程序段。过程 P2 中的变量 A 是本地属性的局部变量，它只能在过程 P2 里使用，过程 P3 中的变量 A 是自然属性的局部变量，即在主程序里定义的变量 A。

2．利用带参调用命令 DO…WITH 传递参数

传递参数的命令格式：

```
DO <文件名> WITH<实际参数列表>
```

功能：将有实际数据的多个参数传递给被调用的程序。

接收参数命令格式：

```
PARAMETERS <形式参数列表>
```

功能：用多个没有实际值的形式参数接收 DO 命令所带的多个参数。形式参数的个数必须

与实际参数的个数一致。

参数传递规则：

① 传递参数的 DO 命令可以出现在调用程序（主程序）中的任何位置，而接收参数的 PARAMETERS 命令必须是被调用程序（子程序）中的第一行可执行语句。

② 当 WITH 后的<实际参数列表>中是内存变量时，其值传给 PARAMETERS 中对应参数后，在子程序中这些实际参数被隐含起来，但其值会随着对应参数值的变化而变化，这种传递的方式称为引用。回到主程序后，<实际参数列表>中的内存变量恢复，子程序的结果被带回来。

③ 当 WITH 后的<实际参数列表>中是内存变量表达式或单个内存变量用圆括号括起来时，则值仅传给 PARAMETERS 中对应的形式参数，它们在子程序中不被隐含，这种传递方式称为传值。

【例 4.29】采用传值方式传递参数示例程序如下，程序运行结果如图 4-27 所示。

```
*****CH4-29.prg *****
SET TALK OFF
CLEAR
A=10
B=DATE()
LIST MEMO LIKE ?
DO P2 WITH A+100,(B)
LIST MEMO LIKE ?
SET TALK ON
******P2*****
PROC P2
PARAMETERS X,Y
X=X+1
Y=Y+1
LIST MEMO LIKE ?
RETURN
```

A	Priv	N	10		(10.00000000)	ch4-29
B	Priv	D	09/26/10	ch4-29		
A	Priv	N	10		(10.00000000)	ch4-29
B	Priv	D	09/26/10	ch4-29		
X	Priv	N	111		(111.00000000)	p2
Y	Priv	D	09/27/10	p2		
A	Priv	N	10		(10.00000000)	ch4-29
B	Priv	D	09/26/10	ch4-29		

图 4-27　例 4.29 的运行结果

【例 4.30】采用引用方式传递参数示例程序如下，程序运行结果如图 4-28 所示。

```
*****CH4-30.prg *****
SET TALK OFF
CLEAR
A=10
B=DATE()
LIST MEMO LIKE ?
DO P2 WITH A,B
LIST MEMO LIKE ?
SET TALK ON
******P2*****
PROC P2
PARAMETERS X,Y
X=X+1
Y=Y+1
LIST MEMO LIKE ?
RETURN
```

A	Priv	N	10		(10.00000000)	ch4-30
B	Priv	D	09/26/10	ch4-30		
A	(hid)	N	11		(11.00000000)	ch4-30
B	(hid)	D	09/27/10	ch4-30		
X	Priv	a				
Y	Priv	b				
A	Priv	N	11		(11.00000000)	ch4-30
B	Priv	D	09/27/10	ch4-30		

图 4-28　例 4.30 的运行结果

【例 4.31】用带参调用的方式编程再计算公式：$M!/((M-N)!*N!)$。

```
****CH4-31.prg *****
```

```
NOTE 主程序
SET TALK OFF
CLEAR
INPUT " M=" TO M
INPUT " N="  TO N
MJ=M
DO JC WITH MJ          &&将 M 值传下去
NJ=N
DO JC WITH NJ          &&将 N 值传下去
MNJ=M-N
DO JC WITH MNJ         &&将 M-N 值传下去
? " S=" ,MJ/(NJ*MNJ)   &&阶乘值带回后计算
SET TALK ON
***过程---计算阶乘****
PROC JC
PARAMETERS X
T=1
FOR I=1 TO X
    T=T*I
ENDFOR
X=T                    &&将 T 值带回主程序
RETURN
ENDPROC
```

4.3.4　自定义函数

尽管 Visual FoxPro 提供了非常丰富的系统函数，我们仍然需要编写自己所需的函数。用户自己编写的函数称为自定义函数。自定义函数实际上是一个子程序（.prg），但是自定义函数的调用方式与程序不一样，与系统函数一样。

1．自定义函数的格式

```
PARAMETERS <形参列表>
    [语句序列]
RETURN <表达式>
```

说明：PARAMETERS <形参列表>命令用于放函数的自变量，RETURN <表达式>用于输出函数的结果。子程序（.prg）的文件名就是函数的名称。

【例 4.32】编写一个计算阶乘的自定义函数。

程序代码及调用结果如图 4-29 所示。

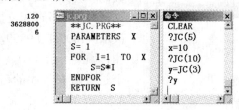

图 4-29　例 4.32 程序代码及调用结果

自定义函数可以像过程一样放在过程文件中，它在过程文件中的存在形式为：

```
FUNCTION <自定义函数名>
    [语句序列]
ENDFUNC
```

当调用出现在过程文件中的自定义函数时，也必须用 SET PROCEDURE TO <过程文件名>先将过程文件打开。

2. 自定义函数的调用与参数传送

（1）调用

自定义函数虽然是一个子程序，但是不能用 DO 命令调用，而只能像系统函数一样用输出语句（?、??）输出或出现在表达式中。

（2）参数传送

自定义函数的参数传送既可以用传值的方式，也可以用引用的方式，默认是传值的方式。

可以用命令 SET UDFPARMS TO VALUE/ REFERENCE 改变参数的传送方式（VALUE 是传值的方式，REFERENCE 是引用的方式）。

也可以在参数变量前冠以@，如 MYUDF（@A），将采用引用的方式。

【例 4.33】编写一个自定义函数，自动返回给定字符串的倒置字符串，如字符串"ABCD"，倒置后的字符串为"DCBA"。

```
***** CH4-33.prg*****
FUNCTION CC              &&函数名称为CC
PARAMETERS X             &&接收1个变量
C=SPACE(0)               &&设置结果的初值
L=LEN(X)                 &&取字符串长度
DO WHILE L>0             &&循环L次
  Q=SUBSTR(X,L,1)        &&逐个取出字符
  C=C+Q                  &&倒置
  L=L-1
ENDDO
RETURN C                 &&输出结果
ENDFUNC
```

在上面的程序中，因为过程文件 CH4-31 中含有一个自定义函数 CC，要调用该函数可以在程序文件或 Visual FoxPro 的命令窗口键入命令：

```
SET PROCEDURE TO CH4-33          &&先打开过程文件
?CC("DOG")                       &&调用自定义函数
```

结果为：GOD

【例 4.34】编写一个自定义函数，用来统计一个正整数的各位数码之和。再编写一个程序利用该自定义函数将所有 4 位数中数码之和等于 4 的数显示出来（例如，4 位数 1012 的各位数码和为 1+0+1+2=4，需要输出）。

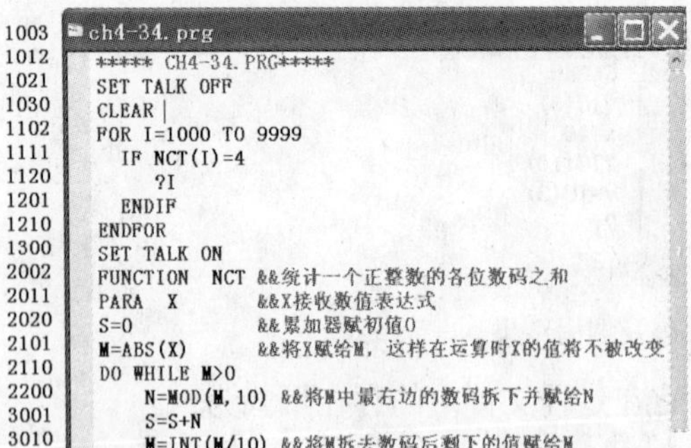

分析：所有 4 位数包括 1000～9999，用循环 FORI=1000 TO 9999，逐个统计 4 位数的数码之和，如果等于 4 则显示该数。自定义函数作为一个过程放在程序的后面。程序及运行结果如图 4-30 所示。

图 4-30　例 4.34 的程序及运行结果

【例 4.35】编写自定义函数，判断一元二次方程式 $ax^2+bx+c=0$ 是否有实数根。如果有实数根，可通过参数的引用方式将实数根带出来。

分析：像系统函数一样，自定义函数的输出结果只有一个值。本题的输出结果是逻辑值.T.

或.F.。但自定义函数的参数有 3 个，通过在函数参数前加@的方式，把求解的实数根带出来。

调用函数的主程序和自定义函数设计为文件 CH4-34.prg。

程序代码如下：

```
*****CH4-35.prg *****
SET TALK OFF
CLEAR
INPUT "X=" TO X              &&用键盘接收一元二次方程的 3 个参数
INPUT "Y=" TO Y
INPUT "Z=" TO Z
IF !ABC(@X,@Y,Z)            &&X、Y 是引用方式传递参数
    ?" 复根！"
ELSE
    ?"X1=",X                &&X 把第 1 个实数根带出
    ?"X2=",Y                &&Y 把第 2 个实数根带出
ENDIF
FUNCTION ABC               &&计算一元二次方程的函数 ABC
PARAMETER A,B,C            &&X,Y,Z 传给 A,B,C
D=B*B-4*A*C                &&计算判别式
P=-B/(2*A)
IF D<0
    RETURN .F.             &&没有实数根
ELSE
    X1=(-B+SQRT(D))/(2*A)
    X2=(-B-SQRT(D))/(2*A)
    A=X1                   &&第 1 个实数根 X1 赋给 A，A 再传递给 X
    B=X2                   &&第 2 个实数根 X2 赋给 B，B 再传递给 Y
RETURN .T.
ENDIF
```

调用自定义函数 ABC(@X,@Y,Z)，将 X 传给 A，Y 传给 B，Z 传给 C，但 X、Y 是引用方式，当 A、B 发生变化，会引起 X、Y 的变化，能将结果带回主程序。图 4-31 所示为当 X、Y、Z 为 3 种不同情况时的输出结果。

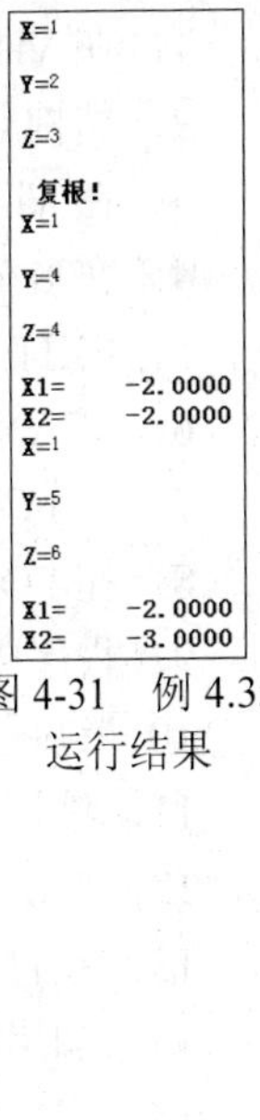

【例 4.36】编写一个自定义函数，将数字金额转换为中文大写金额。设最高位考虑到亿，最低位考虑到分（例如，数字金额为 1023.45，转换为中文大写金额为壹仟零佰贰拾叁元肆角伍分）。

分析：先把金额四舍五入保留 2 位小数，再乘以 100 变为整数，从右到左逐个取出数码，转换为大写，同时加上汉字单位（分、角、元等）。当取剩的值等于 0 时即完成。本例采用永真循环，循环体内设计的出口是当取剩的值等于 0 时退出循环。

程序代码如下：

图 4-31　例 4.35
运行结果

```
***** CH4-36.prg*****
FUNCTION CASH
PARAMETERS X               &&X 接收数值表达式的值
C1="零壹贰叁肆伍陆柒捌玖"    &&转换用的大写数字
C2="分角元拾佰仟万拾佰仟亿"  &&转换用的汉字单位
M=ROUND(X,2)               &&将 X 进行四舍五入保留两位小数处理
M=M*100                    &&将 M 变为整数
I=0                        &&循环变量 I 赋初值 0，用于控制金额单位
C=SPACE(0)                 &&字符串累加器赋初值空字符
DO WHILE .T.               &&永真循环，用于逐个拆字符
    N=MOD(M,10)            &&将 M 最右边的数码拆下来并赋给变量 N
```

```
    P1=SUBSTR(C1,2*N+1,2)        &&将 N 转换为大写数字并赋给变量 P1
    P2=SUBSTR(C2,2*I+1,2)        &&从右边取第 I 个汉字单位并赋给变量 P2
    C=P1+P2+C                    &&组合汉字 P1、P2 到 C 中
    I=I+1                        &&每拆一个数码后，循环变量 I 递增 1
    M=INT(M/10)                  &&M 最右边的数码拆去后剩下的值再赋给 M
    IF M=0                       &&M=0 则表示所有数码拆完
        EXIT                     &&拆完则退出循环
    ENDIF
  ENDDO
  RETURN C                       &&输出转换后的中文大写金额
  ENDFUNC
```

在命令窗中输入命令：

```
    SET PROCEDURE TO CH4-35
    ?CASH(1234.567)
```

得到的结果为：壹仟贰佰叁拾肆元伍角柒分。

4.4　小　　结

本章主要介绍结构化程序设计的基本方法。通过本章的学习读者应熟练掌握结构化程序设计的基本控制结构：顺序、选择和循环，以及这 3 种结构的嵌套，熟悉过程、过程文件和自定义函数的用法。用户可以通过书中的例题加深对概念的理解。本章的难点是双重循环的嵌套及程序间的参数传递，特别要注意传值和引用的区别。总之，要通过大量上机操作练习，才能真正的掌握结构化程序设计方法。

习　题　4

4.1　判断题

1．在 Visual FoxPro 中，命令文件的扩展名为.fxp。

2．结构化程序设计的 3 种基本结构是选择、分支、循环。

3．在 Visual FoxPro 的分支或循环语句中的条件表达式就是逻辑表达式。

4．在多分支 DO CASE 语句中，必须有一个条件表达式成立。

5．EXIT 和 LOOP 语句一定是出现在循环中的。

6．SCAN…ENDSCAN 循环结构具有自动移动记录指针的功能。

7．在 FOR 循环语句中，ENDFOR 是不可缺少的。

8．在 FOR 循环语句中，STEP 的步长可以是小数。

9．程序中出现多种嵌套结构时，嵌套只能包含不得交叉。

10．过程是一段独立的程序段，而过程文件则是存放过程的文件。

11．过程文件与其中的过程都使用同一个名称。

12．PUBLIC 定义的变量是局部变量。

13．在自定义函数调用时，在传递参数变量前加@则为传值方式。

14．调用过程和调用自定义函数方法完全相同。

15．自定义函数中只有一种方法传递回结果：RETURN <表达式>。

4.2　选择题

1．下面能输入数值型数据的命令是（　　　　）。

　　A．INPUT　　　　　B．ACCEPT　　　　　C．WAIT　　　　D．以上都可以

2．不属于程序控制 3 种基本结构的是（　　　）。

　　A．选择　　　　　　B．循环　　　　　　C．顺序　　　　　D．嵌套

3．在文件名中与数据库表文件不相关的扩展名是（　　　）。

　　A．.fxp　　　　　　B．.fpt　　　　　　C．.idx　　　　　D．.cdx

4．要判断数值型变量 X 是否能被 6 整除，错误的条件表达式是（　　　）。

　　A．MOD（X, 6）= 0　　　　　　　　　B．INT（X / 6）= X / 6

　　C．X % 6 = 0　　　　　　　　　　　　D．INT（X / 6）= MOD（X, 6）

5．下列语句中不能出现 LOOP 和 EXIT 语句的程序结构是（　　　）。

　　A．FOR…ENDFOR　　　　　　　　　B．DO WHILE…ENDDO

　　C．IF…ELSE…ENDIF　　　　　　　　D．SCAN…ENDSCAN

6．在执行循环语句时，可利用下列的哪个语句跳出循环体（　　　）。

　　A．LOOP　　　　　B．SKIP　　　　　C．EXIT　　　　D．END

7．由 FOR I =1 TO 10 STEP –1 结构控制的循环将执行（　　　）次。

　　A．10　　　　　　　B．1　　　　　　　C．出错　　　　　D．0

8．由 FOR I =1 TO 10 结构控制的循环正常结束（不是中途退出）时，循环变量 I 的值为
（　　　）。

　　A．10　　　　　　　B．1　　　　　　　C．11　　　　　D．0

9．以下不属于循环控制结构的是（　　　）。

　　A．DO WHILE…ENDDO　　　　　　　B．WITH…ENDWITH

　　C．FOR…ENDFOR　　　　　　　　　C．SCAN…ENDSCAN

10．在 DO WHILE…ENDDO 循环中，若循环条件设置为.T.，则下列说法正确的是（　　　）。

　　A．程序无法跳出循环　　　　　　　　B．程序不会出现死循环

　　C．用 EXIT 可跳出循环　　　　　　　D．用 LOOP 可跳出循环

11．以下程序之间的参数传递语句中，能够实现引用方式的是（　　　）。

　　A．DO　CH4–1　WITH　A　　　　　B．DO　CH4–1 WITH　(A)

　　C．DO　CH4–1　WITH　A+B　　　　D．DO　CH4–1　WITH　200

12．设变量 A、B 已经被赋值，以下对自定义函数 AREA（X, Y）的调用方法错误的是
（　　　）。

　　A．? AREA（A, B）　　　　　　　　　B．DO　AREA（A, B）

　　C．M = AREA（A, B）　　　　　　　　D．REPLACE　Q　WIYH　AREA(A, B)

13．用户在自定义函数或过程中接受参数，应使用（　　　）命令。

　　A．PROCEDURE　B．FUNCTION　　　C．WITH　　　D．PARAMETERS

14．用户自定义的函数或过程可以存放在（　　　）。

　　A．独立的程序文件或过程文件中

　　B．数据库文件中

　　C．数据表文件中

　　D．以上都可以

15．在命令窗口赋值的内存变量默认的作用域是（　　　）。

　　A．全局　　　　　　B．局部　　　　　　C．系统　　　　　D．不一定

4.3 程序填空

1. 从键盘输入 N 个自然数（N 由键盘输入确定），去掉一个最大数，去掉一个最小数，然后求平均值。

```
SET TALK OFF
CLEAR
INPUT "N=" TO N
INPUT "A=" TO A
STORE A TO X,Y
---(1)---
P=N-2
----(2)----
    INPUT "B=" TO B
    S=S+B
    ---(3)----
    X=B
    ENDIF
    -------(4)-----
    Y=B
    ENDIF
ENDFOR
----(5)----
?R/P
SET TALK ON
```

(1) A. S=A   B. S=0   C. S=N   D. I=1

(2) A. FOR I=1 TO N   B. FOR I=2 TO N

      C. DO WHILE I<= N   D. FOR I=1   TO A

(3) A. IF   X<B   B. IF X<Y   C. IF Y>B   D. IF Y<X

(4) A. IF   X<B   B. IF X<Y   C. IF Y>B   D. IF Y<X

(5) A. R=S   B. R=S-A-B   C. R=S-N-A   D. R=S-X-Y

2. 输入商品号，显示该商品号的所有销售记录。若用户输入空字符串或空格字符串，系统要求用户重新输入；当用户输入字符串"000"，则结束查询。

```
SET TALK OFF
USE 销售
----(1)---
ACCEPT "请输入商品号=" TO SPH
IF   ----(2)---
   LOOP
ENDIF
IF ALLTRIM(SPH)="000"
---(3)---
ENDIF
LOCATE FOR 商品号=ALLTRIM(SPH)
IF FOUND()
    DO WHILE !EOF()
    DISPLAY
    ---(4)---
    ENDDO
ENDIF
ENDDO
USE
SET TALK ON
```

（1）A. DO WHILE T　　　　　　B. DO WHILE EOF( )
　　　C. FOR I=1 TO RECC( )　　　D. DO WHILE .T.
（2）A. ALLTRIM(SPH)=0　　　　B. LEN(STR(SPH))=0
　　　C. LEN(ALLT(SPH))=0　　　 D. ALLTRIM(SPH)="0"
（3）A. LOOP　　　　　　　B. EXIT　　　　C. SKIP –1　　　D. SKIP 100
（4）A. CONTINUE　　　　　B. SKIP　　　　C. SKIP –1　　　D. GO N

3．显示指定表中的全部字段名，并由用户输入显示表信息的条件，最后列表显示满足条件的记录。

```
SET TALK OFF
CLEAR
DO WHILE .T.
ACCEPT "请输入表名（扩展名略）: " TO WJM
IF  -----(1----)
    USE (WJM)
ELSE
    WAIT "指定的表不存在！" TIMEOUT 5
    LOOP
ENDIF
?" 表中的全部字段名列表:"
FOR N=1 TO ----(2)----
    ?FIELD(N)
----(3)---
ACCEPT "请输入显示表信息的条件表达式: " to EXPR
----(4)---
WAIT "是否还要显示其他表文件中的内容？Y/N:" TO YN
IF UPPER(YN)!="Y"
---(5)---
ENDIF
ENDDO
USE
SET TALK ON
```

（1）A. FILE(WJM)　　B. FILE( )　　　C. FILE(&WJM)　　D. FILE(WJM+".dbf")
（2）A. 5　　　　　　B. FCOUNT( )　　C. RECNO( )　　　D. RECCOUNT( )
（3）A. ENDDO　　　B. ENDIF　　　　C. ENDFOR　　　　D. RETURN
（4）A. LIST FOR EXPR　　　　　　B. LIST FOR TBN
　　　C. DISPLAY FOR &EXPR　　　 D. DISPLAY ALL
（5）A. EXIT　　　　　B. LOOP　　　　C. ENDIF　　　　D. ENDDO

4．程序的功能是：根据输入的正整数，计算不大于该数的所有奇数累加和。

```
SET TALK OFF
CLEAR
YN="Y"
DO WHILE UPPER(YN)="Y"
    INPUT "请输入两位以内的正整数: " TO N
    STORE 0 TO X,Y
    Z="0"
    DO WHILE X<N
      X=X+1
      IF INT(X/2)= ----(1)----
          ----(2)----
```

```
        ELSE
           Z=Z+"+"+STR(X,2)
           ----(3)----
        ENDIF
      ENDDO
      ? "&Z="+STR(Y,4)
      WAIT "继续计算? (Y/N)" TO YN
    ENDDO
    SET TALK ON
```

（1）A. X　　　　　　　B. X/2　　　　　　C. N/2　　　　　　D. N
（2）A. EXIT　　　　　　B. Y=Y+X　　　　　C. LOOP　　　　　D. N=N−1
（3）A. Y=Y+2　　　　　B. LOOP　　　　　　C. EXIT　　　　　D. Y=Y+X

5. 计算 3～M 中有多少个素数（只能被 1 或自身整除的奇数自然数称为素数）。

```
    SET TALK OFF
    CLEAR
    INPUT "M=" TO M
    S=0
    ---(1)---
      IF  SS(I)
         S=S+1
         ??STR(I,5)
      ENDIF
    ENDFOR
    ?STR(S,5)
    SET TALK ON
    FUNCTION SS
    ----(2)---
    FOR J=2 TO X-1
      ---- (3)----
      EXIT
      ENDIF
    ENDFOR
    IF J=X
    RETURN .T.
    ELSE
    ----(4)---
    ENDIF
    ENDFUNC
```

（1）A. FOR I=3 TO M−1　　　　　　　　B. FOR I=M TO 3 STEP −1
　　　C. DO WHILE I<= M　　　　　　　　D. FOR I=3 TO INT(M/2)
（2）A. X=I　　　　　　　　　　　　　　B. PUBLIC X
　　　C. PRIVATE X　　　　　　　　　　D. PARAMETERS X
（3）A. IF　INT(X/J)=X/J　　B. IF INT(X/J)　　C. IF X%J=X/J　　D. IF J%X=0
（4）A. RETURN　　　　　　B. RETURN .F.　　C. QUIT　　　　　D. RETURN X

4.4　程序阅读题

1. 写出运行结果。

```
    SET TALK OFF
    CLEAR
    ACCEPT "请输入表名: " TO FNAME    &&输入: 职工
    USE (FNAME)
    ZDSM=FCOUNT()
```

```
      FOR I=1 TO ZDSM
         ? FIELD(I)
      ENDFOR
      SET TALK ON
```

2. 写出运行结果。

```
      SET TALK OFF
      CLEAR
      X=.T.
      Y=0
      DO WHILE X
          Y=Y+1
          IF INT(Y/7)=Y/7
             ??Y
          ELSE
              LOOP
          ENDIF
          IF Y>15
              X=.F.
          ENDIF
      ENDDO
      SET TALK ON
```

3. 设输入的字符串 P 为：AHCHLIG。

```
      SET TALK OFF
      CLEAR
      ACCEPT "P=" TO P  &&
      L=LEN(P)
      C="!"-"!"
      FOR I=1 TO L
         ZF=SUBSTR(P,I,1)
         IF ZF>="A" AND ZF<="T"
           ZF=CHR(ASC(ZF)+6)
         ENDIF
         C=ZF+C
      ENDFOR
      ?C
      SET TALK ON
```

4. 设输入的数值 N 为 5。

```
      SET TALK OFF
      CLEAR
      INPUT "N=" TO N
      P=N
      I=1
      DO WHILE N>0
          ?SPAC(I)
          P=N+I
          DO WHILE P>0
           ??"*"
           P=P-1
          ENDDO
          I=I+1
          N=N-1
      ENDDO
      SET TALK ON
```

5. 变量 X 的输入值为 36。

```
    SET TALK OFF
    CLEAR
    INPUT "X=" TO X
    S=STR(X,5)+"="
    FOR I=2 TO X
        IF MOD(X,I)=0
            S=S+STR(I,3)+"*"
            X=INT(X/I)
            I=I-1
        ENDIF
    ENDFOR
    ?LEFT(S,LEN(S)-1)
    SET TALK ON
```

6. 设输入的数值 N 为 5。

```
    SET TALK OFF
    CLEAR
    INPUT "N=" TO N
    FOR I=1 TO 2*N-1
        IF I<=N
            ?SPACE(20)
            FOR J=1 TO 2*(N-I+1)-1
                    ??CHR(64+N-I+1)
            ENDFOR
        ELSE
            ?SPACE(20-2*(I-N))
            FOR J=1 TO 2*(I-N)+1
                    ??CHR(65+I-N)
            ENDFOR
        ENDIF
    ENDFOR
    SET TALK ON
```

7. 写出运行结果。

```
    SET TALK OFF
    CLEAR
    USE 销售
    ? '----------------------------'
    ? '职工号        金额'
    GO TOP
    DO WHILE.NOT.EOF()
      IF 金额<1000
        ? 职工号+SPACE(5)+STR(金额,7,2)
      ENDIF
      SKIP
    ENDDO
    ? '----------------------------'
    USE
    SET TALK ON
```

8. 设输入的数值 N 为 6，M 为 8。

```
    SET TALK OFF
    CLEAR
    INPUT 'N=' TO N  &&输入6
    INPUT 'M=' TO M  &&输入8
    X=MIN(N,M)
    FOR I=X TO 1 STEP -1
      IF M/I=INT(M/I) AND N/I=INT(N/I)
```

```
      GYS=I
       EXIT
    ENDIF
  ENDFOR
  ? GYS,M*N/GYS
  SET TALK ON
```

9．写出运行结果。

```
  SET TALK OFF
  CLEAR
  X=3
  Y=5
  S=AREA(X,Y)
  ? S
  SET TALK ON
  FUNCTION  AREA
  PARA A,B
  S1= A*B
  RETURN S1
```

4.5　程序设计题

1．输入边长，计算并输出正方形的周长、正方形的面积和正方形的体积。

2．某航空公司规定：如果订票数超过 10 张，则票价优惠 15%，如果订票数超过 20 张，则票价优惠 25%。输入票价、定票数，计算并显示金额。

3．编写程序，找出满足以下条件的三位自然数：条件是百位数和十位数组成的两位自然数是一个完全平方数，且百位数大于十位数。例如，自然数 819 就满足上述条件，81 是一个完全平方数，且 8 大于 1。

4．编写程序，计算算式：$S=1/1*2+1/2*3+…+1/N*(N+1)$。

5．编写程序，计算算式：$S=1^1+2^2+3^3+4^4+5^5+…+N^N$。

6．整数 1 用了一个数字，整数 10 用了 1 和 0 两个数字。编写程序计算从整数 1 到整数 1000，一共要用多少个数字 1 和多少个数字 0。

7．搬砖：36 块砖，36 人搬，男搬 4 块，女搬 3 块，两个小孩抬 1 块，要求一次搬完。问：需要男、女、小孩各多少人。

8．统计显示"销售"表中所有销售员的销售情况。输出格式如图 4-32 所示。

9．编写一个自定义函数，判断一个数是否能同时被 5 与 38 整除，并显示 1~1000 之间所有能同时被 5 与 38 整除的数。

职工号	商品号	销售数量
******	******	******
199701	1001	80
	2001	30
199702	1001	30
	2002	18
199801	3003	32
199803	2003	15
	1003	23
199804	3001	50
200001	2002	46
200601	1002	16

图 4-32　显示销售情况

实验 4.1　顺序与选择程序设计

一、实验目的

加深对顺序结构与选择结构概念的理解，通过简单的程序设计掌握选择结构语句：IF…ELSE…ENDIF、DO CASE…ENDCASE 的运用。

二、实验准备

复习教材中顺序结构的相关内容，熟练掌握选择结构的有关概念，重点理解程序例 4.3、例 4.4、例 4.7 的设计方法和技巧。

三、实验内容

1. 编写程序，计算下列表达式的值，其中变量 X、Y、Z 的值由键盘输入。

$$(|Y-Z|+\sin 30°+\ln|XY|)e^{|X+Y|}$$

2. 编写程序，求"商品"表中指定类别（如"饮料"类）的总库存量。

3. 编写程序，计算下列表达式的值，其中变量 X 的值由键盘输入。

$$Y=\begin{cases} 3e^X + X + 100, & X > 5 \\ 5X^2 + \ln|X|, & X = 5 \\ 10X + 5, & X < 5 \end{cases}$$

4. 编写程序，要求从键盘输入一个自然数（0～9），将其转换成中文大写数字（零～玖）。

5. 编写程序，要求从键盘输入数据 A（可以是 C、D、N、L、Y 等多种数据类型），通过类型判断，输出其数据类型的汉字说明（如 A 的值为"good"，输出为：good→字符型数据）。

6. 给定一个年份（从键盘输入），判断它是否为闰年。闰年的条件是：能被 4 整除但不能被 100 整除，或能被 100 整除且能被 400 整除。

7. 编写程序，要求从键盘输入职工工作业绩考评分数（0～100 分），将其转换成对应的中文输出（分为 5 档：大于等于 90 分为优秀，80～89 分为良好，70～79 分为中等，60～69 分为合格，60 分以下为不合格）。

四、实验报告

1．实验过程报告
（1）写出第 2 题的程序代码及当程序运行中指定类别为"糖果"时的结果。
（2）写出第 4 题的程序代码及当程序运行中输入一个自然数为 6 时的结果。
（3）写出第 5 题的程序代码及当程序运行中输入 A 的值为"123"时的结果。
（4）写出第 6 题的程序代码及当程序运行中输入年份为 2000 年时的结果。

2．简答题
（1）程序文件的扩展名是什么？修改程序文件的命令是什么？
（2）用 INPUT 语句输入一个字符型数据时，需要注意什么问题？
（3）在 DO CASE…ENDCASE 语句中，OTHERWISE 的作用是什么？
（4）在调试程序时，如何使某些语句既不执行又不被删除？

3．实验完成情况及存在问题

实验 4.2　循环结构程序设计

一、实验目的

理解循环结构的概念，掌握 3 种循环语句的格式和不同的使用方法，在程序设计中灵活运用各种循环语句。

二、实验准备

复习教材中有关循环结构的和语句概念，特别注意 DO WHILE…ENDDO、SCAN…

ENDSCAN、FOR…ENDFOR 的有关内容，重点理解和掌握本章例题的设计技巧。

三、实验内容

1．编写程序：求 $x+x^2+x^3+x^4+\cdots+x^n$ 的值。n 和 x 从键盘输入。要求用 DO WHILE…ENDDO 和 FOR…ENDFOR 两种方法实现。

2．编写程序，求 $1+2+3+\cdots+M$ 的累加和不大于 10^3 的临界值 M。

3．编写程序，能够反复判定从键盘输入的一个年份是否为闰年，直到用户选择退出为止。

4．编写程序：显示输出正整数 M（从键盘输入）内的偶数及偶数和。

5．要求用循环语句编写程序，显示输出"职工"表中基本工资大于 2000 元的姓名、部门、性别、基本工资等数据。

6．利用表设计器在销售表中增加一个"档次"字段（C，6），然后利用表循环结构编写程序，根据每个职工的总销售金额给出 5 档业绩评价：优（≥6000），良（≥4000），中（≥2000），合格（≥1000），不合格（<1000），评价填写在档次字段中。（设计提示：先按每个职工分类求和销售金额，再对分类求和后的表进行循环处理。运行结果如图 4-33 所示。）

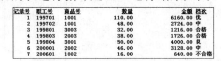

图 4-33　职工总销售额业绩评价

7．编写程序，从键盘输入 M 个正整数，显示输出其中的最大数和最小数。

8．编写程序，显示输出 M!<=5000 时的最大正整数 M。

四、实验报告

1．实验过程报告

（1）写出第 1 题的程序代码。

（2）写出第 2 题的程序运行结果 M 的值。

（3）写出第 4 题的程序代码，以及当 M 输入值为 100 时程序的运行结果。

2．简答题

（1）程序设计中遇到什么问题时需要使用永真循环？

（2）什么叫死循环？如何预防死循环的出现？

（3）在 FOR…ENDFOR 循环体里，如果出现改变循环控制变量值的语句，请问循环次数是否会发生变化？

（4）SCAN…ENDSCAN 循环语句适合在什么场合中使用？

（5）说明 EXIT 和 LOOP 在循环中起的作用？

3．实验完成情况及存在问题

实验 4.3　循环嵌套结构程序设计

一、实验目的

掌握循环嵌套结构的概念，并把循环嵌套的多种格式灵活应用到程序设计中。

二、实验准备

复习教材中多种结构嵌套的有关概念，把握多种结构嵌套时应注意的问题，重点理解本章中相关的例题。

三、实验内容

1. 编写程序，求当 $1!+3!+5!+\cdots+n!$ 的值不超过 10^{20} 时的临界值及 n 的值。

2. 编写程序，求 1～300 之间所有的完数。

```
*********
*******
*****
***
*
```
图 4-34　输出图形

完数定义：如果一个数除该数本身之外的所有因子之和等于这个数，该数就是完数。例如，6=1+2+3，6 是完数；8<>1+2+4，8 不是完数。

3. 编写程序，显示输出如图 4-34 所示的图形。

4. 编写程序，显示输出如图 4-35 所示的九九乘法表。

5. 统计显示"职工"表中各部门的基本工资的明细及合计数。输出格式如图 4-36 所示。

```
1*1= 1
2*1= 2   2*2= 4
3*1= 3   3*2= 6   3*3= 9
4*1= 4   4*2= 8   4*3=12   4*4=16
5*1= 5   5*2=10   5*3=15   5*4=20   5*5=25
6*1= 6   6*2=12   6*3=18   6*4=24   6*5=30   6*6=36
7*1= 7   7*2=14   7*3=21   7*4=28   7*5=35   7*6=42   7*7=49
8*1= 8   8*2=16   8*3=24   8*4=32   8*5=40   8*6=48   8*7=56   8*8=64
9*1= 9   9*2=18   9*3=27   9*4=36   9*5=45   9*6=54   9*7=63   9*8=72   9*9=81
```
图 4-35　九九乘法表

图 4-36　显示部门工资信息

6. 利用循环嵌套控制结构，实现"百钱买百鸡"的计算（取自《算经》："鸡翁一，值钱五；鸡母一，值钱三；鸡雏三，值钱一。百钱买百鸡，问鸡翁、母、雏各几何？"）

7. 编写程序：勾股定理中 3 个数的关系为 $c^2=a^2+b^2$。显示输出 a、b、c 均在 10 以内的所有满足上述关系的整数组合。

四、实验报告

1. 实验过程报告

（1）写出第 1 题的程序代码及程序运行结果。

（2）写出第 2 题的程序代码。

（3）写出第 6 题的程序代码及程序运行结果。

2. 简答题

（1）在用 DO WHILE…ENDDO 结构对表从首记录到末记录的循环处理中，循环条件是什么？用什么命令来改变循环条件？

（2）多种结构的程序嵌套应该注意什么问题？

（3）循环语句 DO WHILE、FOR、SCAN 有什么联系和区别？

3. 实验完成情况及存在问题

实验 4.4　过程文件与自定义函数

一、实验目的

加强对过程文件与自定义函数概念的理解，掌握过程文件与自定义函数在程序设计中的运用，并掌握程序之间数据传递的方法。

二、实验准备

复习教材中有关子程序与自定义函数的内容，重点掌握子程序、过程与过程文件、自定义函数等概念，理解本节给出的实例。

三、实验内容

1．用过程文件的形式编写程序，求 1！+3！+5！+…+ n！的值，n 从键盘输入，阶乘计算用过程。

2．编写自定义函数，判断 X 是否是素数，返回结果为逻辑值.T.或.F.。

3．编写程序，要求利用参数传递和过程文件求解：$(m！+ n！)÷((m - n)！+ m^n + m^m)$的值。$M$ 和 N 从键盘上输入且 $M>N$，要求使用子程序和过程文件两种方式实现。

4．编写自定义函数，实现将任意一个正整数分解为其质数因子的连乘式。例如，8=2*2*2。

5．编写程序，要求从键盘输入一个正整数 $M (M>2)$，自动判断并显示 M 中有哪些数可以分为两个相等的素数。例如，若 M=10，因为 10 中有 6=3+3，10=5+5，则共有 2 个数符合条件。

6．用自定义函数编制程序：实现将一个日期型表达式转换为中文大写形式。例如：{^2008-08-15}或 CTOD("2008-08-15")转换为中文大写形式为：二零零八年八月十五日。

四、实验报告

1．实验过程报告

（1）写出第 1 题的程序代码及 n=7 时的程序运行结果。

（2）写出第 2 题的程序代码。

（3）写出第 5 题的程序代码及程序运行结果（输入 M=20）。

2．简答题

（1）叙述子程序、过程、过程文件的概念。

（2）简述过程文件打开的方法及过程调用的方法。

（3）程序之间参数传递有哪几种方法？

（4）自定义函数应如何调用，其数据是怎样传递的？

3．实验完成情况及存在问题

第5章 面向对象程序设计基础

在第 4 章介绍的面向过程的程序设计中，程序代码被分为模块和函数，程序设计是将现实问题转化为计算机语言来编写程序。然而，面向对象程序设计则试图识别在现实世界可能存在的对象，以此构造出相应的数据模型及对象间的相互关系，并编写相应的程序。Visual FoxPro 不仅支持面向过程的程序设计，而且支持面向对象的程序设计。后者是当今普遍使用并被大力推广的一种程序设计的方法，它为程序开发提供了极大的灵活性，并有助于提高程序开发的效率。

本章以一个面向对象程序设计示例作为切入点，简明扼要地介绍了面向对象程序设计的特点，以及对象、类、属性、事件、方法等概念。在此基础上，较详细地介绍了表单文件的创建及其基本操作，表单中如何添加对象和对象的基本使用。

5.1　面向对象程序设计简介

面向对象的程序设计方法是把程序看成相互协作而又彼此独立的对象的集合。对象是对客观存在的一个实体属性行为及行为特征的描述。每个对象有自己的数据、操作、功能和目的。每个对象都是具有名字和功能目标的；对象的数据主要是反映其属性和属性值，用以区别不同的对象；而对象的操作是其行为特征，反映对象所能执行的行为动作，也称事件和方法。用户通过事件触发对象，这些事件包括移动鼠标指针、按键、鼠标单击和双击等。程序执行的顺序取决于事件发生的顺序，具有不可预知性。而传统的面向过程的程序是按照预先设计的顺序执行的，这种程序有明显的开始、过程和结束，程序能够直接控制执行的先后顺序。

5.1.1　面向对象程序设计示例

为了对面向对象程序设计有一个直观的了解，下面通过一个例题，来比较面向过程程序设计与面向对象程序设计的不同，从而对利用可视化工具进行面向对象的程序设计的过程和步骤有一个初步的认识。

【例 5.1】从键盘输入一个自然数，判断其是否为素数。

通过上一章的学习，我们已经熟悉用面向过程的结构化程序设计方法解决该问题，其程序代码及分析注释如下：

```
*素数解法回顾
SET TALK OFF
INPUT "M=" TO M          &&键盘输入自然数赋给变量 M
FOR N=2 TO M-1           &&用除了 1 和 M 本身外的自然数 N 除 M
    IF M/N=INT(M/N)      &&如果不能够整除则继续循环
        EXIT            &&如果能够整除则循环中途退出
    ENDIF
ENDFOR
IF N>M-1                 &&如果一次也不能整除，则退出循环时 N=M 或 N>M-1
    ?M,"是素数！"        &&说明是素数
ELSE
```

```
      ?M,"非素数!"                        &&如果中途退出循环，则 N<=M-1，M 是非素数
   ENDIF
   SET TALK ON
```

上面的程序，通过 INPUT 语句将键盘输入值保存在变量 M 中，N 为中间变量，用输出语句将结果输出，且输入、输出是字符界面。

如果采用面向对象的程序设计方法解决本题目，设计的步骤如下：

① 启动表单设计器，放入控件对象。用"新建"→"表单"菜单命令打开表单设计器，通过"表单控件工具"将 2 个标签、2 个文本框和 2 个命令按钮放入表单，如图 5-1 所示。同时保存表单，表单文件取名为"判断素数.scx"。

② 设置有关对象的属性。通过"属性窗口"，分别设置表单、标签和命令按钮的标题属性 Caption 为"判断素数"、"请输入任意自然数"、"该数"、"判断"和"退出"，设置各控件的字号属性 FontSize 为 16，加粗属性 FontBold 为.T.，如图 5-2 所示。

图 5-1　启动表单设计器，放入控件　　　　图 5-2　设置有关对象的属性

③ 编写有关对象的事件代码。

- 编辑表单 Form1 的 Init 事件代码。双击表单任何位置，打开代码编辑窗口，输入相应对象及事件的代码，如图 5-3 所示。
- 判断按钮 Command1 的 Click 事件代码如图 5-4 所示。

图 5-3　Form1 的 Init 事件代码　　　　图 5-4　Command1 的 Click 事件代码

- 退出按钮 Command2 的 Click 事件代码如图 5-5 所示。

④ 执行表单。通过"表单"→"执行表单"菜单命令，或单击常用工具栏的执行按钮"！"，可以运行表单。而这样一个表单是与 Windows 图形界面风格相一致的，结果如图 5-6 所示。

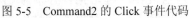

图 5-5　Command2 的 Click 事件代码　　　　图 5-6　按"判断"按钮后的运行界面

综合上述示例，可以初步归纳出面向对象程序设计的基本过程如下：

① 根据任务创建或选用需要的对象并放置在合适的位置，用户通过这些对象与计算机进行交互。

② 用属性窗口设置相关对象的特色属性。设置的这些属性通常在程序的运行过程中是不会改变的，或者说是静态的。例如，本例中的 Caption、FontSize、FontBold 等属性。

③ 根据操作的需要选择对象事件并为对象的事件编写代码。每个对象都有很多事件，而一般只需要其中的一部分，这之间必然要考虑取舍。事件代码中还常常会设置一些对象属性，这些属性在程序的运行过程中常常是会改变的，或者说是动态的。例如，本例中的 ThisForm.Text2.Value="是素数！"。

5.1.2　对象与类

面向对象的程序是由各种对象组成的，程序中的任何元素都是对象，而组成程序的对象又划分为各种对象类。所以在进行面向对象的程序设计时，经常需要使用到对象（Object）和类（Class）的概念。

对象是客观存在的实体属性及行为特征的描述，每个对象都有描述其特征的属性及其附属于它的行为。或者说，对象是具有相同状态的一组操作的集合，是对属性值和操作的封装。类就是对象的分类，可以理解为构造和建立对象的模板，决定了对象的外观和行为；而对象则是类的实例化，是类的表现形式。这与我们现实中的分类类似，比如大家都属于人类，每个具体的人就是一个对象；水果是类，而香蕉、苹果是具体的对象。再如，电话的电路结构和设计布局图纸，就是生产电话的模板，这个图纸可以称为一个类，而按这个图纸生产的电话机可以称为一个对象。

为了便于进行快速开发，Visual FoxPro 提供了许多的基类，这些基类分为两大主要类型：控件类对象和容器类对象。

通过图 5-7 可以认识一下常用的控件类对象。

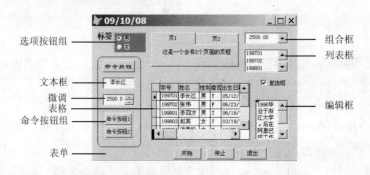

图 5-7　认识对象

容器类对象可以包含其他对象，并且允许访问这些对象，这种包含通常是多层嵌套的。控件类对象相对于容器类对象而言，封装得更完全。控件类对象在设计和运行时是作为一个单元对待的，不允许向控件中添加其他对象。Visual FoxPro 的基类如图 5-8 所示。

类具有封装性和继承性的特征，这些特征对提高代码的可重用性和可维护性很有帮助。

封装就是将对象的方法程序和属性代码包装在一起，把操作对象的内部复杂性和应用程序的其他部分隔离开来，用户只需要集中精力使用对象的特性而不必了解对象的内部细节。

继承性是指每个子类将拥有父类的全部属性和方法，在一个类上所做的改动将立即反映到它的所有子类当中。这种自动更新可以节省时间和精力。例如，电话制造商想以触摸屏电话代替以前的按键电话，若只改变主设计框架，并且基于此框架生产出的电话机能自动继承这种新特点，而不是对每部电话进行改造，会大大提高生产效率。

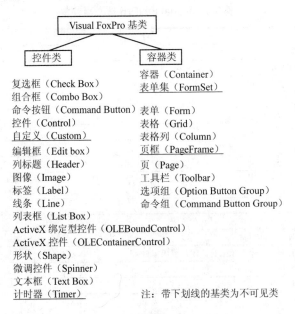

图 5-8　Visual FoxPro 的基类

用户可以在任何情况下创建类，关于类的创建感兴趣的用户可参阅其他书籍。

5.1.3　对象的属性、事件与方法

Visual FoxPro 中的"类"是由属性、事件和方法组成的，创建对象就是对类的全等复制。在后续的面向对象的程序设计过程中，我们会使用到大量的属性、事件和方法，这里对这些概念做个简要的介绍。

1．对象的属性

每个对象都有属性，属性是对客观世界的实体所具有的性质的抽象，也可以理解为对象所表现出来的外部特征。

在 Visual FoxPro 中创建的对象的属性由对象所基于的类决定。例如，命令按钮类中定义的属性有命令按钮的标题、宽度、高度、位置、字号大小等，见例 5.1 的命令按钮属性设置。

在对象建立后，可以在设计时或在运行时改变这些属性的默认值，用户也可以在对象中添加新的自定义属性。属性类似于变量，用于保存对象的信息。属性也具有类似于变量的数据类型设置。对象的属性设置和为对象添加新属性将在后面介绍。

2．对象的事件

对象能识别和响应的特定动作称为对象的事件，事件是系统预定义的动作，可以由用户触发或系统自动触发。

例如，在 Visual FoxPro 中能够由用户触发的事件有鼠标单击、鼠标双击、鼠标移动、按键等。能够由系统触发的事件主要有对象的初始化、计时器的 Timer 事件、错误提示等。

　　一般来说，不同的对象具有不同的触发事件，但也有很多事件是不同对象共有的，表 5-1 列出了 Visual FoxPro 的核心事件集。Visual FoxPro 提供的基类中定义了一定数量的事件，总计大约有 50 多种。在处理实际问题时，可以根据具体情况，选取适当的事件时机，并为之编写完成特定功能的程序代码。

表 5-1　Visual FoxPro 核心事件集

事　件	事件被激发后的动作
Init	创建对象
Activate	用户激活 FormSet、Form 或 Page 对象
Load	装载对象。在创建对象之前
Destroy	从内存中释放对象
Click	用户使用鼠标左键单击对象
DblClick	用户使用鼠标左键双击对象
RightClick	用户使用鼠标右键单击对象
GotFocus	对象接收焦点，由用户动作引起，如按 Tab 键或单击，或者在代码中使用 SetFocus 方法程序
LostFocus	对象失去焦点，由用户动作引起，如按 Tab 键或单击，或者在代码中使用 SetFocus 方法程序使焦点移到新的对象上
KeyPress	用户按下或释放键
MouseDown	当鼠标指针停在一个对象上时，单击它
MouseMove	用户在对象上移动鼠标
MouseUp	当鼠标指针停在一个对象上时，用户释放鼠标
When	控件接收到焦点（Focus）之前
Valid	控件失去焦点（Focus）之前

3．对象的方法

　　方法是对象所能执行的操作，也就是类中所定义的服务，方法也可以理解为一段能完成特定操作的程序代码，类似于函数。但方法程序紧密地与对象联系在一起，与函数的调用方式不同。

　　例如，表单进行了一些状态的改变，要以最新的面貌出现，这时就需要使用表单的刷新方法，命令写为：Thisform.Refresh。又如，表单的退出就是执行释放表单的方法，命令写为：Thisform.Release。上面的方法调用也称为向对象发送消息。

　　Visual FoxPro 提供的基类中定义了一定数量的方法，总计大约有 50 多种。如果这些原有的方法还不能满足实际问题的需要，也可以自己定义新的方法，以完成特定的功能操作。表 5-2 列出了常用的方法。

表 5-2　Visual FoxPro 常用方法

方　法	格　式	功能说明
AddItem	控件.AddItem(cItem [, nIndex] [, nColumn])	在组合框或列表框中添加一个新数据项，并且可以指定数据项索引。例如， Thisform.List1.AddItem(职工.姓名)
AddObject	对象.AddObject(cName, cClass [, cOLEClass] [, aInit1, aInit2 ...])	运行时，在容器对象中添加对象。例如， Thisform.Addobject("Text1", "TextBox")
CloseTables	DataEnvironment.CloseTables	关闭与数据环境相关的表和视图
Clear	对象.Clear	清除列表框或组合框中的文本。例如， Thisform.List1.Clear
Hide	对象.Hide	隐藏表单，并将表单的 Visible 属性设置为.F.。例如， Thisformset.Form1.Hide
Print	[表单集.] 对象.Print [(cText)]	在表单对象上打印一个字符串
Refresh	[[表单集.]对象.].Refresh	重新绘制表单或控件，并刷新它的所有值。当表单被刷新时，表单上的所有控件也都被刷新。当页框被刷新时，只有活动页被刷新。例如， Thisform.Refresh

方　法	格　式	功能说明
Release	对象.Release	从内存中释放表单集或表单。例如， Thisform.Release
RemoveItem	控件.RemoveItem(nIndex)	在组合框或列表框中移出（删除）一个数据项，并且可以指定数据项索引。例如， Thisform.List1.RemoveItem(1)
Requery	控件.Requery	重新查询列表框或组合框控件 RowSource 属性，并且使用新的值更新列表
SetAll	容器.SetAll(cProperty, Value [, cClass])	为容器对象中的所有控件或某类控件指定一个属性设置。例如， Thisform.Grid1.SetAll("Forecolor", RGB(0, 255, 0), "Header")
SetFocus	控件.SetFocus	为一个控件指定焦点，即确定当前操作的对象。如果一个控件的 Enabled 属性值或 Visible 属性值为.F.，将不能获得焦点。例如， Thisform.Text1.SetFocus
Show	[表单集.]对象.Show([nStyle])	显示表单，并将表单的 Visible 属性设置为.T.，使表单成为活动对象。例如， Thisformset.Form1.Show

4．消息

消息就是要求某个对象执行某个操作的规格说明。消息也可以理解为是对某个对象的固有操作的调用，类似于对子程序或自定义函数的调用。

通常，消息由 3 部分组成：

　　　对象名.消息名（[<参数系列>]）

例如，要求刷新当前表单时，则需要向它发送消息：Thisform.Refresh。

当要求释放当前表单时，则需要向它发送消息：Thisform.Release。

5.2　表单文件的创建与对象的添加

表单是承载可视化控件的基本容器界面，任何 Visual FoxPro 的界面程序都是以表单作为基本可视化平台的。

表单由两个文件组成，一个是表单文件（.scx），另一个是表单备注文件（.sct）。表单文件是一个具有固定表结构的表文件，用于存储生成表单所需的信息项（大部分是备注字段）。表单备注文件是一个文本文件，用于存储生成表单所需的信息项中的备注代码。因此，只有当表单的两个文件同时存在时，才能执行表单。调用运行表单时，可以只打开扩展名为.scx 的表单文件。

本节主要介绍表单文件的创建和与表单有关的基本操作。

5.2.1　表单文件的创建与运行

1．表单对象

表单也是一个对象，拥有自己的属性、事件和方法。

表单的常用属性有：AlwaysOnTop、AutoCenter、Caption、ControlCount、Controls、FontName、FontSize、Movable、Name、Picture 等。

表单的常用事件有：Init、Click、Destroy 等。

表单的常用方法有：Refresh、Release、Show、SetAll 等。

2．表单的创建与保存

Visual FoxPro 提供了一个功能强大的表单设计器，使得设计表单的工作又快、又容易。

新建表单可以通过以下途径进入"表单设计器"：

① 选择"文件"→"新建"菜单命令；

② 主窗口工具栏中的"新建"按钮；

③ 命令：CREATE　FORM　[<表单名>]。

表单设计器有表单设计器工具栏、表单控件工具栏和布局工具栏等，如图 5-9 所示。

对工具栏的使用简单说明如下。

① 表单设计器工具栏：能够方便地调出数据环境、属性窗口、代码窗口、表单控件工具栏等设计表单要用到的工具。

② 表单控件工具栏：用于向表单中添加需要的控件。表单中控件的选取、调整大小和删除等操作类似于 Word 中图形对象的操作。在第 6 章将对这些控件的使用做详细的介绍。

③ 布局工具栏：可以很方便地调整表单中多个控件的对齐方式，也可以使选中的多个控件调整为相同宽度、高度或大小，或使控件置前、置后等。

表单建立后，建议及时保存表单。表单的保存可以使用下面的方法：

① 选择"文件"→"保存"菜单命令；

② 主窗口工具栏中的"保存"按钮；

③ 在未保存之前试图运行表单或关闭表单。

表单自动保存为.scx 文件，同时生成.sct 文件。

3．表单集的创建与移除

一个表单文件可以由多个表单组成，即可以是一个表单集。如果需要建立多个表单，则在进入表单设计器后，选择"表单"→"创建表单集"菜单命令，再通过"表单"→"添加新表单"菜单命令添加需要的新表单，即可建立多个表单，如图 5-10 所示。

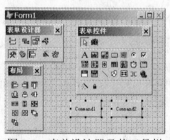

图 5-9　表单设计器及其工具栏

图 5-10　创建表单集

使用"表单"→"移除表单"菜单，可以方便地移除选中的表单。如果只剩一个表单，使用"表单"→"移除表单集"菜单可以方便地删除表单集。

4．表单的运行与编辑

可以在编辑表单时试运行表单，也可以在命令窗口或程序代码中运行表单。在运行表单之前需要先保存表单。

在编辑表单时试运行表单可以用下面的方法：

① 在主窗口工具栏上选择"！"运行按钮；

② 通过"表单"→"执行表单"菜单。

在命令窗口中运行表单可以使用下面的方法。

命令：

```
DO FORM [<表单名>]
```

或"程序"→"运行"菜单，在"文件类型"框中选择"表单"再选定一个表单。

修改和编辑表单只要打开表单文件，进入"表单设计器"菜单，就可以很方便地进行修改和编辑，其操作过程与创建过程类似。

5．表单中控件的访问次序

表单中控件的访问和选定可以用鼠标选定也可以用 Tab 键选定。鼠标可以方便地任意选定，这是大家普遍使用的方法。而 Tab 键的访问是有顺序的，默认的顺序就是控件建立时的顺序。也可以在编辑表单时用菜单"显示"→"Tab 键次序"→"交互式指定"或"通过列表指定"来改变 Tab 键的访问次序。

6．调试器的使用

在设计表单时错误是难免的，特别是写事件代码更容易出错，而一个表单往往涉及多个对象不同的事件代码，那么怎样快速找到和改正这些事件代码中的错误呢？用系统提供的调试器来解决这个问题是一个好的办法。下面简单介绍调试器在调试表单中的基本运用。

① 当运行的表单有错误时，会出现错误提示窗口（如图 5-11 所示），选择"挂起"项，调出调试器，如图 5-12 所示，黄色箭头所指为有错误的语句。

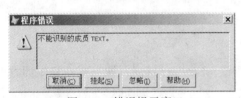

图 5-11　错误提示窗口

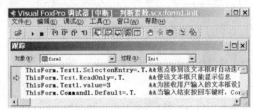

图 5-12　调试器窗口

② 使用"调试"→"定位修改"菜单命令，如图 5-13 所示，修改发现的错误。

③ 这时会出现如图 5-14 所示的对话框，选择"是"取消程序，才能进入程序修改窗口。

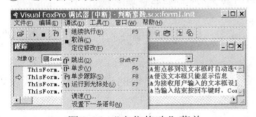

图 5-13　"定位修改"菜单

图 5-14　取消程序的对话框

④ 改正涂黑语句中的错误（如图 5-15 所示），再运行，反复调试直到程序完全正确。

图 5-15　程序修改窗口

⑤ 程序调试完毕，关闭调试器窗口。

5.2.2　在表单中添加对象

在面向对象的可视化程序设计中，首要步骤就是根据任务选择合适的对象，在表单中添加的对象主要有两类：数据环境和控件。本节介绍添加数据环境和控件的基本操作。

1. 添加数据环境

数据环境是一个对象，它包含与表单相互作用的数据表、视图及表之间的关系。对于一个比较复杂的应用程序，各个表单之间的数据关系不可能是一成不变的。在 Visual FoxPro 中允许建立基于表单这种"小环境"的数据关系并存储在表单中，这就是数据环境的作用。在表单运行时数据环境可以自动打开、关闭表及其视图，也可以很方便地把控件与表或视图中的字段关联在一起。

（1）进入数据环境

在"表单设计器"中，用右键快捷菜单的"数据环境"，或从"显示"→"数据环境"菜单进入（如图 5-16 和图 5-17 所示）。

图 5-16　进入数据环境菜单

图 5-17　数据环境设计器

（2）向数据环境中添加表或视图

用"数据环境设计器"的快捷菜单中的"添加"命令，可以很方便地进入"添加表或视图"对话框中，选择"表"或"视图"即可。

（3）从数据环境中移去表

如果我们不希望有些表再留在数据环境中了，就需要将它移除。选中该表后用快捷菜单中的"移除"即可。移除表后，与这个表有关的所有关系也随之移除。

（4）数据环境常用属性与事件

① AutoCloseTables 属性：当释放表或表单集时，是否关闭表或视图。默认设置为"真"（.T.）。

② AutoOpenTables 属性：当运行表单时，是否打开数据环境中的表或视图。默认设置为"真"（.T.）。

③ InitialSelectedAlias 属性：当运行表单时选定的表或视图。默认设置为""（空），即如果没有指定，在运行时首先加到"数据环境"中的临时表（CURSOR）最先被选定。

④ BoforeOpenTables 事件：仅发生在与表单集、表单或报表的数据环境相关联的表或视图打开之前。

⑤ AfterCloseTables 事件：在表单集、表单或报表的数据环境中，释放指定的表或视图后，将发生此事件。

（5）从数据环境向表单添加字段

用户可以直接将字段、表或视图从"数据环境设计器"中拖到表单，见图 5-18。拖动成功时系统会创建相应的控件，其数据源自动与相应的字段绑定。默认情况下，如果拖动的是字符型字段，将产生文本控件，备注型字段对应产生的是编辑框控件，逻辑型字段对应产生的是复选框控件，表或视图产生的是表格控件。

（6）在数据环境中设置表间的临时关联

在第 3 章我们知道表间的临时关联可以通过 Set Relation 命令或"数据工作期"来实现。还可以在数据环境设计器中设置表之间的临时关联，其操作步骤如下：

① 将需要建立关联的表放入数据环境；

② 子表要按关联的<字段>建立普通索引；

③ 将主表的关联字段拖到子表的索引字段上。

关联后的效果图见图5-19。多张表之间的关联操作同上。选中并删除表之间的连线即可断开表之间的关联。

图 5-18　从数据环境向表单添加字段　　　　图 5-19　在数据环境中建立表的临时关联

2．添加控件

控件是表单用来显示数据、实现操作、美化界面的基本对象，Visual FoxPro 为我们提供了 21 种基本控件供表单设计时使用。用表单设计器里的控件工具栏可以方便地为表单添加对象的控件。表单控件工具栏的全部控件图标如图 5-20 所示。

图 5-20　表单控件工具栏

向表单添加控件的步骤如下：

① 用"显示"→"表单控件工具栏"菜单调出该工具栏；

② 单击需要添加的控件；

③ 将鼠标移到表单适当的位置，按住鼠标并拖动调整控件大小，则选定的控件被放入表单中。

如果按下了按钮锁定图标（工具栏中的锁），则可以多次重复添加相同的控件。

对于控件工具栏中每个控件的使用将在第 6 章中详细介绍，在这里主要强调以下两点。

（1）对于容器类控件注意记数属性和收集属性的用法

除表单和表单集外，命令按钮组、选项按钮组、表格和页框是 Visual FoxPro 的基本容器。表 5-3 给出了容器及其可包含的对象。

表 5-3　容器及其可包含的对象

容　器	可以包含	容　器	可以包含
表单集	表单、工具栏	表格	列
表单	页框、表格、任何控件	列	标头，除了表单、表单集、工具栏、计时器和其他列控件之外的任何控件
命令按钮组	命令按钮	页框	页面
选项按钮组	选项按钮	页面	表格、任何控件

在表单中添加命令按钮组或选项按钮组时，按钮组默认包含两个按钮。在表单中添加页框时，页框默认包含两个页面（如图 5-21 所示）。将 ButtonCount 属性或 PageCount 属性设置为需要的数目，可以包含更多的按钮或页面。

图 5-21　基本容器对象

向表单中添加表格时，ColumnCount 属性的默认值为–1，表示处于"AutoFill"状态。这样，在运行时表格将显示与 RowSource 表中的字段同样数量的列。如果不想处于"AutoFill"状态，可以设置表格的 ColumnCount 属性为指定列的数目。

上述的 ButtonCount 属性、PageCount 属性和 ColumnCount 属性分别是命令按钮组（或选项按钮组）、页框和表格的记数属性。Visual FoxPro 中的所有容器对象都有与它们相关联的记数属性和收集属性。

记数属性是指该容器所包含的对象的个数，收集属性则是引用其所包含对象的数组。记数属性和收集属性是容器对象非常重要的两个属性。这些属性可以很方便地以程序方式循环地处理容器所包含的所有或指定的对象。表 5-4 列出了容器及其相应的收集属性和记数属性。

表 5-4　容器的收集属性和记数属性

容　　器	收集属性	记数属性
表单集 FormSet	Forms(i)	FormCount
表单 Form	Objects(i)、Controls(i)	ControlCount
页框 PageFrame	Pages(i)	PageCount
页 Page	Controls(i)	ControlCount
表格 Grid	Columns(i)	ColumnCount
命令组 CommandButton	Buttons(i)	ButtonCount
选项组 OptionButton	Buttons(i)	ButtonCount
列 Column	Controls(i)	ControlCount
工具栏 ToolBar	Controls(i)	ControlCount
容器 Container	Controls(i)	ControlCount

【例 5.2】设计一个表单，要求表单以表格的形式显示职工表的数据，并要求表格 Grid1 中列的背景颜色（BackColor 属性）以红、绿色交替出现，如图 5-22 所示。

设计步骤如下：

① 新建表单，放入表格（Grid1）对象；数据环境加入"职工.dbf"。

② 设置表单 Form1 的 Caption 属性为"职工数据浏览"，表格 Grid1 的 RecordSource 属性设为"职工"，因为"职工.dbf"已经放入数据环境，从下拉列表中选择"职工"即可。

也可以直接将职工表从数据环境拖入到表单，表格自动与职工表绑定，但应注意，此时表格的名称是"Grd 职工"，而不是"Grid1"。表格如图 5-23 所示。

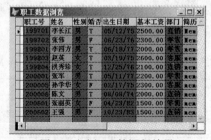

图 5-22　例 5.2 的运行结果

图 5-23　设置表格的 RecordSource 属性

③ 编写表格的初始化事件代码（即 Form1 的 Init 事件）：

```
FOR i=1 TO Thisform.Grid1.ColumnCount
IF i%2=0                                        && 如果为偶数列
  Thisform.Grid1.Columns(i).BackColor=RGB(0,255,0)    && 绿色
ELSE
  Thisform.Grid1.Columns(i).BackColor=RGB(255,0,0)    && 红色
ENDIF
ENDFOR
```

保存运行表单即可。上述代码利用表格的记数属性（ColumnCount）和收集属性（Columns(i)），用循环结构方便地设置了表格各列的背景颜色。

（2）注意控件与数据的绑定

在使用控件时经常要考虑控件是否与数据（表或内存变量）绑定。能够与数据绑定的控件有：表格、选项按钮组、复选框、组合框、文本框、微调框、编辑框、列表框等；不能与数据绑定的控件有命令按钮、标签、形状、计时器等。

大部分控件与数据的绑定通过设置控件的 ControlSource 属性。如果绑定是表格控件，则应当设置 RecordSource 属性；如果绑定的是列表框或组合框控件，则应当设置 RowSource 属性。

如果设置了控件的 ControlSource 属性与表的字段或内存变量进行数据绑定，则在操作这类控件时，所输入或选择的值将保存在绑定的数据（表的字段或内存变量）中。例如，要利用可视化控件编辑或输入表的记录，就需要使用数据绑定控件。

如果没有设置控件的 ControlSource 属性，则在这类控件中输入或选择的值只作为属性设置保存，在控件生存期之后，这个值并不保存在数据表中或内存变量中。例如，例 5.1 中的控件都是非数据绑定控件。

5.3　对象引用、属性设置及事件的编辑与响应

在合适的对象放置好以后，就需要根据任务设置对象的特有属性，然后选择适当的对象事件并为其编写操作的代码。本节就对象引用、属性设置及事件代码编辑等操作进行简明扼要的介绍。

5.3.1　对象的引用

对对象的操作是通过在容器层次结构中的引用来实现的。这类似于现实中要找某人或将一封信寄给某人，都需要告之该人的地址和姓名。表单中的每个对象都有一个确定的名称（Name 属性），就像我们每个人的姓名，而在容器层次中引用对象恰似提供这个对象的地址。图 5-24 给出了一种可能的容器嵌套方式。

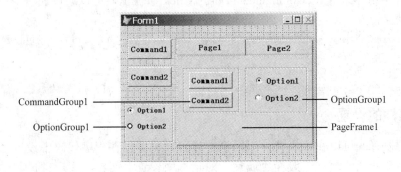

图 5-24　一种可能的容器嵌套方式

在容器层次中引用对象有绝对引用和相对引用两种方式。这与平时寄信写地址类似,如果地址包括所在国家(地区)、省份(州)、城市、街道和门牌号码,则不管从哪个国家投寄这封信,信件都能准确到达,这种地址称为绝对地址。如果地址只写街道和门牌号码,邮递员就会把这封信投递到所在城市的街道和门牌号码,即从当前位置开始查找,这种地址称为相对地址。

不管使用绝对地址还是相对地址,只要邮递员能正确无误地投递这封信件,这个地址的写法就是许可的。同样,在引用对象时,只要系统能正确无误地识别对象,绝对引用和相对引用都是可以使用的。

在引用对象时所涉及的容器层次、控件、属性之间用点号(.)分隔。即:

表单.容器.控件.属性

1. 绝对引用对象

绝对引用对象是指从容器的最高层开始的引用。如果表单文件由表单集组成,最高层就是 ThisFormSet;如果表单文件只有一个表单,最高层就是 ThisForm。

例如,如果要设置图 5-24 所示表单中页框下的 Page1 中的 CommandGroup1 里的 Command1 按钮无效,则绝对引用地址如下:

```
Thisform.PageFrame1.Page1.CommandGroup1.Command1.Enabled=.F.
```

如果是设置图 5-24 所示表单中的 Command1 按钮无效,则绝对引用地址如下:

```
Thisform.Command1.Enabled=.F.
```

如果是设置图 5-24 所示表单中页框下的 Page1 中的 OptionGroup1 里的 Option1 按钮不可见,则绝对引用地址如下:

```
Thisform.PageFrame1.Page1.OptionGroup1.Option1.Visible=.F.
```

2. 相对引用对象

相对引用是指从当前对象开始的引用。因此,使用相对引用时一定要注意当前所在的对象是谁。用 This 表示当前对象。表 5-5 列出了一些关键字,这些关键字能够方便地相对引用对象。

表 5-5　引用对象的关键字

关 键 字	引 用
Parent	当前对象的直接容器
This	当前对象
ThisForm	包含对象的表单
ThisFormSet	包含对象的表单集

注意:只能在事件代码或方法程序中使用 This、ThisForm 和 ThisFormSet。

例如,在图 5-24 表单中的 Command2 按钮的 Click 事件里,可以通过相对引用对象来完成以下的属性设置和方法调用:

```
This.ForeColor=RGB(255,0,0)              &&将当前命令按钮的前景色设置为红色
This.Parent.Pageframe1.Page1.Command2.SetFocus
&&将页框第 1 页中的 Command2 设置为焦点
This.Parent.BackColor=RGB(0,0,255)       &&设置表单的背景色为蓝色
```

5.3.2　对象属性的设置

对象属性的设置既可以在“属性”对话框中设置,也可以在程序代码中设置。对于在程序运行过程中不会变化的属性一般在“属性”对话框中设置,而在程序运行过程中会发生变

化的属性则在事件代码中进行改变。

1. 在"属性"对话框中设置属性

进入"属性"对话框一般用对象快捷菜单中的"属性"。在"属性"对话框中会显示选定对象的属性和事件。如果选择了多个对象，这些对象共有的属性将显示在"属性"对话框中。要编辑另一个对象的属性或事件，可在对象框中选择这个对象，或者直接从表单中选择这个控件。"属性"对话框如图 5-25 所示。

设置属性一般采用以下步骤：

① 在"属性"对话框中，从"属性"列表中选择一个属性；

② 在属性设置框中，为选中的属性键入或选择需要的设置；

③ 键入值或表达式后按回车键确认。

注意：

① 那些在设计时为只读的属性是不能修改的，在属性列表框中以斜体显示。

图 5-25　对象的"属性"对话框

例如，对象 Command1 的 BaseClass 属性。

② 如果属性要求输入字符值，不必用引号将这个值引起来。

例如，要将表单的标题设为"抽奖表单"，只需在"属性设置"框中键入：抽奖表单。

③ 若要用表达式设置属性，则必须在"属性设置"框中键入"="号，再在后面键入表达式。

例如，要将表单中的一个标签（Label1）的标题设置为当前时间，则需要在其 Caption "属性设置"框中键入：=Time( )。

2. 在事件代码中设置属性

通常，在表单运行过程中，需要动态地改变一些对象的属性，这时可以采用在事件代码中设置对象的属性。在事件代码中设置对象的属性需要运用对象的相对引用或绝对引用的方法。

（1）用表达式或函数来设置属性

设置属性的语法如下：

　　容器.对象.属性=属性值

【例 5.3】用表达式或函数为文本框设置属性。

编写表单的 Init 事件代码：

```
Thisform.Text1.Value=DATE()      &&将当前表单中的文本框值(Value)设为系统日期
Thisform.Text1.ForeColor=RGB(255,0,0) &&将当前表单中的文本框的前景色设置为红色
This.Caption ="数据浏览"          &&将当前对象的标题(Caption)设置为"数据浏览"
```

（2）设置一个对象的多个属性

利用 WITH…ENDWITH 结构可以简化设置多个属性的过程。WITH…ENDWITH 结构的语法格式为：

```
WITH <对象名>
      .属性1=属性值
      .属性2=属性值
      ……
ENDWITH
```

【例 5.4】设置命令按钮组中命令按钮 1 的多个属性。

编写表单的 Init 事件代码：

```
WITH  Thisform.CommandGroup1.Command1
    .Width=100                      &&设置该按钮的宽度为 100
    .Height=30                      &&设置该按钮的高度为 30
    .Enabled=.T.                    &&设置该按钮能使用
    .FontSize=12                    &&设置该按钮的字号为 12
    .Caption="ABC"                  &&设置该按钮的标题为"ABC"
ENDWITH
```

（3）设置多个对象的多个属性

利用循环结构和 WITH…ENDWITH 结构，以及容器的收集属性和记数属性，可以方便地设置容器中多个控件的多个属性：

语法格式为：

```
FOR I=1 TO  容器.记数属性
        WITH  容器.对象(用容器的收集属性指定对象)
            .属性 1=属性值
            .属性 2=属性值
            ......
        ENDWITH
ENDFOR
```

【例 5.5】设置表单中一个命令按钮组中的多个按钮的多个属性，运行效果如图 5-26 所示。

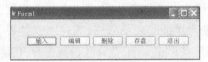

图 5-26　命令按钮组中的多个按钮的多个属性设置

① 问题分析

由于命令按钮组是一个容器对象，可以利用其记数属性 ButtonCount 和收集属性，循环实现其中每个命令按钮的属性设置。

② 编写表单 Form1 的 Init 事件代码

```
Thisform.CommandGroup1.AutoSize=.T.              &&命令按钮组自动调整大小
C="输入编辑删除存盘退出"
FOR I=1 TO Thisform.CommandGroup1.ButtonCount   &&有多少个按钮循环多少次
        WITH Thisform.CommandGroup1.Buttons(I)
            .Width=100
            .Height=30
            .ForeColor=RGB(0,0,255)
            .Caption=SUBSTR(C,4*I-3,4)
            .FontSize=16
        ENDWITH
ENDFOR
```

操作提示：放入命令按钮组后，利用其生成器，设置按钮数为 5，按钮采用水平布局，按钮间距设置为 50。

5.3.3　事件代码的编辑、响应及调用顺序

系统基类的事件是在定义类时事先定义好的，用于接收用户的触发操作。在处理实际问题时，可以根据具体情况，选取适当的事件时机，为其编写完成特定功能的程序代码。事件发生时，若没有与之相关联的代码，则不会发生任何操作。对于绝大多数事件，都不必编写代码，而只需对少数几个关键的事件编写程序代码即可。

1. 事件代码的编辑与响应

若要编写响应事件的代码，可以使用以下方法进入事件代码编辑窗口，代码的编辑方法与一般的程序文件的编辑方法相同。事件代码的编辑窗口见图 5-4，使用"对象"的下拉列表和"过程"的下拉列表可以切换对象和事件。

可以通过双击对象，进入事件代码编辑窗口，选择需要的事件进行编辑，或利用对象的"属性"对话框，再双击需要的事件进入事件代码编辑窗口。

那么什么时候触发事件中的代码呢？事件的触发方式有 3 种情况。

（1）由用户触发

当用户做了事件这个动作时，包含在该事件中的过程代码将被执行。例如，在例 5.1 中，当用户单击命令按钮时，命令按钮的 Click 事件代码将被执行。再如，当用户改变列表框的值时，列表框的 InterActiveChange 事件被触发。

（2）由系统触发

例如，计时器的 Timer 事件代码是在设置的时间间隔到了以后由系统自动触发的。

【例 5.6】编写一个抽奖程序，实现对"职工.dbf"表文件中的职工多次不重复的随机抽取。

抽奖是大家在电视上经常看到的一个环节。假如在某次单位的活动中，每个职工都有获奖的机会，就可以借助这个程序，请嘉宾上台完成抽奖过程。

程序执行时的初始界面如图 5-27 所示，按"开始"按钮后的动态滚动界面如图 5-28 所示。

图 5-27　初始界面　　　　　　图 5-28　按"开始"按钮后的滚动界面

设计步骤如下：

① 建立表单，放入对象。

本程序使用的对象如图 5-29 所示，设计中使用了表单对象、文本框对象、命令按钮对象、计时器对象和数据环境对象等。首先用"新建"→"表单"菜单打开"表单设计器"，通过表单控件工具将文本框、命令按钮、计时器对象放入表单，抽奖用到的数据是职工表（职工.dbf），用"显示"→"数据环境"菜单打开"数据环境设计器"，用"数据环境"→"添加"菜单将职工表放入数据环境。

② 设置有关对象的属性。

通过对象的属性对话框，分别设置表单和 3 个命令按钮的标题属性 Caption 为"抽奖"、"开始"、"停止"和"退出"，如图 5-30 所示；设置文本框和 3 个命令按钮的字号属性 FontSize 分别为 18、12；设置计时器的时间间隔属性 Interval 为 100（0.1 秒），即每过 0.1 秒就下移一条记录。

图 5-29　抽奖程序编辑界面　　　　　　图 5-30　设置命令按钮 1 的 Caption 属性为"开始"

③ 编写有关对象的事件代码。

表单 Form1 的 Init 事件代码如下：

```
Thisform.Timer1.Enabled=.F.    &&设置计时器不工作
Thisform.Text1.Value="以职工号和姓名抽奖"  &&设置文本框显示要求的文字
SET DELETE ON    &&逻辑删除有效，即中奖的记录逻辑删除，不再参加下次抽奖
```

计时器 Timer1 的 Timer 事件代码如下：

```
SKIP                    &&每过 0.1 秒下移一条记录
IF EOF()                &&如果到文件尾就回到第一条记录
     GO TOP
ENDIF
Thisform.Text1.Value=职工号+" "+姓名              &&文本框显示当前的职工号和姓名
Thisform.Refresh                            &&刷新显示最新的屏幕内容
```

开始按钮 Command1 的 Click 事件代码如下：

```
Thisform.Timer1.Enabled=.T.    &&使计时器开始工作，每隔 0.1 秒执行 Timer 事件
Thisform.Text1.ForeColor=RGB(0,0,0)        &&文本框的文字以黑色显示
Thisform.Refresh                        &&刷新显示最新的屏幕内容
```

停止按钮 Command2 的 Click 事件代码如下：

```
Thisform.Timer1.Enabled=.F.                &&使计时器停止工作
Thisform.Text1.ForeColor=RGB(0,0,255)      &&文本框的文字以蓝色显示
DELETE                                  &&当前记录逻辑删除
Thisform.Refresh
```

退出按钮 Command3 的 Click 事件代码如下：

```
Thisform.Release                        &&退出即释放表单
```

（3）由程序代码触发

例如，在表单的 Init 事件代码中有命令：Thisform.Command1.Click，则当程序执行到这条命令时，命令按钮 Command1 的 Click 事件被触发。这也可以理解为"事件可以像方法一样被调用"。

注意：在前面两种情况下，如果控件的 Enabled 属性被设置为假（.F.），则控件不会响应用户或系统的任何触发动作。

【例 5.7】利用程序代码触发事件的方式编制一个数字时钟表单，要求动态显示系统时间，时、分、秒用汉字说明。表单的设计界面和运行界面如图 5-31 和图 5-32 所示。

图 5-31 数字时钟设计界面

图 5-32 数字时钟运行界面

设计思路：

① 系统时间用函数 TIME( )取得，分别用左取子串、取子串、右取子串把时、分、秒取出，再利用字符串连接把汉字填入文本框；

② 初始运行就要显示时间，所以把①需要做的操作写在表单（Form1）的初始（Init）事件代码中；

③ 因为要动态显示系统时间，那么每过一秒钟，要重新取得系统的时间，并将其显示在文本框中，其实就是每过一秒钟把 Form1 的 Init 事件代码再执行一次。

设计步骤：

① 新建表单，放入文本框和计时器；

② 设置属性，表单的 Caption 为"数字时钟"，计时器的 Interval=1000 毫秒，文本框的 FontName，FontSize 设置为适当的字体和字号；

③ 编写事件代码。

Form1 的 Init 事件代码如下：

```
S=LEFT(TIME(),2)           &&取出时
F=SUBSTR(TIME(),4,2)       &&取出分
M=RIGHT(TIME(),2)          &&取出秒
Thisform.Text1.Value=S+"时"+F+"分"+M+"秒"   &&将时间显示在文本框中
```

Timer1 的 Timer 事件代码如下：

```
Thisform.Init   &&重复做 Form1 的 Init 事件，即事件可以像方法一样调用
Thisform.Refresh
```

2. 事件的触发顺序

一段过程代码应置于何处，是由事件发生的顺序决定的。表 5-6 所示为 Visual FoxPro 事件的一般触发顺序，便于在后续使用事件时查询。

表 5-6　Visual FoxPro 事件顺序

对　象	事　件	对　象	事　件	对　象	事　件
数据环境	BeforeOpenTables	对象 1[2]	When	表单	QueryUnload
表单集	Load	表单	GotFocus	表单	Destroy
表单	Load	对象 1	GotFocus	对象 [5]	Destroy
数据环境临时表	Init	对象 1	Message	表单	Unload
数据环境	Init	对象 1	Valid[3]	表单集	Unload
		对象 1	LostFocus	数据环境	AfterCloseTables
				数据环境	Destroy
对象 [1]	Init	对象 2[3]	When		
表单	Init	对象 2	GotFocus		
表单集	Init	对象 2	Message		
表单集	Activate	对象 2	Valid[4]		
表单	Activate	对象 2	LostFocus		

另外，对于事件的触发还要注意以下规则：

① 表单中所有控件的 Init 事件是在表单的 Init 事件之前执行的，所以在表单显示以前，就可以在表单的 Init 事件代码中处理表单上的任意一个控件。

② 若要在列表框、组合框或复选框的值改变时执行某过程代码，可将它编写在 InterActiveChange 事件（不是 Click 事件）中，因为有时控件的值的改变并不触发 Click 事件，有时控件的值没改变，而 Click 事件却会发生。

③ Valid 和 When 事件有返回值，默认为"真"（.T.）。若从 When 事件返回"假"（.F.），控件将不能被激活。若从 Valid 事件返回"假"（.F.），则不能将焦点从控件上移走。

注意：

① 表 5-6 中假定数据环境的 AutoOpenTables 属性（自动打开表文件）设置为"真"（.T.）。其他事件的发生是基于用户的交互行为和系统响应。

② 上标数字的意义如下。

上标 1：对于每个对象，从最内层的对象到最外层的容器。

上标 2：Tab 键次序中的第一个对象。

上标 3：下一个获得焦点的对象。

上标 4：当对象失去焦点时发生。

上标 5：对于每个对象，从最外层的容器到最内层的对象。

5.3.4 在表单中添加属性和方法

用户可以根据程序设计的需要向表单添加任意多个新的属性和方法程序。属性拥有一个值，而方法程序拥有一个过程代码，当调用方法程序时，即运行这一过程代码。

新建的属性和方法程序属于表单，可以像引用系统其他属性或方法程序那样引用它们。如果已有一个表单集，那么在表单设计器中加入的属性和方法程序就属于表单集。如果没有建立表单集，则新的属性和方法程序属于表单。

1. 新建属性

新建属性主要用于在表单中传递参数，因为在表单中使用的内存变量默认的是本地属性，不方便在表单的各事件中传递。若要在表单或表单集中添加新属性，可按以下步骤操作：

① 使用"表单"→"新建属性"菜单命令；

② 在"新建属性"对话框中，键入属性的名称，还可以加入关于这个属性的说明，将显示在"属性"对话框的底部。

也可以在表单中创建数组属性。数组属性和其他属性一样都属于表单或表单集，不同的是可以用 Visual FoxPro 的数组命令和函数处理它。操作步骤如下：

① 使用"表单"→"新建属性"菜单命令；

② 在"新建属性"对话框的"属性名"框中键入数组属性的名称，包括数组的大小和维数。例如，输入数组属性名称为 B(10)，系统在属性窗口自动将其定义为 B[10,0]。

在表单中添加完数组属性后，在"属性"对话框中以只读方式显示。可以在表单的事件代码程序中管理数组，重新设置数组的维数，也可对数组属性的元素赋值。

2. 创建新方法程序

可以在表单中添加新的方法程序，调用用户自定义方法程序与调用基类方法程序是一样的。创建新方法程序的操作步骤如下：

① 使用"表单"→"新建方法程序"菜单命令；

② 在"新建方法程序"对话框中，键入方法程序的名称，还可以包含有关这个方法程序的说明，这是可选的。

③ 双击表单对象，在代码编辑窗口选择新建的方法程序并输入方法程序，也可以通过"属性"对话框，找到新建的方法名称，双击"默认过程"进入代码编辑窗口并输入方法程序。

3. 编辑新建的属性和方法

新建的属性和方法程序可以在表单的"属性"对话框的最下面看到。如果要修改或删除新建的属性和方法程序，使用"表单"→"编辑属性/方法程序"菜单命令，进入"编辑属性/方法程序"对话框，可以方便地修改或删除新建的属性和方法程序。

本章主要介绍基本概念，使用新属性和新方法的举例请参见第6章。

5.4 小　　结

本章在与面向过程程序设计比较的基础上，引入了面向对象的程序设计，介绍了面向对象的程序设计的基本方法和特点，并着重对对象类、对象、属性、事件、方法和消息等基本概念进行了说明，这是学习面向对象程序设计的基础。同时，结合实例，对表单的创建、对象的引用、属性的设置及事件代码的编写方法进行了讨论，从而使用户对如何构建一个完整的表单有一个初步的理解。对于初学者来说，本章的内容涉及的术语较多，而且许多概念需要理解和记忆，初学者也不必操之过急，这需要有一个循序渐进的过程。可以在初步了解和掌握一定概念并具备一定基础知识后，先进行一些简单的程序设计实践，在实践中再反过来进一步理解概念，并在理解基础上再进行更深层次的实践。

习 题 5

5.1　判断题

1．在面向对象的程序设计中，程序是由各种对象组成的。

2．Visual FoxPro 中的对象主要分为两大类型：可视类和不可视类。

3．类是构造和建立对象的模板，决定了对象的外观和行为，而对象则是类的实例化，是类的表现形式。

4．事件是对象能识别和响应的特定动作，事件是系统预先定义的，我们也可以为对象添加新事件。

5．命令：DO FORM MYFORM 表示运行表单 MYFORM。

6．数据环境是一种对象，它可以包含与表单相互作用的表、视图和查询。

7．每一个表单都包括一个数据环境，在表单运行时可以自动打开和关闭数据环境中的表。

8．数据环境中的表及其字段都是对象，可以像引用其他对象那样引用表及其字段。

9．Visual FoxPro 中的所有对象都有与之对应的记数属性和收集属性。

10．对象的引用有绝对引用和相对引用两种方式，This 既可以用在绝对引用中也可以用在相对引用中。

11．WITH…ENDWITH 结构是表单设计中用到的一种循环结构。

12．Name 属性是事件或方法过程代码中唯一标识控件的名称，不可以在"属性"窗口中修改。

13．表单中对象的属性，可以在表单设计时直接在"属性"窗口中设置，也可以在事件代码中进行改变。

14．Visual FoxPro 中表单和控件的各种事件必须由用户触发，如用户单击鼠标、运行表单等。

15．如果控件的 Enabled 属性被设置为"假"（.F.），则控件不会响应用户或系统的任何触发动作。

16．若要在列表框、组合框的值改变时执行某段代码，应该将该段代码编写在其 Click 事件中。

17．表单中所有控件的 Init 事件是在表单的 Init 事件之后执行的。

18．若从 Valid 事件返回"假"（.F.），则不能将焦点从控件上移走。

19．用户可以给表单和表单上所有对象添加新的属性。

20．要在表单中的各对象之间传递参数，可以通过给表单添加新属性的方法来实现。

5.2　选择题

1．下面关于类和对象的叙述中，错误的是（　　　）。

A．组成程序的对象划分为各种对象类

B．类是构造和建立对象的模板，决定了对象的外观和行为

C. 对象是类的实例化，是类的表现形式

D. 类也是对象的父容器

2．下面关于容器类和控件类的叙述中，错误的是（　　　）。

A. 容器类对象可以包含其他对象，这种包含通常是多层嵌套的

B. 控件类对象不允许向控件中添加其他对象

C. 容器类对象和控件类对象可以相互转换

D. Visual FoxPro 提供的基类主要分为容器类和控件类

3．下面关于属性、方法和事件的叙述中，正确的是（　　　）。

A. 方法是一段能完成特定操作的程序代码，可以独立于对象单独运行

B. 属性是对象所表现出来的外部特征，不可以改变

C. 事件是对象能识别和响应的特定动作，是系统预定义好的

D. 在新建一个表单时，可以添加新的属性、方法和事件

4．在 Visual FoxPro 系统中，以下关于事件的叙述正确的是（　　　）。

A. 鼠标单击是一个事件动作

B. 事件只能通过用户的操作行为触发

C. 事件不能适用于多种控件

D. 当事件发生时，只执行包含在事件过程中的一部分代码

5．在关闭当前表单的程序代码 Thisform.Release 中，Release 是表单对象的（　　　）。

A. 标题　　　　　　　B. 属性　　　　　　　C. 事件　　　　　　　D. 方法

6．在 Visual FoxPro 中，表单文件和表单备注文件的扩展名分别是（　　　）。

A. .dbf 和.dct　　　B. .scx 和.sct　　　　C. .dbc 和.dct　　　D. .dbc 和.dbf

7．下面关于数据环境的叙述中，错误的是（　　　）。

A. 数据环境中包含的是与表单有联系的表、视图及表之间的关系

B. 数据环境是一个对象，有自己的属性、方法和事件

C. 使用数据环境可以很方便地把控件与表中的字段关联在一起

D. 放入数据环境中的表需要用命令来打开

8．决定选项按钮组中单选按钮个数的属性是（　　　）。

A. ButtonCount　　　B. Buttons　　　　　C. Value　　　　　　D. ControlSource

9．如果 ColumnCount 属性设置为−1，在运行时，表格将包含与其绑定的表中字段的列数是（　　　）。

A. 出错　　　　　　　B. 0 列　　　　　　　C. 1 列　　　　　　　D. 表的实际列数

10．下面关于对象的引用的叙述中，正确的是（　　　）。

A. 在表单中知道对象的名称就可以找到该对象

B. 对象的绝对引用方式都可以换成相对引用的方式

C. 表单的绝对引用都是从 Thisform 开始的

D. 对象的相对引用与当前所在的位置没有关系

11．在表单 Form1 下有一个命令按钮（Command1），在该命令按钮中要改变表单的背景色为绿色，正确命令是（　　　）。

A. Form1.BackColor = RGB (0, 255, 0)

B. Parent.BackColor = RGB (0, 255, 0)

  C．This.BackColor = RGB (0, 255, 0)

  D．Thisform.BackColor = RGB (0, 255, 0)

 12．下面关于属性设置的叙述中，错误的是（ ）。

  A．对象的属性设置既可以在属性窗口中设置也可以在程序代码中设置

  B．属性窗口中以斜体显示的属性是只读属性，不能修改

  C．用对象快捷菜单中的"属性"命令可以很方便地进入属性设置窗口

  D．在属性设置窗口中不能切换对象

 13．对于表单及控件的绝大多数属性，其类型通常是固定的，Caption 属性和 Enabled 属性分别只能用来接收（ ）。

  A．字符型和数值型   B．字符型和逻辑型

  C．数值型和逻辑型   D．数值型和字符型

 14．为了修改表单的标题，应设置表单的（ ）属性。

  A．Caption   B．Name   C．Value   D．FontName

 15．下面关于事件代码的编辑与响应的叙述中，错误的是（ ）。

  A．双击对象可以快捷地进入该对象的事件代码编辑窗口

  B．事件代码的响应大部分是由用户的动作触发的

  C．计时器的 Timer 事件代码是由系统自动触发的

  D．当对象的 Enabled 属性设置为".F."时，用户仍然可以触发它的事件代码

实验 5　面向对象程序设计入门

一、实验目的

  认识 Visual FoxPro 的标签、文本框、命令按钮、表格、计时器、数据环境等基本对象，熟悉 Caption、BackColor、ForeColor、FontName、FontSize、FontBold、Interval、Name、Value、RecordSource、RecordSourceType、ReadOnly、SelectOnEntry、Default 等属性，初步领会 Init、Click、Timer 等事件，Refresh、Release、SetFocus 等方法的使用。体会面向对象程序设计的过程以及与面向过程程序设计的不同。

二、实验准备

  复习教材相关章节的内容，重点掌握上面提到的对象、属性、事件、方法和函数的概念及使用，认真分析第 5 章的例题。

三、实验内容

  1．设计一个表单，实现从键盘输入一个自然数，判断该数是否为偶数的功能。表单的设计界面和运行界面如图 5-33 和图 5-34 所示。要求：在文本框按回车后，"判断"按钮会自动按下，一次判断完成后焦点置向文本框，并自动选中文本框中的所有信息，文本框 Text2 为只读属性。

  2．设计一个表单，求解求一元二次方程式 $ax^2+bx+c=0$ 的根。表单的设计界面和运行界面如图 5-35～图 5-37 所示。（设计注意：作为输入的文本框应设置成数值型，而用来输出的文本

框是字符型数据）。

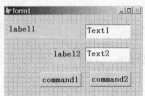

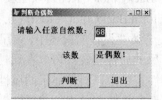

图 5-33 判断奇偶数设计界面　　图 5-34 判断奇偶数运行界面

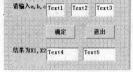

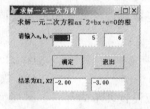

图 5-35 求解方程设计界面　　图 5-36 方程运行界面 1　　图 5-37 方程运行界面 2

3．设计一个抽奖表单，按"开始"按钮能够使职工号及姓名在文本框中滚动显示，按"停止"按钮抽中的职工号及姓名以蓝色显示，界面如图 5-38～图 5-41 所示。要求：文本框字体为宋体、18 号字加粗，表单的标题为"抽奖"，每隔 1 秒钟滚动 1 次。

图 5-38 抽奖表单执行后的界面　　图 5-39 单击"开始"运行的界面

图 5-40 单击"停止"运行的界面　　图 5-41 抽奖表单的设计界面

4．编制"职工"表信息编辑浏览界面，界面如图 5-42 和图 5-43 所示。要求：通过表格控件来实现。在该界面中用户可以修改（直接在界面中修改）、删除（通过表格左边的删除标记列）和浏览表中信息。

图 5-42 职工表浏览运行界面　　图 5-43 职工表浏览设计界面

5．运用文本框和计时器对象设计一个汉字时钟显示表单，界面见图 5-44 和图 5-45。要求：表单将自动以 1 秒为间隔动态显示系统时间，时、分、秒要求用汉字显示。

图 5-44 汉字时钟设计界面 图 5-45 汉字时钟运行界面

四、实验 5 报告

1．实验过程报告

（1）写出第 1 题"判断"按钮和"退出"按钮的 Click 事件代码。

（2）写出第 2 题表单的 Init 事件和"确定"按钮的 Click 事件代码。

（3）写出第 3 题"抽奖"表单的 Init 事件、计时器的 Timer 事件，以及"开始"按钮和"停止"按钮的 Click 事件代码。

2．简答题

（1）解释属性 FontName、FontSize、FontBold、ForeColor、Caption、Interval、Name、ReadOnly、SelectOnEntry、Default 的含义。

（2）说明 Init、Timer、Click 事件的触发时机。

（3）说明 Refresh、Release、SetFocus 方法的功能。

3．实验完成情况及存在问题

第6章 常用表单控件的使用

面向对象程序设计中的对象是由容器类对象和控件类对象组成的，这些对象以可视化控件的形式组成了表单的具体元件。Visual FoxPro 提供了 20 多种控件供设计时使用，根据这些控件的基本使用功能大致可分为输出类、输入类、控制类、容器类、连接类 5 大类控件。以上的分类着眼于控件的基本功能，实际上每个控件兼有多种功能。例如，大部分控件都可以起控制作用，因为它们都含有单击事件；又如，文本框既能输入也能输出；等等。

本章将逐一介绍这些控件的基本用法。

6.1 输出类控件

输出显示类控件主要有标签（Label）、图像（Image）、线条（Line）和形状（Shape）。这些控件有各自的属性和事件，虽然标签、图像、线条和形状也定义了诸如单击（Click）、双击（DblClick）等事件，但一般较少使用。在此重点介绍输出类控件的属性。

6.1.1 标签

标签（Label）在控件工具栏中的图标是 **A**。按照标签放入表单的顺序，标签的默认名称为 Label1、Label2 等。

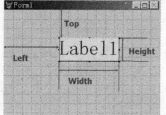

图 6-1 Left、Top、Height、Width 属性说明

标签的主要功能是在表单上显示说明或提示的文本信息，这与日常的标签类似。标签没有数据源，在表单运行中不能获得焦点，因此，它显示的内容（即 Caption 的值）在运行期间不能被修改。

标签的常用属性如表 6-1 所示。需要指出的是这里列出的大部分属性也是其他控件的常用属性，以后不再重复。

图 6-1 清楚地说明了 Left、Top、Height、Width 属性。

表 6-1 标签控件常用属性

属性名称	功能说明	取值范围
Caption	指定显示在对象中的标题文本	字符串
Alignment	指定与控件有关的文本对齐方式	0—左（默认），1—右，2—居中
AutoSize	确定控件是否根据其内容的长短自动调整大小	.T.或.F.（默认）
Left	确定控件左边与其父对象左边的距离	数值，单位为像素
Top	确定控件顶边与其父对象顶边的距离	数值，单位为像素
Height	确定控件的高度	数值，单位为像素
Width	确定控件的宽度	数值，单位为像素
ForeColor	指定对象中显示文本和图形的前景色	RGB(0,0,0)~RGB(255,255,255)
BackColor	指定对象中显示文本和图形的背景色	RGB(0,0,0)~RGB(255,255,255)
FontName	指定显示文本时所用的字体名（字型）	字库中所有字体，默认为宋体
FontSize	指定显示文本时字体的大小（字号）	自然数，默认值为9
FontBold	指定显示文本时是否为粗体	.T.或.F.（默认）

续表

属性名称	功能说明	取值范围
Visible	确定对象是否可见	.T.（默认）或.F.
WordWrap	确定控件的文本是否随边界自动地反绕折行	.T.或.F.（默认）

6.1.2　图像、线条与形状

1. 图像

图像（Image）在控件工具栏中的图标是 ![]。按照放入表单的顺序，图像控件的默认名称为 Image1、Image2 等。

图像的主要功能是用来显示图片的。它能显示多种格式的图像文件，如.bmp、.gif、.jpg、.ico 等类型。除图像的大小（Height、Width）及在父对象的位置（Left、Top）等通用属性外，图像还有 Picture、Stretch、BackStyle 等常用属性，说明如表 6-2 所示。

表6-2　图像常用属性

属性名称	功能说明	取值范围
Picture	指定显示在控件中的图形文件	图形文件的路径和文件名，可用浏览按钮查找
Stretch	指定如何对图像进行尺寸调整以适应控件大小	0—裁剪（默认）、1—等比填充、2—变比填充
BackStyle	确定对象的背景色是否透明	数值（0 或 1），默认值为 1（不透明）

例如，要显示如图 6-2 所示的图像，就需要用图像控件，设置其 Picture 属性为：图像路径\FOX.bmp（提示：FOX.bmp 图像文件可以用 Windows 的搜索功能找到后再放入用户自己的文件夹，这样再设置 Picture 属性路径就很明确了），设置 Stretch 属性为 1—等比填充，设置 BackStyle 属性为 0—透明。

图 6-2　显示图像

2. 线条和形状

线条（Line）和形状（Shape）都是图形控件。这里一定要区别开图像控件和图形控件。图像控件操作的对象是"像"，它不是用户现场画的，而是事先保存好的图像文件；而图形控件操作的对象是"形"，是在设计或运行时画的图形，如线、几何图形等。

线条在控件工具栏中的图标是 ╲。按照放入表单的顺序，线条控件的默认名称为 Line1、Line2、Line3 等。线条控件可以在表单任意两点之间画线，用来修饰表单。它的主要属性有 BorderWidth（线条的宽度）和 BorderStyle（线条的样式）。

形状在控件工具栏中的图标是 ▱。按照放入表单的顺序，形状控件的默认名称为 Shape1、Shape2 等。形状控件可以在表单中画圆的或方的图形，也是用来修饰表单的。形状的常用属性如表 6-3 所示。

表6-3　形状常用属性

属性名称	功能说明	取值范围
Curvature	指定 Shape 控件角的曲率	0～99，0 为直角，99 为圆
Fillcolor	指定封闭图形的填充颜色	RGB(0,0,0)～RGB(255,255,255)
FillStyle	指定表单、形状等的填充类型	0～7：0—实线、1—透明（默认）等
SpecialEffect	指定控件的样式	1—平面（默认），0—三维
BackStyle	确定对象的背景色是否透明	0—透明，1—不透明（默认）

例如，要在表单中画一个红色的球，就需要用形状控件，设置其 Width 和 Height 均为 100，Curvature 为 99，FillStyle 为 0—实线，Fillcolor 为 RGB(255,0,0)（或设置 BackStyle 为

1—不透明，BackColor 为 RGB(255,0,0)）。

【例 6.1】设计如图 6-3 所示的一个显示表单。要求：放一幅图片并配上诗。图片用两个形状作外框，诗句采用竖排、华文行楷、20 号、白底、蓝字显示。

图 6-3　例 6.1 的设计界面

设计步骤如下：

① 新建表单，设置表单的 Caption 属性为"诗画"；

② 放入图像控件，在属性窗口设置其 Picture 属性指向图片，调整图像大小并设置 Stretch 为等比填充；

③ 为图像框一个形状，设置形状的 SpecialEffect 为三维，用布局工具栏或格式菜单使形状置后，调整大小使其正好框住图像，同样再放入另一个形状，本例用了两个形状来修饰图像；

④ 放入一个标签，设置其 Caption 为"诗句"，设置其 AutoSize 为.T.，WordWrap 为.T.，往左挤压文字使之竖排，放入其他 3 个标签，同样做上面的设置；

⑤ 按住"Shift"键选中所有写上诗句的标签，设置它们以华文行楷、20 号、白底、蓝字显示，然后调整好布局；

⑥ 保存、运行即可。

6.2　输入类控件

输入类控件主要有文本框（TextBox）、编辑框（EditBox）、列表框（ListBox）、组合框（ComboBox）、微调（Spinner）等。如果将文本框（TextBox）、编辑框（EditBox）的只读属性 ReadOnly 设置为.T.，通常也可以作为输出显示的控件。

6.2.1　文本框

文本框（TextBox）在控件工具栏中的图标是 ![abl]。按照文本框放入的顺序，文本框的默认名称为 Text1、Text2 等。

文本框是表单设计中用到较多的控件，它既能接收用户的输入，也能输出指定的信息。文本框可以设置数据源，允许用户用文本框编辑保存在表中的非 M、非 G 型数据，也可以通过 Value 属性赋值或读取文本框的当前值。

1．文本框的常用属性

文本框的常用属性如表 6-4 所示。

表 6-4　文本框的常用属性

属性名称	功能说明	取值范围
Value	指定控件的当前值	非 M、非 G 型数据
ControlSource	指定控件的数据源	表的字段、内存变量
DateFormat	指定控件的日期格式	0～14，0—默认，14—汉语等
InputMask	指定键入到文本框中字符的特性	设置值
Format	指定在文本框中值的显示方式	设置值
ReadOnly	指定控件是否只读	.T.，.F.（默认）
SelectOnEntry	当控件得到焦点后是否选中该单元	.T.，.F.（默认）
PassWordChar	用指定的字符替代输入的数据	常用"*"

InputMask 属性决定了键入到文本框中字符的特性。例如，将 InputMask 属性设置为

"999,999.99" 可限制用户只能输入具有两位小数并小于 1 000 000 的数值，在用户输入任何值之前，逗号和点号就显示在文本框中，如果用户输入一个字母，则这个字母不被接受。表 6-5 列出了常用的 InputMask 属性的设置值。

表 6-5　InputMask 属性的设置值

设置值	说明
X	可以输入任何字符
9	可以输入数字和正负号
#	可以输入数字、空格和正负号
$	在固定位置显示当前的货币符号（用 SET CURRENCY 指定）
$$	显示浮点货币符号
*	在数字的左边显示星号
.	指示小数点的位置
,	分隔小数点左边的数字串

如果有逻辑字段，并且想让用户能键入 ".Y." 或 ".N." 而不是 ".T." 或 ".F."，应将 InputMask 属性设置为 ".Y."。

2．文本框的常用方法

文本框最常用的方法是给文本框设置焦点。当一个对象被选定时称为该对象获得了焦点。文本框获得焦点的标志是文本框内出现了闪烁的光标，而命令按钮获得焦点的标志则是命令按钮上出现虚线框。

给控件设置焦点的方法主要有以下 3 种：一是使用 Tab 键，将焦点移到指定的控件上；二是使用鼠标单击控件；三是可以使用系统的方法程序 SetFocus。

SetFocus 方法的使用如下。

格式：

　　控件. SetFocus

功能：为一个控件指定焦点，即确定当前操作的对象。

应用于：复选框、列、组合框、命令按钮、容器对象、控件对象、编辑框、表格、列表框、OLE 绑定型控件、OLE 容器控件、选项按钮、微调和文本框。

说明：如果控件的 Enabled 或 Visible 属性设置为 "假"（.F.），或者控件的 When 事件返回 "假"（.F.），则不能给一个控件指定焦点，因此在控件使用 SetFocus 方法之前，必须首先把上面提到的属性值设置为 "真"（.T.）。一旦控件获得了焦点，用户的任何输入都针对这个控件。

例如：

　　Thisform.Text1.SetFocus　&&表单中的 Text1 获得焦点

3．文本框的常用事件

文本框的常用事件有：Init、GotFocus、LostFocus、Valid、When 等。对于事件先要掌握事件的触发时机，再根据任务的需要选择事件、写事件代码。事件的触发时机是系统规定好的，但是每个程序的事件代码是不一样的，不同的任务需要写不同的代码。下面介绍几个常用事件的触发时机。

① Init：创建对象时发生。

说明：容器中各对象的 Init 事件在容器的 Init 事件之前触发，所以，对于各对象的初始化处理一般都集中写在表单的 Init 事件中。

② When：在控件接收焦点之前此事件发生。

③ GotFocus：当控件接收到焦点时触发。

④ Valid：在控件失去焦点之前发生。

说明：Valid 事件有返回值，默认返回.T.。若 Valid 事件返回.T.或 1，则控件可以失去焦点，继续后续操作；若返回.F.或 0，则控件不能失去焦点，把光标锁定在控件上，不能进行后续的操作。此事件常用于输入时检验输入数据的正确性。

⑤ LostFocus：当控件失去焦点时触发。

从上面各事件的触发时机可以看出，上述事件发生的先后顺序是：Init、When、GotFocus、Valid、LostFocus。

【例 6.2】编写一个口令验证窗口，当输入的口令正确则显示欢迎的提示信息，不正确则要求重新输入口令。运行界面如图 6-4 所示。

（1）问题分析

检验口令的正确性需要编写文本框的 Valid 事件代码。输入的口令用 "*" 覆盖，设置文本框的 PassWordChar 属性为 "*"，为了方便下次输入，设置 SelectOnEntry 为.T.，即选中文本。提示信息用 MESSAGEBOX( )函数实现。

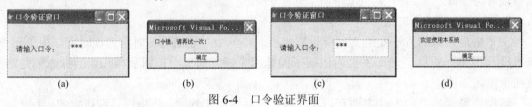

图 6-4   口令验证界面

（2）设计步骤

① 建立表单，放入标签和文本框控件。

② 在属性窗口设置属性：表单 Form1 的 Caption、标签的 Caption、文本框 Text1 的 PassWordChar 和 SelectOnEntry 属性。

③ 编写文本框 Text1 的 Valid 事件代码：

```
IF ALLTRIM(This.Value)=="ABC"        &&精确比较,口令为"ABC"
    =MESSAGEBOX("欢迎使用本系统")       &&利用函数显示提示
    RETU .T.                         &&可以失去焦点，继续后面的操作
ELSE
    =MESSAGEBOX("口令错，请再试一次!")
    RETURN .F.                       &&不能失去焦点，光标锁定在文本框上
ENDIF
```

利用文本框实现输出的实例，在第 5 章的例 5.1 中已有应用。

6.2.2 编辑框

编辑框（EditBox）在控件工具栏中的图标是 ▣。按照编辑框放入的顺序，编辑框的默认名称为 Edit1、Edit2 等。

编辑框主要是用来处理长的字符型数据和备注型字段的，它是既能做输入也能做输出的控件。编辑框与文本框主要区别如下：

（1）编辑框只能处理字符型数据（备注型实际是长的字符型数据），而文本框可以处理字符、数值、日期、逻辑等类型的数据；

（2）编辑框可以处理多段文本，回车不退出，而文本框按回车即退出。

编辑框的常用属性如表 6-6 所示。

表 6-6　编辑框的常用属性

属性名称	功能说明	取值范围
ControlSource	指定控件的数据源	C 型字段、内存变量或 M 型字段
Value	指定控件的当前值	字符型数据
Text	控件中输入的无格式文本	设计时不可用，运行时可读取
SelText	返回在编辑框中选定的文本	设计时不可用，运行时可读取
ReadOnly	指定控件是否只读	.T., .F.（默认）

例如，要显示和编辑职工表的简历字段，则设置编辑框的 ControlSource 属性为"职工.简历"即可。清除在 Edit1 中选定的文本可使用命令：Thisform.Edit1.SelText= ""。

【例 6.3】设计一个表单，能在编辑框中输出一个对角线为 0 其余为 1 的一个矩阵。运行界面如图 6-5 所示。

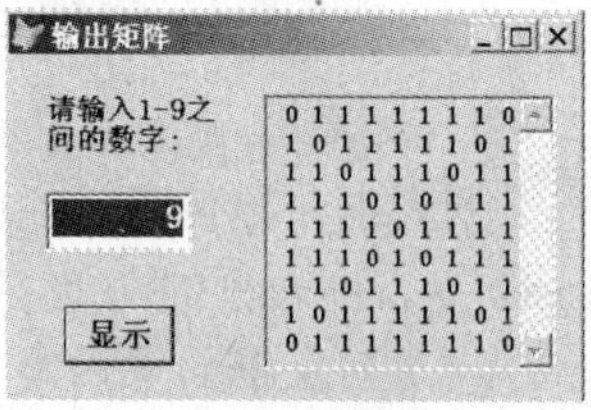

图 6-5　例 6.3 的运行界面

（1）问题分析

这是一个输出 N 行 N 列二维图形的问题，根据第 4 章学习的知识，要用双重循环来解此题，即外循环 I 控制输出的行数，内循环 J 控制每行输出的列数。当 I=J 或 I+J=N+1 时，是对角线上的元素。由于是通过编辑框输出，因此，先将要输出的内容以字符串的形式保存在一个内存变量中，用函数 CHR(13)实现回车换行，再把这个长字符串赋值给编辑框。上述处理写在"显示"按钮的 Click 事件中。另外，控制文本框输入的数字为 1～9，则需要写文本框的 Valid 事件代码。

（2）设计步骤

① 新建表单，放入 1 个标签、1 个文本框、1 个命令按钮、1 个编辑框。

② 在属性窗口设置 Form1、Label1、Command1 的 Caption 属性。

③ 编写表单 Form1 的 Init 事件。

```
Thisform.Command1.Default=.T.        &&设置 Command1 为默认按钮
Thisform.Text1.SelectOnEntry =.T.    &&焦点打到文本框时，自动选中文本
Thisform.Text1.Value=1        &&将文本框设置为数值型数据（文本框默认为字符型数据）
Thisform.Edit1.ReadOnly =.T.         &&设置编辑框为只读
```

④ 编写命令按钮 Command1（显示）的 Click 事件代码。

```
N=Thisform.Text1.Value       &&获取文本框的输入值
P=""                         &&长字符串的初值
   FOR I=1  TO N             &&外循环控制输出的行数
     FOR J=1 TO N            &&内循环控制输出的列数
       IF I=J OR J=N-I+1     &&左对角线 I=J,右对角线 J=N-I+1
         A=0                 &&对角线上元素赋值 0,为输出清晰在零的前面加一空格
       ELSE
         A=1                 &&非对角线上元素赋值 1
       ENDIF
       P=P+STR(A,2)          &&把每个数字转换成字符后连接起来
     ENDFOR
     P=P+CHR(10)             &&一行结束加换行符，或回车符 CHR(13)
   ENDFOR
Thisform.Edit1.Value=P       &&把带换行符的长字符串赋值给编辑框
Thisform.Text1.SetFocus      &&焦点打到文本框上，为下次输入作准备
Thisform.Refresh
```

⑤ 编写文本框 Text1 的 Valid 事件代码。

```
IF This.Value>9  OR This.Value<1
  =MESSAGEBOX("输入错,请重新输入!")
```

```
        Return .F.
    ELSE
        Return .T.
    ENDIF
Thisform.Refresh
```

6.2.3 列表框与组合框

列表框（ListBox）与组合框（ComboBox）主要用于给用户提供预先设定的多种选项，极大地方便了用户的输入。例如，学校新生在注册时需要输入省份，如果输入界面提供了省份的列表框，则用户只需要在其中选择一项即可。

1. 列表框

列表框在控件工具栏中的图标是 ![icon]。按照列表框放入的顺序，列表框的默认名称为 List1、List2 等。列表框的功能主要是给用户提供预先设定的多种选项。

（1）列表框的常用属性

列表框的常用属性如表 6-7 所示。

表 6-7　列表框的常用属性

属性名称	功能说明	取值范围
RowSourceType	确定控件中的数据源的类型	数值（0，1，2，…，9）
RowSource	确定列表框的数据源	与 RowSourceType 配合使用
ListCount	列表框中数据的项数	设计时不可用，运行时可读取
List(i)	访问列表框中数据项目的数组	i:1～ListCount
ListIndex	指定列表框中选定数据项的索引号	设计时不可用，运行时可读取
ColumnCount	列表框的列数	数值
Value	当前值（必须是列表中存在的）	设计和运行时可用，列表框和组合框是只读的
DisplayValue	当前值（可以是用户输入的）	设计和运行时可用
Sorted	指定列表框各项是否按字母顺序排列	.T.，.F.（默认）

对于属性 RowSourceType 的 10 种选项的说明见表 6-8。

表 6-8　RowSourceType 属性选项说明

属 性 值	列表项的数据源
0—无	默认值。用 AddItem 方法添加列表项，可用 RemoveItem 方法从列表中移去列表项
1—值	用 RowSource 属性指定多个要在列表中显示的值。例如： Thisform.List1.RowSource ="直销,零售,客服"
2—别名	在列表中包含打开表的一个或多个字段的值。表由 RowSource 属性指定。 如果 ColumnCount 属性设置为 0 或 1，列表将显示表中第一个字段的值； 如果 ColumnCount 属性设置为 3，列表将显示表中最前面的 3 个字段值
3—SQL 语句	SELECT-SQL 语句的结果作为列表框的数据源。例如： Thisform.List1.RowSource ="SELECT 姓名 FROM 职工 INTO CURSOR mylist"
4—查询(.QPR)	用查询的结果填充列表框，查询是在"查询设计器"中设计的。例如： Thisform.List1.RowSource = "职工查询.qpr"
5—数组	用数组中的项填列表。例如，如果有一个名为 AAA 的表单数组属性，Thisform.List1.RowSource = "Thisform.AAA"
6—字段	可以指定一个字段或用逗号分隔的一系列字段值来填充列表。例如： Thisform.List1.RowSource = "职工.姓名"
7—文件	用当前目录下的文件来填充列表。例如， 要在列表中显示 Visual FoxPro 表，可将 RowSource 属性设置为*.dbf
8—结构	用 RowSource 属性指定的表的结构中的字段名来填充列表
9—弹出菜单	用一个先前定义的弹出式菜单来填充列表

注意，如果 RowSourceType 设置为类型 2（别名）或类型 6（字段），当用户在列表中选择新值时，表的记录指针将同步移动到相应记录，并且列表框中的项目不能移出。

（2）列表框的常用方法

列表框的常用方法有 AddItem、RemoveItem、Clear，它们的使用介绍如下。

① AddItem 方法

格式：

```
控件.AddItem(cItem [, nIndex] [, nColumn])
```

功能：在组合框或列表框中添加一个新数据项。

应用于：组合框和列表框。

说明：

- cItem 指定添加到控件中的字符串表达式。
- nIndex 指定控件中放置数据项的位置。如果忽略参数 nIndex，并且 Sorted 属性设置为.T.，则 cItem 数据按字母排序方式添加到队列；如果忽略参数 nIndex，并且 Sorted 属性设置为"假"（.F.），则 cItem 将添加到组合框或列表框控件的列表区末尾。
- nColumn 指定控件的列，新数据项加入到此列中，默认值为 1。

例如，要把职工表（假设职工表已经放入数据环境）中所有的部门加入到表单下的列表框中，不要重复的部门项出现，代码如下：

```
INDEX ON 部门 TO BM UNIQUE
SCAN
 Thisform.List1.ADDITEM(部门)
ENDSCAN
CLOSE INDEX
```

② RemoveItem 方法

格式：

```
控件. RemoveItem ( nIndex)
```

功能：从组合框或列表框中移去一项。

应用于：组合框和列表框。

说明：nIndex 指定一个整数，即数据项的位置，可以用 ListIndex 属性来指定。

例如，如果要将表单下的列表框中的第 1 项数据移除，命令为：

```
Thisform.List1.RemoveItem(1)
```

如果要将表单下的列表框中选定的某一项数据移除，命令为：

```
Thisform.List1.RemoveItem(Thisform.List1.ListIndex)
```

③ Clear 方法

格式：

```
对象.Clear
```

功能：清除列表框或组合框中的文本。

应用于：列表框和组合框。

说明：只有当列表框或组合框的数据源类型 RowSourceType 属性设置为 0 时，该方法才生效。

例如，将当前表单中的列表框中的内容清除：

```
Thisform.List1.Clear
```

（3）列表框的常用事件

列表框常用到 InterActiveChange 事件，它的触发时机是：在使用键盘或鼠标更改控件的值时，此事件发生。该事件可应用于：复选框、组合框、命令组、编辑框、列表框、选项组、微调和文本框等。

【例 6.4】按姓名查询职工的信息。设计界面如图 6-6 所示，要求初始运行时只显示左边的姓名列表框信息，选择某一姓名后才显示指定姓名的具体信息，如图 6-7 所示。

（1）问题分析

表单用到职工表，把职工表放入数据环境。选择姓名用的是列表框，需要设置列表框的数据源，设置列表框的 RowSourceType 为 6，RowSource 为职工.姓名，用这种设置，当用户在列表中选择新值时，表的记录指针将同步移动到相应记录。右边显示的数据直接从数据环境拖入即可，表中的字段能自动与对应的控件建立绑定。需要写表单的 Init 事件代码，设置右边的数据不可见。需要写列表框的 InterActiveChange 事件代码，当用户在列表中选择新值后，使右边的数据可见，同时表单以最新的数据显示。

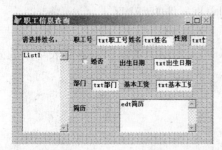

图 6-6　例 6.4 设计界面

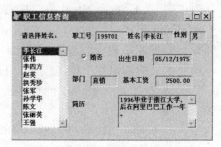

图 6-7　例 6.4 选择姓名后的界面

（2）设计步骤

① 新建表单，把职工表放入数据环境。

② 放入标签和列表框控件，在属性窗口设置表单和标签的 Caption 属性，设置列表框的 RowSourceType 为 6，RowSource 为职工.姓名。

③ 把职工号、姓名、性别、婚否、出生日期、部门、基本工资、简历字段从数据环境拖入表单，逻辑型字段"婚否"自动与复选框绑定，备注型字段简历自动与编辑框绑定，其余字段自动与文本框绑定。

④ 编写表单 Form1 的 Init 事件代码。

```
Thisform.Setall("Visible",.F.)    &&设置表单中所有对象不可见
Thisform.Label1.Visible=.T.       &&设置 Label1 可见
Thisform.List1.Visible=.T.        &&设置 List1 可见
Thisform.SetAll("ReadOnly",.T.,"TextBox")  &&设置所有文本框为只读
Thisform.Edt 简历.ReadOnly=.T.     &&编辑框为只读
Thisform.Chk 婚否.ReadOnly=.T.     &&复选框为只读
```

⑤ 编写列表框 List1 的 InterActiveChange 事件代码。

```
Thisform.Setall("Visible",.T.)    &&设置表单中所有对象可见
Thisform.Refresh                  &&刷新表单
```

【例 6.5】设计数据在列表框之间转移操作的表单。要求：能把左边列表框选定的数据项移到右边列表框，也能把右边列表框选定的数据项移到左边列表框。初始运行界面和操作后的界面分别如图 6-8 和图 6-9 所示。

图 6-8　初始运行界面　　　　　　　　图 6-9　操作后的界面

（1）问题分析

初始运行时只有左边列表框有数据，所以左边列表框要先设置数据源。数据源填入的是职工的姓名字段，设置 RowSourceType 为 6，RowSource 为"职工.姓名"，行吗？显然不行，因为左边列表框的数据要能移出，用 RowSourceType 为 6 是不能移出的，见表 6-7 的功能说明。必须设置 RowSourceType 为 0，用 AddItem 方法填入数据，这样列表框的数据可以用 RemoveItem 方法移出，也可用 Clear 方法清除。该表单需要写表单的 Init 事件和两个命令按钮的 Click 事件代码。

（2）设计步骤

① 新建表单，将职工表放入数据环境。

② 用表单控件工具栏，放入 2 个标签、2 个列表框、2 个命令按钮。在属性窗口设置表单和 2 个命令按钮的 Caption 属性。（左边的列表框为 List1，右边的是 List2。）

③ 编写表单 Form1 的 Init 事件代码。

```
Thisform.List1. RowSourceType=0
SCAN  &&用表循环把所有姓名填入列表框
    Thisform.List1.AddItem(职工.姓名)
ENDSCAN
```

④ 编写"选择一项"命令按钮 Command 1 的 Click 事件代码。

```
Thisform.List2.AddItem(Thisform.List1.Value)  &&把 List1 当前值填入 List2
Thisform.List1.RemoveItem(Thisform.List1.ListIndex)&&把 List1 选中的项移出
Thisform.Refresh
```

⑤ 编写"退还一项"命令按钮 Command2 的 Click 事件代码。

```
Thisform.List1.AddItem(Thisform.List2.Value)  &&把 List2 当前值填入 List1
Thisform.List2.RemoveItem(Thisform.List2.listIndex)&&把 List2 选中的项移出
Thisform.Refresh
```

在本例操作中，一定要先在 List1 中选中某项数据，即确定 ListIndex 属性后再按"选择一项"命令按钮，否则表单会出错。如果要解决此问题，可以先设置命令按钮 1 的 Enabled 属性为.F.。只有当在 List1 中选中一内容，即在 List1 的 Click 事件中，使命令按钮的 Enabled 置.T.。操作 Command2 同样有上述问题。

2．组合框

组合框在控件工具栏中的图标是 ▦ 。按照组合框放入的顺序，组合框的默认名称为 Combo1、Combo2 等。组合框既能输入数据也能选择数据，兼有文本框和列表框的功能，可以把组合框看成是文本框与列表框的组合。但是请注意，如果把组合框的 Style 属性（用于指定控件的样式）设置为"2—下拉列表框"时，这时的组合框只有列表框的功能，即只能当作列表框来使用。组合框 Style 属性的默认值是"1—下拉组合框"，也就是说组合框的 Style 属性为"1"

时才具有文本框和列表框的功能。组合框的常用属性除上面提到的 Style 属性外，还有 RowSourceType、RowSource、Value、DisplayValue、Sorted、ControlSource、PassWordChar 和 SelectOnEntry 等，可以看出这些是列表框与文本框的常用属性，它们的说明见表 6-4 和表 6-7。

与列表框一样，组合框常用的方法也是 AddItem、RemoveItem、Clear 等，它们的使用方法与前面一样，不再赘述。

组合框常用的事件有 Valid、InterActiveChange 等。

【例 6.6】根据"职工"表，设计一个计算指定部门基本工资平均数的表单。要求：指定部门可以由用户输入也可以从列表中选择，如果用户输入的部门不存在，则显示"查无此部门!"，如果存在则计算指定部门基本工资的平均数，并显示在文本框中。设计界面如图 6-10 所示，运行界面如图 6-11、图 6-12 和图 6-13 所示。

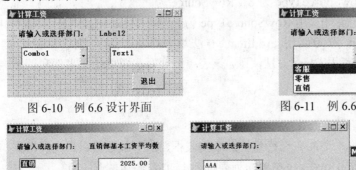

图 6-10　例 6.6 设计界面 　　　　　　图 6-11　例 6.6 初始运行界面

图 6-12　例 6.6 选择部门后的界面 　　　图 6-13　例 6.6 输入部门不存在时的界面

（1）问题分析

对于部门数据的输入，要求既能由用户自己输入，也可以从列表中选择输入，所以本例采用组合框控件。部门数据的列表项不是简单地将部门字段绑定，而是将重复的部门去掉后，循环运用 AddItem 方法来填入部门的。表单初始运行时 Label2、Text1 不显示。另外，执行统计计算命令时需要关闭人机对话功能，不然表单上会出现干扰信息等，这些处理都应在表单的 Init 事件里完成。利用组合框的 Valid 事件可以有效地检验输入是否正确。计算指定部门基本工资平均数的处理用组合框的 InterActiveChange 事件比较恰当。

（2）设计步骤

① 新建表单，将职工表放入数据环境。

② 放入 2 个标签、1 个组合框、1 个文本框和 1 个命令按钮。在"属性"窗口设置表单和 Label1 的 Caption 属性，设置组合框的 SelectOnEntry 为.T.，设置命令按钮的 Caption。

③ 表单 Form1 的 Init 事件代码如下：

```
SET TALK OFF                          &&关闭系统应答
SET SAFETY OFF                        &&关闭安全开关
Thisform.Combo1.RowSourceType=0       &&设置组合框的 RowSourceType 为 0
INDEX ON 部门 TO BM UNIQUE            &&按部门建立唯一索引
SCAN  &&用表循环把所有部门填入到组合框
  Thisform.Combo1.AddItem(部门)
ENDSCAN
CLOSE INDEX                           &&关闭部门唯一索引
Thisform.Label2.Visible=.F.          &&设置 Label2 不可见
Thisform.Text1.Visible=.F.           &&设置 Text1 不可见
```

④ 组合框 Combo1 的 Valid 事件代码如下：

```
LOCATE FOR ALLTRIM(Thisform.Combo1.DisplayValue)=ALLTRIM(部门)  &&查找部门
IF EOF()                              &&到文件尾，则不存在
   Thisform.Label2.Visible=.F.        &&设置 Label2 不可见
   Thisform.Text1.Visible=.F.         &&设置 Text1 不可见
   =MESSAGEBOX("查无此部门！")         &&显示提示信息
   RETURN .F.
ELSE    &&否则找到部门
   Thisform.Label2.Visible=.T.        &&设置 Label2 可见
   Thisform.Text1.Visible=.T.         &&设置 Text1 可见
   RETURN .T.
ENDIF
Thisform.Refresh
```

⑤ 组合框 Combo1 的 InterActiveChange 事件代码如下：

```
**计算指定部门工资的平均数
AVERAGE 基本工资 TO GZ FOR ALLTRIM(Thisform.Combo1.DisplayValue)= ALLTRIM
(部门)
**设置 Label2 的标题
Thisform.Label2.Caption=ALLTRIM(Thisform.Combo1.DisplayValue)+"部基本工
资平均数"
Thisform.Text1.Value=GZ         &&填写结果
Thisform.Refresh
```

⑥ 命令按钮 Command1（退出）的 Click 事件代码如下：

```
SET TALK ON              &&打开系统应答
SET SAFETY ON            &&打开安全开关
Thisform.Release
```

6.2.4　微调

微调（Spinner）控件在控件工具栏中的图标是 🔲。按照微调控件放入的顺序，微调控件的默认名称为 Spinner1、Spinner2 等。微调控件的功能主要是用来选择或输入一定范围的数值型数据，它既可以由键盘输入数据，也允许通过微调的向上或向下箭头对微调控件中的当前值进行增减操作。

1. 微调的常用属性

微调的常用属性如表 6-9 所示。

表 6-9　微调常用属性

属性名称	功能说明	取值说明
Increment	用户每次单击向上或向下按钮时，微调框增加和减少的数值	数值，默认值为 1；设置为正时，单击向上/向下按钮，Value 对应增加/减少，设置为负时反之
KeyboardHighValue	用户通过键盘能输入到微调框中的最高值	数值，应大于 KeyboardLowValue
KeyboardLowValue	用户通过键盘输入到微调框中的最低值	数值，应小于 KeyboardHighValue
SpinnerHighValue	用户单击向上按钮时，微调控件能显示的最高值	数值
SpinnerLowValue	用户单击向下按钮时，微调控件能显示的最低值	数值
value	微调文本框的当前值	数值

2. 微调的常用事件和方法

微调常用的事件与文本框类似，主要有：Init、When、GotFocus、Click、Valid、LostFocus、InterActiveChange 和 KeyPress 等，常用方法有 Refresh 和 SetFocus。此外，微调还有如下两个

最为常用的事件。

- DownClick 事件：单击向下箭头按钮时触发。
- UpClick 事件：单击向上箭头按钮时触发。

【例 6.7】编制一手工日历。设计界面与运行界面如图 6-14 和图 6-15 所示。

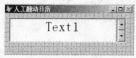

图 6-14　手工日历设计界面　　　　图 6-15　手工日历运行界面

（1）问题分析

微调框不能用来直接显示日期型数据，但将微调与文本框结合起来就可以显示多种类型的数据了。用文本框来显示日期型数据，通过微调的 DownClick、UpClick 事件实现上下翻动。

（2）设计步骤

① 设置表单的标题属性 Caption，放入 1 个文本框来显示日期，放入一个微调，利用其 DownClick 和 UpClick 事件。

② 表单 Form1 的 Init 事件代码如下：

```
Thisform.Text1.Value=Date()
Thisform.Text1.DateFormat=14      &&设置文本框的日期格式为汉语
Thisform.Spinner1.SetFocus        &&焦点移到微调，使文本框的日期格式激活
```

③ 微调 Spinner1 的 DownClick 事件代码如下：

```
Thisform.Text1.Value=Thisform.Text1.Value-1
Thisform.Refresh
```

④ 微调 Spinner1 的 UpClick 事件代码如下：

```
Thisform.Text1.Value=Thisform.Text1.Value+1
Thisform.Refresh
```

6.3　控制类控件

用户通过控制类控件可以触发表单中的某一事件代码，从而控制程序执行指定的动作。控制类控件主要有命令按钮、命令按钮组、选项按钮组和计时器控件等。下面分别介绍这些控件。

6.3.1　命令按钮与命令按钮组

1. 命令按钮

命令按钮（CommandButton）在控件工具栏中的图标是 ▭。按照命令按钮放入表单的顺序，命令按钮的默认名称为 Command1、Command2 等。

命令按钮是可视化程序设计中最常用的一种控件。它的功能主要是通过用户单击命令按钮来完成特定的任务，对于不同的任务通过不同的命令按钮来实现，程序设计者需要做的就是给命令按钮恰当的标题，并且为完成这些任务编写事件代码。

命令按钮的常用属性除 Width、Height、FontName、FontSize、ForeColor 等基本属性外，还有一些常用属性，如表 6-10 所示。

表 6-10　命令按钮的常用属性

属性名称	功能说明	取值范围
Caption	指定显示在对象中的标题文本	字符串。可在标题字符串中加 "\<字母" 的方法设置快捷键

续表

属性名称	功能说明	取值范围
Default	指定命令按钮是否为默认按钮	.T.（按 Enter 键触发此按钮）或.F.（默认）
Enabled	指定命令按钮是否响应应用户触发的事件	.T.（默认）或.F.（按钮为灰色）
Picture	指定命令按钮上显示的图形文件	.ico、.bmp、.gif、.jpg 等
ToolTipText	指定命令按钮的提示文本	字符串
WordWrap	指定按钮标题文本是否折行显示	.T.或.F.（默认）

当有多个按钮时，一般把最常用的那个按钮设置为默认按钮，按回车键时默认按钮即被触发。默认按钮与其他按钮的区别是有阴影边框，如图 6-16 所示，把按钮的 Default 属性设置为.T.即可。我们在日常使用计算机时经常碰到默认按钮。

图 6-16　默认按钮

使用命令按钮时常用到的方法程序是 SetFocus，即将焦点打到指定的命令按钮上。例如：

```
Thisform.Command1.SetFocus  &&把光标打在表单下的 Command1 上
```

就像平时使用命令按钮基本上是采用单击的动作一样，命令按钮的常用事件主要是 Click（单击），该事件在单击命令按钮时触发。可以说命令按钮一般都需要编写其 Click 事件代码。

【例 6.8】设计一个职工表的只读浏览表单，用户能通过前翻、后翻命令按钮翻页记录，当翻到文件头时，前翻按钮禁止使用，翻到文件尾时，后翻按钮禁止使用。运行界面如图 6-17 所示。

（1）问题分析

题目要求显示职工表数据，所以控件需要与字段绑定，最简单的方法是用数据环境，把字段直接拖入表单。把控件的 ReadOnly 设置为.T.即实现只读。根据要求需要编写 Command1、Command2 的 Click 事件代码。

图 6-17　例 6.8 运行界面

（2）设计步骤

① 新建表单，把职工表放入数据环境，然后把职工号、姓名、性别等字段拖入表单，它们会与对应的控件建立绑定。然后放入 3 个命令按钮，调整布局及字体大小。

② 在"属性"窗口设置以下属性：表单及命令按钮的 Caption；把 Command2 的 Default 属性设置为.T.，使其为默认按钮；按住 Shift 键，选中所有的文本框、复选框、编辑框，设置它们的 ReadOnly 为.T.。

③ 编写命令按钮 Command1（前翻）的 Click 事件代码如下：

```
SKIP -1     &&下移一条记录
IF BOF()    &&如果是文件头
  Thisform.Command1.Enabled=.F. &&Command1 禁止使用
ENDIF
Thisform.Command2.Enabled=.T.  &&设置 Command2 能使用
Thisform.Refresh
```

④ 编写命令按钮 Command2（后翻）的 Click 事件代码如下：

```
SKIP          &&上移一条记录
IF EOF()      &&如果是文件尾
   Thisform.Command2.Enabled=.F.  &&Command2 禁止使用
ENDIF
Thisform.Command1.Enabled=.T.  &&设置 Command1 能使用
Thisform.Refresh
```

⑤ 编写命令按钮 Command3（退出）的 Click 事件代码如下：

```
Thisform.Release
```

2. 命令按钮组

命令按钮组（CommandGroup）在控件工具栏中的图标是 ▦。按照命令按钮组放入表单的顺序，命令按钮组的默认名称为 CommandGroup1、CommandGroup2 等。

命令按钮组的功能也是通过用户单击命令按钮来完成特定的任务。只不过由于命令按钮组是容器类对象，其中可以包含有多个命令按钮，因此，如果一个表单里要用到多个命令按钮，则可以用一个命令按钮组来实现。

命令按钮组的常用属性如表 6-11 所示，由于命令按钮组属于容器这个大类，它的记数属性（ButtonCount）和收集属性（Buttons(i)）是经常用到的属性。

表 6-11　命令按钮组的常用属性

属性名称	功能说明	取值范围
ButtonCount	指明按钮组中命令按钮的数目	正整数，默认为 2
Buttons(i)	用于引用每个按钮的数组	i:1～ButtonCount
Value	指明用户按了哪个按钮	正整数：1～ButtonCount
BackStyle	命令按钮组的背景风格	0—透明，1—不透明（默认）

在使用命令按钮组时，可以利用 Visual FoxPro 提供的命令按钮组生成器，方便地设置按钮的个数、按钮的标题及按钮的布局等。可以用命令按钮组的快捷菜单进入其生成器，生成器的对话框界面如图 6-18 所示。

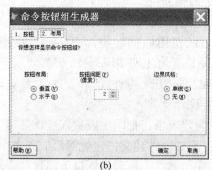

图 6-18　命令按钮组的生成器

使用命令按钮组时常用到的方法程序是 SetAll 方法，用于为按钮组中的所有控件或某类控件指定一个属性。该方法的格式是：容器.SetAll(cProperty, Value [, cClass])，这在第 5 章已经作了介绍。例如，要将命令按钮组 1 中所有的命令按钮设置为不可用的命令为：

```
Thisform.CommandGroup1.SetAll("Enabled",.F.,"CommandButton")
```

命令按钮组的常用事件与命令按钮一样，主要是单击（Click）事件。如果是用命令按钮组，那么对于按钮组里每个按钮的 Click 事件代码一般让组的 Click 事件代码来统一管理。用命令按钮组的 Value（指明用户按了哪个按钮）属性和 DO CASE 结构来实现，如下面的代码所示：

```
DO CASE
CASE THIS.Value=1
    Command1 的 Click 事件代码
CASE THIS.Value=2
    Command2 的 Click 事件代码
CASE THIS.Value=3
    Command3 的 Click 事件代码
...
ENDCASE
```

应当注意的是，如果命令按钮组和其中命令按钮的 Click 事件中都含有代码，则当单击该按钮时触发的是按钮的 Click 事件代码，而不是命令按钮组的 Click 事件代码。只有当按钮的 Click 事件中不包含代码时才触发按钮组的 Click 事件代码。

【例 6.9】编写一个无纸化考试的表单，运行界面如图 6-19 所示。题目内容取之于表文件的备注字段，学生答题时能将所选答案存入表文件对应字段中。表文件里有标准和得分字段，可以统计学生的总分。

（1）问题分析

① 根据题目的要求，先建立一个表文件，用来存放题目、答案等数据，把这张表命名为"题目及答案"，表结构如图 6-20 所示。因为题目文字较多，且长短不一，所以设置"题目"字段为备注型，"答案"字段用于存放用户选择的结果，"标准"字段存放标准答案，用于要编制机器改卷程序时备用。

图 6-19   例 6.9 的运行界面

字段	类型	宽度	小数位数
题号	数值型	3	0
题目	备注型	4	
答案	字符型	1	
标准	字符型	1	
得分	数值型	3	0

图 6-20   "题目及答案"表文件的结构

② 表单设计界面如图 6-21 所示，其中使用了 1 个编辑框、1 个标签、1 个选项按钮组、1 个命令按钮组。选项按钮组将在 6.3.2 节介绍，本例中先不考虑选项按钮组，重点设计命令按钮组及其 Click 事件代码。用编辑框只读显示备注字段的内容，设置编辑框的 ControlSource 为"题目"字段，其 ReadOnly 为.T.即可。

（2）设计步骤

① 新建表文件"题目及答案"，按照图 6-20 所示的要求输入表结构，"题目"和"标准"字段的数据自编或从电子数据复制过来。

② 新建表单，"题目及答案"表文件放入数据环境。放入控件：1 个编辑框、1 个标签、1 个选项按钮组、1 个命令按钮组。

③ 在"属性"窗口设置属性：设置表单和标签的 Caption，设置标签的 FontName、FontSize 为适当，设置编辑框的 ControlSource 为"题目及答案.题目"字段，设置编辑框 ReadOnly 为.T.，调整编辑框的字体为适当大小。

④ 用命令按钮组的生成器设置其按钮数为 5，在生成器对话框中设置每个按钮的标题并给每个按钮加上快捷键（标题中\<字母，按 Alt+字母可以操作该按钮），如图 6-22 所示，再设置按钮布局为水平，按钮间距为 10。用命令按钮组快捷菜单的"编辑"命令进入各按钮的编辑状态，选中全部的按钮设置它们的字体为适当大小。

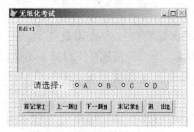

图 6-21   例 6.9 的设计界面

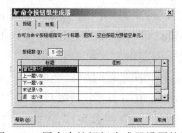

图 6-22   用命令按钮组生成器设置按钮

⑤ 编写命令按钮组 CommandGroup1 的 Click 事件代码如下：

```
DO CASE
    CASE This.Value=1                      &&单击"首记录"按钮
        GO TOP                             &&指针定位到首记录
        This.Command3.Enabled=.T.          &&"下一题"按钮能使用
        This.Command4.Enabled=.T.          &&"末记录"按钮能使用
        This.command1.Enabled=.F.          &&"首记录"按钮不能使用
        This.Command2.Enabled=.F.          &&"上一题"按钮不能使用
    CASE This.Value=2.AND.!BOF()           &&单击"上一题"按钮
        SKIP -1                            &&指针上移一条记录
        This.Command3.Enabled=.T.          &&"后翻"按钮能使用
        This.Command4.Enabled=.T.          &&"末记录"按钮能使用
        IF BOF()        &&如果到文件头
            This.Command1.Enabled=.F.      &&"首记录"按钮不能使用
            This.Command2.Enabled=.F.      &&"上一题"按钮不能使用
        ENDIF
    CASE This.Value=3.AND.!EOF()           &&单击"下一题"按钮
        SKIP                               &&指针下移一条记录
        This.Command1.Enabled=.T.          &&"首记录"按钮能使用
        This.Command2.Enabled=.T.          &&"上一题"按钮能使用
        IF EOF()                           &&如果到文件尾
            This.Command3.Enabled=.F.      &&"下一题"按钮不能使用
            This.Command4.Enabled=.F.      &&"末记录"按钮不能使用
        ENDIF
    CASE This.Value=4                      &&单击"末记录"按钮
        GO BOTTOM                          &&指针定位到末记录
        This.Command1.Enabled=.T.          &&"首记录"按钮能使用
        This.Command2.Enabled=.T.          &&"上一题"按钮能使用
        This.Command3.Enabled=.F.          &&"下一题"按钮不能使用
        This.Command4.Enabled=.F.          &&"末记录"按钮不能使用
    CASE This.Value=5                      &&单击"退出"按钮
        Thisform.Release                   &&释放表单
ENDCASE
Thisform.Refresh
```

6.3.2　复选框与选项按钮组

1．复选框

复选框（CheckBox）在控件工具栏中的图标是 ☑。按照复选框放入表单的顺序，复选框的默认名称为 Check1、Check2 等。

复选框的功能是用于指定一个值的两种状态："真"、"假"；"开"、"关"；"是"、"否"等。将多个复选框组合在一起可以对一个问题进行多项选择。有时不能将问题准确地归为"真"或"假"，复选框还有一个中间状态。

复选框的三种状态是：选中状态（Value 值为 1 或.T.）、未选中状态（Value 值为 0 或.F.）、中间状态（Value 值为 2 或.NULL.）。复选框的 Value 属性可以设置为数值型，可用值为 0、1、2；也可以设置为逻辑型，可用值为.F.、.T.、.NULL.。三种状态的外观如图 6-23 所示。

通常情况下，在运行时刻只能通过鼠标单击来选择复选框为 0（.F.）或 1（.T.），如果希望复选框的 Value 值为 2，可以按 Ctrl+0 组合键。

复选框的常用属性如表 6-12 所示，其中 Themes 用于指定复选框的外观效果。

表 6-12　复选框的常用属性

属性名称	功能说明	取值说明
Value	指定复选框的当前值	0、1、2 或.F.、.T.、.NULL.，默认为 0
ControlSource	指定复选框的数据源	表的逻辑型或数值型字段、内存变量
Themes	指定复选框是否为 Windows XP 主题效果	.T.（默认），.F.

【例 6.10】设计一个统计车票总金额的表单，要求是：在给出的各种车票中选择所需要的，按"计算总额"命令按钮，将所需要的车票总金额计算出来并显示在指定的文本框中。设计界面如图 6-24 所示。

图 6-23　复选框的三种状态

图 6-24　例 6.10 设计界面

（1）问题分析

多种车票用多个复选框列出便于用户灵活选择。注意，复选框 Value 的默认初值为 0，是数值型的。只有当设置了复选框的 ControlSource 属性为逻辑字段或设置了 Value 的初值为逻辑型的数据后，Value 的数据类型才可以变为逻辑型。

如果复选框选中，即 Value 值为 1（不是为.T.），则将对应的票价加起来。对于每个复选框都需要判断，最后把相加的结果显示在 Text1 中。以上的处理写在"计算总额"命令按钮的 Click 事件中。

（2）设计步骤

① 新建表单，放入 2 个标签、3 个复选框、2 个命令按钮、1 个文本框。

② 在"属性"窗口设置属性：2 个标签、3 个复选框、2 个命令按钮及表单的 Caption 属性。设置"计算总额"命令按钮为默认按钮，即 Default 为.T.。设置文本框 Text1 的只读属性 ReadOnly 为.T.，选中所有对象，设置字体为适当的大小。

③ 编写命令按钮 Command1（计算总额）的 Click 事件代码如下：

```
S=0                        &&为放总额的变量赋初值 0
IF Thisform.Check1.Value=1 &&如果 Check1 被选中
    S=S+580
ENDIF
IF Thisform.Check2.Value=1 &&如果 Check2 被选中
    S=S+50
ENDIF
IF Thisform.Check3.Value=1 &&如果 Check3 被选中
    S=S+280
ENDIF
Thisform.Text1.Value=S     &&显示总金额在 Text1 中
Thisform.Refresh
```

④ 命令按钮 Command2（退出）的 Click 事件代码如下：

```
Thisform.Release
```

2. 选项按钮组

选项按钮组（OptionGroup）在控件工具栏中的图标是 ⊙ 。按照选项按钮组放入表单的顺序，复选项按钮组的默认名称为 OptionGroup1、OptionGroup2 等。

选项按钮组的功能主要是允许用户在给定的多个选项中选中一个，且只能选一个。与复选框控件不同，复选框控件独立存在于表单中，可以一次选择多项。选项按钮组是一个容器类对象，它里面包含多个选项按钮，一次只允许选择一项。

选项按钮组的常用属性如表 6-13 所示。

表 6-13　选项按钮组的常用属性

属性名称	功能说明	取值说明
ButtonCount	指明按钮组中选项按钮的数目	正整数，默认为 2
Buttons(i)	用于引用每个按钮的数组	i:1～ButtonCount
Value	指明用户按了哪个按钮	正整数：1～ButtonCount
ControlSource	指定选项按钮组的数据源	表的字段、内存变量

其中 Value 属性的值，对应的是在选项按钮组中选中的按钮。例如，当 Value 值为 1，表示在选项按钮组中选中了第 1 个按钮等。

在设计选项按钮组时，可以利用 Visual FoxPro 提供的选项按钮组生成器，方便地设置按钮的个数、按钮的标题及按钮的布局等。这与命令按钮组生成器的使用类似。

选项按钮组的常用事件主要是 InterActiveChange 事件，该事件在用户改变了选项按钮组的值时触发。

【例 6.11】利用选项按钮组设计调色板表单，能调出红、橙、黄、绿、青、蓝、紫、黑、白 9 种颜色。初始运行颜色为白色。设计界面和运行界面分别如图 6-25 和图 6-26 所示。

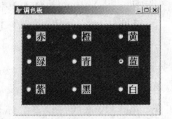

图 6-25　例 6.11 设计界面　　　　图 6-26　例 6.11 运行界面

（1）问题分析

本题选项按钮组里包含 9 个按钮，按三行三列排列。颜色是用选项按钮组的背景色调出来的。改变选项后选项按钮组的背景色相应发生改变，显然需要写选项按钮组的 InterActiveChange 事件代码。另外，要求初始运行颜色为白色，所以需要写表单的 Init 事件代码。对于颜色函数 RGB 的参数，红、绿、蓝、黑和白色是根据红、绿、蓝三原色组合的，分别是 RGB(255,0,0)、RGB(0,255,0)、RGB(0,0,255)、RGB(0,0,0)、RGB(255,255,255)，其中，黑色是没有色彩，所以都为 0，白色则是三原色都饱和，所以是三原色都是最大值，即 RGB(255,255,255)。而其他的颜色可以调出调色板，系统会给出相应颜色的参数。

（2）设计步骤

① 新建表单，放入 1 个选项按钮组。

② 在"属性"窗口设置表单的 Caption，用选项按钮组的生成器设置其按钮数为 9，在生成器对话框中设置按钮 1～按钮 9 的标题分别为红、橙、黄、绿、青、蓝、紫、黑、白。把选项按钮组的 AutoSize 设置为.F.，拖动边框为适当的大小，再用其快捷菜单的"编辑"命令进入按钮组的编辑状态，用鼠标拖动按钮成三行三列，再用布局工具栏使它们排列整齐，选中

所有按钮，设置它们的 AutoSize 属性为.T.，调整它们的字体大小。最后，得到如图 6-25 所示的结果。

③ 编写表单的 Init 事件代码如下：

```
This.OptionGroup1.value=9  &&白色为第 9 个按钮
This.OptionGroup1.BackColor=RGB(255,255,255)  &&设置选项按钮组的背景色为白色
```

④ 编写选项按钮组的 InterActiveChange 事件代码如下：

```
DO CASE
  CASE This.Value=1      &&采用相对引用，按第 1 个按钮
      This.BackColor=RGB(255,0,0)      &&红色
  CASE  This.Value=2
      This.BackColor=RGB(255,128,0)    &&橙色
  CASE  This.Value=3
      This.BackColor=RGB(255,255,0)    &&黄色
  CASE  This.Value=4
      This.BackColor=RGB(0,255,0)      &&绿色
  CASE  This.Value=5
      This.BackColor=RGB(0,128,128)    &&青色
  CASE  This.Value=6
      This.BackColor=RGB(0,0,255)      &&蓝色
  CASE  This.Value=7
      This.BackColor=RGB(128,0,128)    &&紫色
  CASE  This.Value=8
      This.BackColor=RGB(0,0,0)        &&黑色
  CASE  This.Value=9
      This.BackColor=RGB(255,255,255)  &&白色
ENDCASE
Thisform.Refresh
```

对于选项按钮组还应当注意，如果要将用户在选项按钮组中的选择保存到表的字段中，需要设置选项按钮组的 ControlSource 属性。保存时有如下两种情况。

一种情况是，如果把 ControlSource 设置为表中的一个数值型字段，则是将选项按钮组的 Value 值保存在该字段中。例如，假设选项按钮组有 4 个按钮，当前选择了第 3 个按钮，则数值 3 被保存在该字段中。

另一种情况是，如果把 ControlSource 设置为表中的一个字符型字段，则是将用户选择的按钮的标题（Caption）保存在该字段中。例如，假设选项按钮标组有 4 个按钮，每个按钮的标题 Caption 属性分别为 "A"、"B"、"C"、"D"，当前选择了第 3 个按钮，则字符 "C" 被保存在字段中。

【例 6.12】完成例 6.9 "无纸化考试表单" 中选项按钮组部分的设计。

根据例 6.9 题目的要求，选项按钮组有 4 个选项，每个选项的标题分别为：A、B、C、D。要求能把用户的选择保存到 "题目及答案" 表的 "答案" 字段中。

这部分的设计步骤如下。

① 放一个选项按钮组在表单的适当位置，用选项按钮组的生成器设置其按钮数为 4，在生成器对话框中设置每个选项的标题为 A、B、C、D，如图 6-27 所示，再设置按钮布局为水平，按钮间距为 20。用选项按钮组的快捷菜单中的 "编辑" 命令进入各按钮的编辑状态，选中全部的按钮设置它们的字号为适当大小。

图 6-27 选项按钮组的生成器

② 设置选项按钮组的 ControlSource 属性为"题目及答案.答案"字段，由于该字段为字符型的，所以将把用户选择的 A、B、C、D 保存到表中。

③ 选项按钮组放上去后，默认是选择第 1 个按钮，但给用户考试界面时是不能有选择痕迹的。另外，每次运行表单时需要把前面一个人的答案清空。所以上述处理需要写 Form1 的 Init 事件代码。代码如下：

```
Thisform.OptionGroup1.Value=0    &&设置选项按钮组无选择
REPLACE ALL  答案 WITH ""        &&清空上一次的答案
GO TOP   &&回到第1题
```

6.3.3　计时器

计时器（Timer）在控件工具栏中的图标是 ⏲。按照计时器放入表单的顺序，计时器的默认名称为 Timer1、Timer2 等。

计时器的功能是以一定的时间间隔重复执行指定的操作。当其 Enabled 属性设置为.T.（默认.T.）时，计时器才工作，而当把计时器的 Enabled 属性设置为.F.时，计时器就停止工作。计时器对时间做出反应，所以很多动态的操作常常要用到计时器控件。例如，抽奖表单中记录的滚动显示、页框的多个页面自动转换等。

注意，计时器与其他控件最大的不同有两点：第一，一般控件无论在设计时，还是在运行时都是可见的，而计时器在运行时它在表单中是不可见的，它的位置和大小都无关紧要，而在设计时，计时器在表单中是可见的，这样便于选择属性、查看属性和为它编写事件过程；第二，一般控件的事件都是由用户触发的，如鼠标单击、按键等，而计时器的 Timer 事件是由系统自动触发的，即时间间隔到触发。

表 6-14 列出了计时器控件的两个主要属性。使用计时器时一定要设置它的时间间隔属性（Interval）大于 0。如果计时器不工作，常见的原因是其 Interval 属性为 0 或 Enabled 属性为.F.。

表 6-14　计时器的常用属性

属性名称	功能说明	取值范围
Interval	Timer 事件之间的时间间隔	以毫秒为单位，默认 0，范围 0～2147483647
Enabled	确定计时器是否开始工作	.T.（默认）或.F.

计时器控件常用的是 Timer 事件，它在计时器的时间间隔到了时由系统自动触发，并且 Timer 事件是周期性的。Interval 属性不能决定事件本身发生多长时间，而是决定事件发生的频率。

注意，计时器事件越频繁，处理器就用越多的时间对计时器事件进行反应，这样会降低整个程序的性能。除非必要，一般尽量不要设置小的时间间隔。

【例 6.13】编制一个表单完成计时功能，设计界面和运行界面如图 6-28 和图 6-29 所示。

图 6-28　例 6.13 设计界面

图 6-29　例 6.13 运行界面

具体要求如下：

① 表单初始显示状态为："00：00：00"；

② 按"计时"按钮，将自动以秒为单位从零开始计时并在表单上动态显示，按"停止"

按钮将显示最后一刻的计时时间。

（1）问题分析

① 表单用到 1 个文本框、2 个命令按钮、1 个计时器控件。计时要用到时、分、秒 3 个参数，采用加新属性的方法，为表单加属性 S、F、M，分别用于记录时、分、秒，它们的初值都是 0。

② 需要用表单的初始化事件设置新属性 S、F、M 的初值，设置 Timer1 控件不工作，文本框初始显示为"00：00：00"。

③ "计时"按钮要完成的任务是：使 Timer1 开始工作，重新开始计时，所以 S、F、M 清零，文本框显示为"00：00：00"。

④ "停止"按钮的任务是：使 Timer1 停止工作。

⑤ Timer1 的 Timer 事件要处理的任务是：每过 1 秒钟，属性 M（秒参数）加 1，如果等于 60，则属性 F 加 1，属性 M 置 0，如果属性 F 等于 60，则属性 S 加 1，属性 F 置 0，然后把 S、F、M 以字符的形式显示在文本框中。

（2）设计步骤

① 新建表单，放入 1 个文本框、2 个命令按钮、1 个计时器控件。

② 用"表单"→"新建属性"菜单命令，增加 S、F 和 M 三个属性。

③ 在"属性"窗口设置：表单、2 个命令按钮的 Caption 属性和 Timer1 的 Interval 属性。把 Text1 的对齐方式 Alignment 属性设置为 2—居中，然后把 2 个命令按钮和文本框的字号设置为适当大小。

④ 编写表单 Form1 的 Init 事件代码如下：

```
Thisform.Timer1.Enabled=.F.        &&设置 Timer1 不工作
Thisform.S=0                       &&设置新加属性初值为 0
Thisform.F=0
Thisform.M=0
Thisform.Text1.Value="00:00:00"    &&文本框的初始显示
```

⑤ 编写命令按钮 Command1 的 Click 事件代码如下：

```
Thisform.Timer1.Enabled=.T.        &&设置 Timer1 开始工作
Thisform.S=0                       &&新加属性清零
Thisform.F=0
Thisform.M=0
Thisform.Text1.Value="00:00:00"    &&文本框的初始显示
Thisform.Refresh
```

⑥ 编写命令按钮 Command2 的 Click 事件代码如下：

```
Thisform.Timer1.Enabled=.F.        &&设置 Timer1 停止工作
```

⑦ 编写计时器 Timer1 的 Timer 事件代码如下：

```
Thisform.M=Thisform.M+1            &&秒加 1
IF Thisform.M=60                   &&如果秒等于 60
   Thisform.M=0                    &&秒置 0
   Thisform.F=Thisform.F+1         &&进位到分加 1
   IF Thisform.F=60                &&如果分等于 60
      Thisform.F=0                 &&分置 0
      Thisform.S=Thisform.S+1      &&进位到时
   ENDIF
ENDIF
SS=IIF(Thisform.S<10,"0"+STR(Thisform.S,1),STR(Thisform.S,2))
                                   &&转换为 C 型，小于 10 前面加 0
```

```
FF=IIF(Thisform.F<10,"0"+STR(Thisform.F,1),STR(Thisform.F,2))
MM=IIF(Thisform.M<10,"0"+STR(Thisform.M,1),STR(Thisform.M,2))
Thisform.Text1.Value=SS+":"+FF+":"+MM  &&把时分秒组合后显示在文本框中
Thisform.Refresh
```

6.4　容器类控件

　　Visual FoxPro 的对象总体上分为容器类和控件类，而容器类对象主要包括命令按钮组、选项按钮组、表格、页框和容器等。其中，命令按钮组、选项按钮组从功能上看又属于控制类对象的范畴，前面已经介绍过。本节主要介绍容器类对象中的表格、页框和容器控件。

6.4.1　表格

　　表格(Grid)在控件工具栏中的图标是▦。按照表格放入的顺序，表格的默认名称为 Grid1、Grid2 等。

　　表格是一种容器控件，通常包含多个列，每列中含有一个列标头（Header）对象和一个用于进行数据操作的文本框或组合框等其他控件，图 6-30 是在"属性"窗口看到的一个表格控件的对象层次关系。表格对象、列对象、列标头对象和文本框对象都有各自的属性、事件和方法。

　　表格能以多行多列的形式显示、编辑数据。表格控件与使用 Browse 命令打开的浏览窗口类似，也具有网格结构、水平和垂直滚动条、分栏拖动条、删除标记等，如图 6-31 所示。应当注意，尽管可以用表格来显示表的内容，但表格与表是完全不同的两个概念。

图 6-30　表格控件的对象层次关系

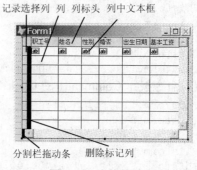

图 6-31　表格控件

1．表格常用属性

　　表格的常用属性如表 6-15 所示。

表 6-15　表格常用属性

属性名称	功能说明	取值范围
AllowAddNew	指定是否允许在表格操作界面添加新记录	.F.（默认），.T.
AllowRowSizing	表格是否允许用户调节行的尺寸	.T.（默认），.F.
ColumnCount	表格的计数属性，用来指定表格对象中列对象的数目	数值，默认值：-1，表格将列出数据源中的所有字段
Columns(i)	表格的收集属性，通过列编号指明表格中的某个列，是一个具有 ColumnCount 维的数组	数值，默认值：0。例如，Columns(1)表格中的第 1 列…
DeleteMark	指定表格是否具有删除标记列	.T.（默认），.F.
RecordMark	指定表格是否具有记录选择列	.T.（默认），.F.

续表

属性名称	功能说明	取值范围
Readonly	指定表格是否为只读	.F.（默认），.T.
RecordSource	指定与表格建立联系的数据源	表或临时表
RecordSourceType	指定填充表格的数据源的类型	0—表：自动打开 RecordSource 表并放入表格； 1—别名（默认）：在表格中放入已打开的表； 2—提示：在运行时，向用户提示数据源； 3—查询（Qpr）：将 RecordSource 指定为一个查询文件； 4—Sql：将 RecordSource 指定为一个 SQL 语句
LinkMaster	如果当前表为子表，则要指定其父表的关键字段	LinkMaster 和 ChildOrder 属性用来连接两个一对多关系的表
ChildOrder	如果当前表为父表，则要指定其子表的索引名；如果已设置了本属性，则忽略子表的确 Oorder 属性	
ScrollBars	指定是否显示滚动条	0—无、1—水平、2—竖直、3—既的水平又有竖直（默认）
SplitBar	指定是否显示分割栏拖动条	.T.（默认），.F.

在表格控件中，列对象常用的属性如表 6-16 所示。

表 6-16　表格控件中列对象的常用属性

属性名称	功能说明	取值说明
ControlSource	指定表格中列对象的数据源	一般为表的一个字段
CurrentControl	指定列对象中的活动控件	默认值为"Text1"文本框。如果在列中添加了另一个控件，则可以将它指定为 CurrentControl

2. 表格常用的事件与方法

表格常用的事件有 Init、When、Click、valid、AfterRowColChange 和 BeforeRowColChange，而 Refresh、SetAll 和 SetFocus 是表格常用的方法。这些多数在前面已经讨论过。

AfterRowColChange 事件：当用户移到表格的另一行或列时，新单元获得焦点及新行或列中对象的 When 事件发生后，发生此事件。

BeforeRowColChange：当用户更改活动的行或列，而新单元还未获得焦点时发生。

【例 6.13】设计一个表单，用表格浏览职工表的内容。

（1）问题分析

这是一个比较简单的问题，可以有多种方法解决。

（2）方法 1

① 新建表单→增加数据环境→在数据环境中添加"职工"表。

② 直接将数据环境中的"职工"表拖入到表单，如图 6-32 所示，完成设计。

注意：此时系统自动将表格命名为 Grd 职工，RecordSourceType 置为 1，而 RecordSource 置为"职工"。

（3）方法 2

① 新建表单，在表单工具栏中选择表格，并将其加入到表单中。

② 增加数据环境，在数据环境中添加"职工"表。

③ 将 RecordSourceType 置为 1—别名，RecordSource 置为"职工"，完成设计。

注意：此时数据环境中的职工表会自动打开。如果取消步骤②，即不使用数据环境，则 RecordSourceType 应置为 0—表，系统会自动打开由 RecordSource 指定的职工表，但当表单运行结果时，该表不会自动关闭。这时，可以在表单的 Unload 事件中加入 USE 命令关闭表。

（4）方法 3

① 新建表单，在表单工具栏中选择表格，并将其加入到表单中。

② 用鼠标右键单击表格，打开快捷菜单，选择"生成器"，在表格生成器中，选择表及字段后，确定完成，如图 6-33 所示。

图 6-32 直接将"职工"表拖入到表单

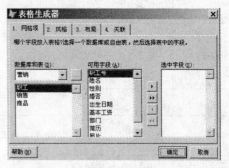

图 6-33 用表格生成器实现例 6.13

注意：在表格生成器中，即使选中全部字段，ColumnCount 也不会是–1，而是实际的字段数。

【例 6.14】设计一个表单，利用两表之间临时关联，实现查询多表信息功能。要求：当用户在"职工"表格移动记录指针时，"销售"表格中只显示与"职工"表中的"职工号"相匹配的信息。

（1）问题分析

本例的关键是先建立职工表与销售表之间一对多的临时关联，从而使两表的记录指针可以联动，然后将两表通过表格控件在表单上显示出来。

（2）设计步骤

① 有多种方法建立职工表与销售表的临时关联：

- 可以用 Set Relation To 命令；
- 通过数据工作期；
- 通过数据数据环境，如图 6-34 所示；
- 如果先将与数据源绑定的表格置入表单，还可以通过图 6-33 所示的表格生成器，选择"关联"页框实现。

② 将数据环境中的职工表、销售表拖入表单，或通过表单控件工具栏，放入两个表格，再设置 RecordSourceType 和 RecordSource 属性，使表格与相关表源绑定。

③ 编写表单 Form1 的 Init 事件代码，对表格进行相关的属性设置。

```
FOR I=1 TO This.ControlCount        &&通过表单记数属性控制循环次数
    WITH This.Controls(I)            &&对每个表格依次处理
        .ReadOnly=.T.                &&将表格置为只读状态
        .AllowAddNew=.F.             &&在表格界面不可添加新记录
        .DeleteMark=.F.              &&在表格界面不可删除记录
        .AllowRowSizing=.F.          &&将表格的网格行宽置为不可调
        .AllowheaderSizing=.F.       &&将表格的列表头高度置为不可调
    ENDWITH
ENDFOR
```

例 6.14 的运行结果如图 6-35 所示。同样，如果要设计 3 个表之间多对一的联动，如图 6-36 和图 6-37 所示，方法与本例题是相同的。

【例 6.15】设计一个"职工"表数据输入表单。要求：具有只读的浏览功能，可以添加记录，可以取消添加的记录，可以结束操作退出表单。

图 6-34　在数据环境中设置
临时关联

图 6-35　建立职工表与销售
表的联动

图 6-36　在数据环境中设置多对一
临时关联

（1）问题分析

根据题目要求，需要设计一个如图 6-38 所示的表单，单击"添加"按钮可以进入追加记录方式，如果本次添加不满意，可以通过"取消"按钮撤销添加操作。另外，职工表浏览时为"只读"方式，不允许修改和删除操作。

图 6-37　建立销售表与职工表、商品表的联动

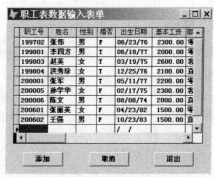
图 6-38　职工表添加操作

（2）设计步骤

① 建立数据环境

本题目只涉及职工表，所以，将职工表添加到数据环境中。应当注意的是，最好将职工表的索引修改为普通索引，如果是主索引，就不能连续添加一条以上的空记录，会出现"职工号"不唯一的错误。

② 选取控件、设置静态属性

- 设置表单的 Caption 属性；
- 从表单控件工具栏中选取表格，添加到表单，设置表格的属性 RecordSourceType 为 1，RecordSource 为职工，从而使表格与相关数据源绑定；
- 添加 3 个命令按钮，并设置其 Caption，用来实现"添加"、"取消"和"退出"操作；
- 添加一个新的属性 R，用来记录原表的记录数，如果做过"添加"操作，则当前的记录号一定会比原表的记录数多，由此可以判断是否进行了添加操作，而只有做了"添加"，才需要取消。

③ 编写数据环境 Dateenviroment 的 BeforeOpentables 事件代码如下：

```
This.CURSOR1.EXCLUSIVE=.T.   &&如果要执行 pack 物理删除，表必须以独占方式打开
```

④ 编写表单 Form1 的 Init 事件代码如下：

```
Set Delete On
Thisform.Grid1.AllowAddNew=.F.
Thisform.Grid1.DeleteMark=.F.
```

```
Thisform.Grid1.ReadOnly=.T.
Thisform.R=Reccount()
```

⑤ 编写"添加"按钮 Command1 的 Click 事件代码如下：

```
Thisform.Grid1.ReadOnly=.F.    &&允许修改和用命令方式添加
Append Blank
Thisform.Grid1.Column1.Text1.SetFocus    &&焦点打在第 1 列文本框上
Thisform.Refresh
```

⑥ 编写"取消"按钮 Command2 的 Click 事件代码如下：

```
If Thisform.R<Recno()    &&如果做过"添加"，则删除
    Delete
EndIf
Thisform.Grid1.Readonly=.T.
Thisform.Refresh
```

⑦ 编写"退出"按钮 Command3 的 Click 事件代码如下：

```
Pack            &&对做过逻辑删除的记录进行物理删除
Thisform.Release
```

6.4.2　页框

页框（PageFrame）在控件工具栏中的图标是 📄。如果表单中要放入多个页框，则按照放入的顺序，页框默认的名称为 PageFrame 1、PageFrame 2 等。

页框是包含页面的容器类对象。用户可以在一个页框中定义多个页面，每个页面可以包含各种控件，从而可以生成带有选项卡的对话框。运行带有页框的表单时，可单击页面标题来选择页面，被选中的页面为活动页面。任何时候只有一个活动页面，并且只有活动页面中的控件才是可见的。

1．页框控件常用的属性

页框的常用属性如表 6-17 所示。

表 6-17　页框的常用属性

属性名称	功能说明	取值说明
ActivePage	设置或返回页框中活动页面的页码	数值，默认为 1
Enabled	废止或启用页框	.T.（默认），.F.
PageCount	记数属性，指定页框的页面数	数值，默认为 2
Pages(i)	收集属性，指明页框中的某个页面，是一个具有 PageCount 维的数组	数值，默认为 0
Tabs	确定页面的选项卡是否可见	.T.（默认），.F.
TabStyle	是否选项卡都是相同的大小，并且都与页框的宽度相同	0—两端（默认），1—非两端
TabStretch	指定页面标题能否分行显示	1—单行（默认）、0—多行

页框中页面的常用属性有：Caption、BackColor、ControlCount、Controls、CurrentControl、ForeColor、BackStyle、FontName、FontSize、FontBold、ReadOnly、Picturet 和 Enabled 等。

2．页框常用的事件与方法

页框具有 Init、Click 等事件，以及 Refresh、SetAll 等方法。

页框中的页面常用 Activate、Init 和 Click 事件，以及 Refresh、SetFocus、SetAll 等方法。

其中，Activate 事件很重要，它的功能是：当激活表单集、表单或页对象，或者显示工具栏对象时，将发生 Activate 事件。

【例 6.16】编一页面转换表单。要求设计一个包含 3 页的页框，每页依次放入 1 幅图画、1 张表格（含数据）、1 个列表框（含数据）。运行后，当鼠标点击不同页面时，显示如图 6-39

所示的效果。

 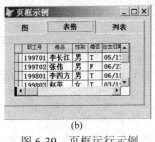 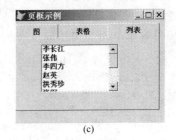

(a)   (b)   (c)

图 6-39 页框运行示例

（1）设计步骤

① 建立数据环境

本题目只涉及职工表，所以，将职工表添加到数据环境中。

② 选取控件、设置静态属性

- 设置表单的 Caption 属性；
- 从表单控件工具栏中选取页框，添加到表单，设置页框的属性 PageCount 为 3；
- 鼠标右键单击页框，弹出快捷菜单，选择"编辑"页框，此时处于编辑状态下的页框会出现蓝色的边框，分别设置每一页面的 Caption 属性；
- 在页框编辑状态下，选中 Page1，添加一张图片，并设置图片的 Picture 属性；选中 Page2，添加一张表格，并设置表格属性 RecordSourceType 为 1，RecordSource 为职工；选中 Page3，添加一个列表框，并设置列表框属性 RowSourceType 为 6，Row Source 为职工.姓名。

③ 本例在运行中是通过鼠标单击来选择页面的，同时，有关对象的属性均在"属性"窗口设置，因此，不需要写事件代码。

（2）如果要在例 6.16 基础上，使页框中的页面能每隔 1 秒自动换页，如何实现

① 问题分析：这时应当引入一个计时器控件，设计界面如图 6-40 所示。如果当前的活动页面 ActivePage 小于 PageCount，则每隔 1 秒，活动页面 ActivePage 属性值加 1，当活动页面 ActivePage 为 3 时再返回到 1。

② 增加一个计时器控件，并设置属性 Interval=1000。

③ 编写计时器 Timer1 的 Timer 事件代码如下：

```
If Thisform.PageFrame1.ActivePage<Thisform.PageFrame1.PageCount
    Thisform.PageFrame1.ActivePage=Thisform.PageFrame1.ActivePage+1
Else
    Thisform.PageFrame1.ActivePage=1
EndIf
Thisform.Refresh
```

（3）如果要在自动切换页面的基础上，使未被激活的页面设置成不可访问，如图 6-41 所示，如何实现

图 6-40 每隔 1 秒自动切换页面   图 6-41 非活动页面不可访问

① 问题分析：用变量 P 记录活动页面，每隔 1 秒使 P 加 1，P 等于总页数则回到 1 并将第 P 页设置成活动页面。为了使未被激活页面置为不可访问，先将所有页面置成不可访问，然后设置第 P 页为可访问。

② 编写计时器 Timer1 的 Timer 事件代码如下：

```
Thisform.PageFrame1.Page1.Enabled=.F.          &&先使 3 个页面均不可访问
Thisform.PageFrame1.Page2.Enabled=.F.
Thisform.PageFrame1.Page3.Enabled=.F.
P=Thisform.PageFramel.ActivePage               &&活动页面计数加 1
If P=Thisform.PageFrame1.PageCount
&&如果活动页面等于页框中的页面数
    P=1                                        &&活动页面计数置 1
ELSE
    P=P+1
EndIf
**注意下面两句的位置不能互换
Thisform.PageFrame1.Pages(P).Enabled=.T.
&&置指定的活动页面为可访问
Thisform.PageFrame1.ActivePage=P               &&激活活动页面
Thisform.Refresh
```

6.4.3 容器

容器（Container）在控件工具栏中的图标是 ⊟。如果表单中要放入多个容器，则按照放入的顺序，默认的名称为 Container 1、Container 2 等。

容器对象是可以包含其他对象的控件。容器所包含的对象既可以是控件类对象，也可以是容器类对象。例如，容器控件中既可以有命令按钮（控件类对象），也可以有命令按钮组（容器类对象）。

容器的常用属性如表 6-18 所示。

表 6-18　容器的常用属性

属性名称	功能说明	取值说明
BackColor	指定容器的背景色	BackStyle 为 0 时，失效
BackStyle	指定容器背景是否透明	0—透明，1—不透明（默认）
ControlCount	记数属性，指定容器中的对象数	数值，默认为 0
Controls	收集属性，指明页框中的某个对象，是一个具有 ControlCount 维的数组	数值，默认为 0
Style	指定边框是否为 Windows XP 主题效果	0—正常方式（默认），3—标题
SpecialEffect	在 Style 属性值为 0 时，指定容器的外观形状	0—凸起,1—凹下,2—平面（默认）

【例 6.17】已知销售业绩的评价区间分为 5 档：优（≥6000 元）、良（≥4000 元）、中（≥2000 元）、合格（≥1000 元）、不合格（<1000 元）。可以根据需要对各档区间进行调整，请根据"销售"表中每个职工的总销售金额统计出各档的人数。运行界面如图 6-42 所示。

（1）问题分析

因为 5 档销售业绩的区间可以调整，因此需要人机交互，可以利用文本框实现。而统计出每一区间的人数需要显示出来，可以考虑通过容器控件，在其中置入文本框循环来显示输出。

（2）设计步骤

① 选择相关的控件，并做好控件的布局，设置相关控件的静态属性，如图 6-43 所示。其

中，表单的 Caption 及 Label1～Label6 的标题通过"属性"窗口设置。注意，表单用到了容器对象，并在容器中安排了 5 个文本框，用来显示各销售业绩档的人数。

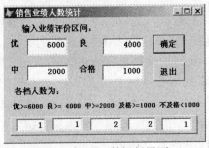

图 6-42 例 6.17 的运行界面   图 6-43 例 6.17 的设计界面

② 编写表单 Form1 的 Init 的事件代码如下：

```
Set Safety Off
Thisform.Text1.Value=6000        &&设置各档区间的初值
Thisform.Text2.Value=4000
Thisform.Text3.Value=2000
Thisform.Text4.Value=1000
Use 销售 Order 职工号              &&打开销售表，并设置主控
Total On 职工号 To ZGHZ           &&按每个职工分类汇总
Use ZGHZ                          &&打开按每个职工汇总销售金额以后的表
```

③ 编写命令按钮 Command1（确定）的 Click 事件如下：

```
T1=Thisform.Text1.Value
T2=Thisform.Text2.Value
T3=Thisform.Text3.Value
T4=Thisform.Text4.Value
Dimension AA(5)
AA=0                             &&统计各档的人数，各档人数初值均为零
Scan                             &&循环统计每一档次的人数，保存在 AA 数组
Do Case
    Case 金额>=T1
        AA(1)=AA(1)+1
    Case 金额>=T2
        AA(2)=AA(2)+1
    Case 金额>=T3
        AA(3)=AA(3)+1
    Case 金额>=T4
        AA(4)=AA(4)+1
    Otherwise
        AA(5)=AA(5)+1
ENDCASE
ENDSCAN
For i=1 To Thisform.Container1.Controlcount &&将各档人数填入 Container1
    Thisform.Container1.Controls(i).Value=AA(i)
Endfor
Thisform.Label7.Caption="优>="+STR(T1,4)+" 良>="+STR(T2,5)+" 中>=";
+STR(T3,4)+" 及格>="+STR(T4,4)+" 不及格<"+STR(T4,4)
Thisform.Text1.SetFocus
Thisform.Refresh
```

④ 编写命令按钮 Command2（退出）的 Click 事件代码如下：

```
Use
Thisform.Release
```

6.5 链接与嵌入类控件

Visual FoxPro 的特点之一是不仅能使用它本身的数据，而且能通过对象的链接与嵌入（OLE，Object Linking and Embedding）技术，将其他的 Windows 应用程序提供的文本、声音、图片或视频等数据链接或嵌入到表、表单或报表中，从而扩展其自身的功能。

嵌入和链接的不同在于数据的存储地点。嵌入将数据存储到表或表单中，而链接只是指明插入的对象文件所在的路径，而不是对象本身。

在表单或报表中，可以创建与表的通用型字段相联系的对象，这些对象称做绑定型 OLE 对象，并可以使用绑定型 OLE 对象显示通用型字段的内容。使用"表单控件"工具栏上的"ActiveX 绑定控件"可以创建绑定型 OLE 对象，也可以使用"ActiveX 控件"创建非绑定型 OLE 对象，非绑定型 OLE 对象不与表的通用型字段相连。

在表单设计器中，可以使用"ActiveX 控件（OLE 控件）"向表单中添加 OLE 对象，也可以使用"ActiveX 绑定型（OLE 绑定型）控件"，显示通用型字段中的 OLE 对象。

6.5.1 ActiveX 控件

1. ActiveX 的概念

ActiveX 是微软公司提出的一组技术标准，其中也包括控件的技术标准，而 ActiveX 控件就是指符合 ActiveX 标准的控件。例如，在 Windows 的 System 文件夹下就含有大量带.ocx 扩展名的文件，都属于 ActiveX 控件，由于它与开发平台的无关性，这是进行 Visual FoxPro 程序设计很好的资源。

为了使 Visual FoxPro 能够在需要时方便地使用更多的 ActiveX 控件，在表单的控件工具栏中设置了 ActiveX（OleControl）控件按钮，如图 6-44 所示。选定这一按钮后，用户可以直接向表单插入一个 OLE 对象或 ActiveX 控件，也可向表单控制工具栏添加原来没有的 ActiveX 控件。

2. 向表单添加控件或对象

在"表单设计器"环境下，从表单控件工具栏中选定 ActiveX 控件按钮向表单添加控件，屏幕上将弹出如图 6-45 所示的"插入对象"对话框，该对话框中有 3 个选项按钮，"新建"、"由文件创建"和"创建控件"，可用于在表单中添加一个 ActiveX 控件。

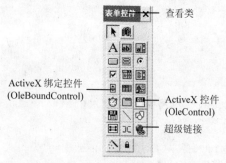
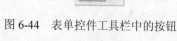

图 6-44　表单控件工具栏中的按钮　　　　　　　　图 6-45　插入对象对话框

（1）"新建"选项

选定"新建"选项按钮，表示将在表单上新建一个 OLE 对象。这种对象是在"对象类型"列表框中提供的文件类型，包含了文档、图像、声音等多种文件类型。用户选定其中一项并确定后，Visual FoxPro 将自动打开这种类型的应用程序，供用户输入文档的内容。例如，若选定的是 Microsoft Excel 工作表，将自动打开 Excel 供用户建立电子表格。

例如，要在表单上创建一个 Microsoft PowerPoint 文档，则在表单工具中选 ActiveX 控件后拖放到表单窗口某处，在图 6-45 所示的"插入对象"对话框中选择"Microsoft PowerPoint 幻灯片"，在 Microsoft PowerPoint 的窗口中输入文档内容即可。如果要修改其内容，则在该对象上按快捷菜单，选"编辑"命令后可进入 PowerPoint 的编辑状态，可对其进行修改，如图 6-46 所示。

在图 6-47 所示的"插入对象"对话框中，有一个"显示为图标"的复选框，可以用来确定新建的对象以图标显示，还是直接显示其文档的内容。

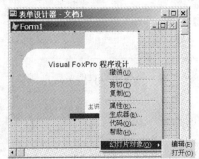

图 6-46　在表单中新建 OLE 对象

图 6-47　文件创建选项的界面

（2）"由文件创建"选项

如果选定"由文件创建"选项，表示用户需指定一个存在的文档，并作为对象放置在表单上，如图 6-47 所示。用户可以通过"浏览"按钮选定指定文件，或在文本框中直接输入文件路径及文件名，确定后表单窗口内即生成一个文档对象。该文档是链接方式还是嵌入方式要看是否选中"链接"复选框。

例如，在表单上创建一个已存在的 Word 文档为对象时，可以在表单控件工具栏选定 ActiveX 控件按钮，单击表单窗口某处，在图 6-47 所示的插入对象对话框中选中"由文件创建"按钮，通过"浏览"按钮选定一个 Word 文件，按确定后即在表单中产生了一个显示该文件内容的对象。

（3）"插入控件"选项

选定"插入控件"选项按钮表示可以由用户指定一个 ActiveX 控件并将其放在表单上。在"插入对象"对话框中显示了控件类型列表，其中包含了大量 ActiveX 控件选项，例如 Microsoft 的 Slider、ImageList、TreeView、ProgressBar、Calender 等控件，如图 6-48 所示。用户还可以根据需要向列表框中添加 Windows 环境下的 ActiveX 控件。

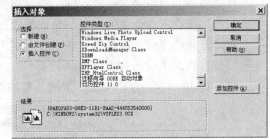

图 6-48　创建控件选项的界面

【例 6.18】利用日历控件向文本框输入日期。要求在日历中选中年、月、日后，即在文本框中显示相应的日期。

设计步骤如下：

① 在表单上创建 1 个标签和 1 个文本框，将 Form1 的 Caption 属性设置为"日期输入"。

② 在表单上创建 1 个日历控件。从表单工具栏中选定 ActiveX 控件按钮，单击表单右侧，在"插入"对话框中选定"创建控件"选项按钮，在控件类型列表中选定"日历控件"选项

需要建立多表查询。

在建立多表查询时，先要将所有有关的表或视图添加到查询中，并在关键字段上建立连接，再确定显示字段、筛选条件、排序要求或分组要求后，即可运行查询显示结果，如图 8-8 所示。

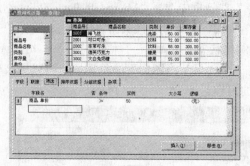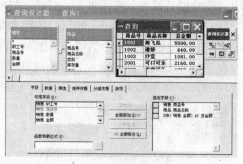

图 8-7　条件查询　　　　　　　　　　图 8-8　商品表与销售表的多表查询

6．保存查询

关闭"查询设计器"，在输入查询名称框中输入该查询名称即可。

7．输出查询结果

以上介绍的各种查询结果都将在"浏览"窗口中显示，这是查询输出的默认方式。Visual FoxPro 9.0 系统提供了 4 种查询输出去向，如图 8-9 所示。

8．查询的使用

通过"查询设计器"设计好自己的查询后就可以直接运行查询了，也可以先将设计好的查询保存后再通过命令：

```
DO 查询名.qpr
```

图 8-9　查询去向　　执行查询（扩展名.qpr 不能省略）。

8.1.2　用 SQL 语言实现查询设计

前面介绍的利用"查询设计器"设计查询，其内部实际就是一个 SQL 语言中的 SELECT 查询语句，在查询设计器中该语句是根据设计的查询而自动生成的。

前面设计的查询都可以通过查询工具栏的"SQL"按钮或通过"查询"→"查看 SQL"菜单，查看查询生成的 SELECT 语句。

图 8-10 所示为通过"SQL"按钮显示的对应 SELECT 查询语句。

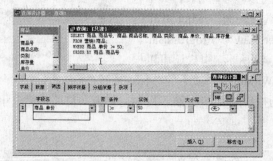

图 8-10　对商品表按单价>=50 查询相应的 SELECT 语句

当然，可以直接使用 SQL 语言中的 SELECT 查询语句来对表中的数据进行查询。SQL 查询语句的具体格式可参照第 3 章的相关内容，这里不再详细介绍。下面是使用 SQL 语句直接

【**例 6.19**】用滑杆控件浏览职工表中的职工姓名。要求滑杆指向什么数值，就显示记录号为该数值的职工姓名。

设计步骤如下：

① 新建表单 Form1，设其 Caption 为"职工姓名浏览"；

② 添加数据环境，并在数据环境中添加"职工"表；

③ 将数据环境中职工表中的"姓名"字段拖到表单指定位置，并设置字体、字号；

④ 在如图 6-52 所示的工具栏中选定"Microsoft Slider Control 控件"，在表单指定位置拖放该控件，即可得到名称为 OleControl1 滑杆控件，如图 6-53 所示。

OleControl1 的 Init 事件代码编写如下：

```
*按表的记录数设置滑杆指针刻度范围
This.MIN=1                        &&刻度最小值为 1
This.MAX=RECCOUNT()              &&刻度最大值与记录个数相同
```

OleControl1 的 MouseMove 事件代码编写如下：

```
*** ActiveX 控件事件 ***
LPARAMETERS button, shift, x, y
GO Thisform.OLECONTROL1.VALUE     &&记录指针指向滑杆指针所在刻度
Thisform.Refresh   &&刷新屏幕使文本框绑定的数据源与记录同步变化,运行效果如图 6-54
```

所示

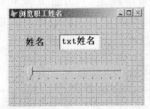
图 6-53　例 6.19 初始界面

图 6-54　例 6.19 运行效果

【**例 6.20**】设计一个表单，实现列表框选中的 MP3 歌曲由 Windows Media Player 播放。

设计步骤如下：

① 新建表单 Form1，设其 Caption 为"点歌"；

② 设置表单的初始界面，如图 6-55 所示，其中的播放器可以用上面介绍的方法添加到图 6-52 所示的工具栏；

③ 在如图 6-52 所示的工具栏中选定"Windows Media Player 控件"，在表单指定位置拖放该控件，即可得到名称为 OleControl1 的播放器控件，如图 6-56 所示；

图 6-55　例 6.20 初始界面

图 6-56　例 6.20 运行效果

④ 编写相关事件的代码。

表单 Form1 的 Init 事件代码如下：

```
*设置列表框的数据源
Thisform.List1.RowSourceType=7               &&列表框的数据源是文件
Thisform.List1.RowSource="*.mp3"            &&列表框的数据源的文件类型是.mp3
```

列表框 List1 的 InterActiveChange 事件代码如下：

```
Thisform.OLEControl1.URL=Thisform.List1.DisplayValue
*运行效果如图 6-56 所示
```

命令按钮 Command1（退出）的 Click 事件代码如下：

```
Thisform.Release
```

6.5.2　ActiveX 绑定控件

表的通用型字段可包含其他应用程序的数据，如文本、声音、图片与视频等 OLE 对象，可以借助于"ActiveX 绑定型控件"在表单上显示表中通用型字段的内容。具体步骤如下：

①　在"表单设计器"中，将一个"ActiveX 绑定型控件"添加到表单中，并拖放至所希望的大小，创建的第一个 OLE 绑定型控件的 Name 属性默认为 OleBoundControl1。

②　在数据环境中添加含有通用字段的表，如职工表。

③　将控件与通用型字段绑定，即在对象的 ControlSource 属性中设置通用字段名，例如，设置成"职工.照片"。也可以通过编程方式显示通用型字段中的 OLE 对象，如表 6-19 所示。

使用 OLE 绑定型或 OLE 控件的 AutoActivate 属性设置可决定当 OLE 对象获得焦点或当用户双击 OLE 对象时打开或编辑该对象。AutoVerbMenu 属性确定了 ActiveX 控件的快捷菜单是否允许用户打开或编辑 OLE 对象。

表 6-19　通过编程方式显示通用型字段中的 OLE 对象

代　　码	注　　释
Form1 = CREATEOBJECT("Form")	创建表单
Form1.ADDOBJECT("Oleboundcontrol1", "Oleboundcontrol")	添加控件
Form1. Oleboundcontrol1.Controlsource = "学生.照片"	将数据与控件绑定
Form1 Oleboundcontrol1.Visible = .T. Form1.Visible = .T.	使控件和表单可见

如果要控制只能通过编程的方式来打开或编辑 OLE 对象，就需要将 AutoActivate 属性设置为"0-人工"，并且将 AutoVerbMenu 属性设置为"假"。

【例 6.21】用滑杆控件浏览职工表中的职工姓名及照片。要求：滑杆指向什么数值，就显示记录号为该数值的职工名称及照片；单击"替换"按钮，可以替换已有的照片，或插入新的照片，图 6-57 所示为其运行效果。

设计步骤只要在例 6.19 基础上稍做改进即可。

①　在图 6-58 所示的设计界面上添加"ActiveX 绑定型控件"，并将其与职工表的通用型字段绑定，即 OLEBoundControl1 对象的 ControlSource 属性设置为"职工.照片"。

图 6-57　利用滑杆浏览职工照片的运行效果

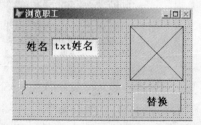

图 6-58　利用滑杆浏览职工照片的设计界面

② 增加"替换"命令按钮 Command1，设计其 Click 事件代码如下：

```
*既可以向当前记录的通用字段增加图像，又能替换图像
FN=GETPICT()          &&显示打开图片对话框，并返回用户选定的图像文件名
APPEND GENERAL 职工.照片 FROM &FN  &&从选定文件向当前记录的通用字段代入 OLE 图像
THISFORM.REFRESH
```

在本例中的滑杆是一个非绑定的 OLE 控件，而照片是一个绑定的 OLE 控件。

6.5.3　超级链接

Visual FoxPro 编写的应用程序可以与因特网（Internet）链接，实现上网浏览的功能。当然，前提是你所使用的计算机已具有上网功能，并安装有因特网浏览器软件，如 Microsoft Internet Explorer。

在表单控件工具栏中有一个超级链接按钮 🔗。该按钮可用于在表单上创建超级链接对象，系统默认的对象名 Hyperlink1，该对象含有一个 NavigateTo 方法程序，用来指定一个用户网址，执行该方法时，Visual FoxPro 就会启动因特网浏览器，并根据指定网址进入网络的站点显示网页。

【例 6.22】在表单上创建一个命令按钮，要求表单运行时单击该命令按钮即可转到浙江在线网站站点。

设计步骤如下：

① 在表单上添加一个超级链接控件和命令按钮控件各一个，Command1 的 Caption 为"浙江在线"，如图 6-59 所示；

② 编写命令按钮 Command1 的 Click 事件代码。

图 6-59　超级链接

```
Thisform.Hyperlink1.Navigateto("WWW.ZJOL.COM.CN")
```

6.6　小　结

本章根据控件的使用功能把 Visual FoxPro 的控件分为输出类、输入类、控制类、容器类、连接类 5 大类控件，然后按上面的分类顺序逐一介绍了表单控件工具栏上的各种控件。对于控件，是从使用的角度来介绍的，列举了各个控件的常用属性、常用方法和常用事件，每个控件都有典型的例题讲解，以便于用户的理解和使用。本章内容可以归纳为以下几个主要方面。

（1）熟练运用标签、文本框、编辑框、列表框、组合框、微调框、命令按钮、命令按钮组、复选框、选项按钮组、计时器、表格、页框等使用频率较高的控件。掌握图像、线条、形状、容器、ActiveX 控件、ActiveX 绑定控件、超级链接等控件的基本使用方法。

（2）常用的属性有 Caption、Alignment、AutoSize、Left、Top、Height、Width、ForeColor、BackColor、FontName、FontSize、FontBold、Visible、WordWrap、Picture、Stretch、BackStyle、Curvature、FillColor、FillStyle、SpecialEffect、BackStyle、Value、ControlSource、DateFormat、InputMask、ReadOnly、SelectOnEntry、PassWordChar、RowSourceType、RowSource、ListCount、List(i)、ListIndex、ColumnCount、DisplayValue、Sorted、Default、Enabled、ToolTipText、ButtonCount、Buttons(i)、ColumnCount、Columns(i)、DeleteMark、RecordSource、RecordSourceType、ActivePage、PageCount、Pages(i)等。理解这些属性的含义和使用方法。

（3）常用方法有：SetFocus、SetAll、AddItem、RemoveItem、Clear、Refresh、Release 等，掌握它们的语法格式和使用方法。

（4）常用事件有：Init、Click、Valid、InteraCtiveChange、Timer、DownClick、UpClick、

Destroy、GotFocus、LostFocus、Activate、AfterCloseTables、BeforeOpenTables、When 等，掌握这些事件的触发时机和在实际问题中的运用。

习 题 6

6.1　判断题

1．当形状 Shape 控件的 Curvature 属性设置为 99 时，形状显示为圆。

2．当把标签的前景色设置为 RGB（255,255,255）时，标签里的文字显示为黑色。

3．在图像（Image）控件中可以放入其他的控件。

4．设置文本框的 PassWordChar 属性为"*"，文本框输入的数据将被"*"替换。

5．当文本框的 Valid 事件返回.F.时，光标将不能离开文本框。

6．Caption 属性是文本框的一个主要属性。

7．在编辑框中可以显示和编辑表文件中的日期型字段。

8．列表框、组合框的数据源是通过属性 RowSourceType 和 RowSource 进行设置的。

9．若要在列表框的值改变时执行某段代码，应该将该段代码编写在其 Click 事件中。

10．当组合框的 Style 属性设置为 2 时，其功能将跟列表框是一样的。

11．一般把最常用的那个命令按钮设置为默认按钮，按回车键时默认按钮即被触发。

12．命令按钮组的事件代码在任何时候都可以作为其所包含控件同名事件的默认代码。

13．如果选项按钮组的 Value 属性的值为 1，则表示在选项按钮组中选中了第 1 个按钮。

14．如果设置选项按钮组的 ControlSource 属性为表文件中的一个字符型字段，则将把用户选择按钮的 Caption 保存到表中。

15．任何控件的 Enabled 属性设置为假后，都会呈现明显的淡灰色废止迹象。

16．当计时器控件的 Interval 属性为 0 时，计时器控件将不起作用。

17．计时器控件的 Enabled 属性的默认值是.F.。

18．设置表格的数据源要用 RecordSourceType 和 RecordSource 属性。

19．页框控件的 ActivePage 属性可以反应页框中活动页面的页码。

20．显示通用型字段的内容使用的是表单控件工具栏上的 ActiveX 绑定控件。

6.2　选择题

1．放入表单中的标签，其 Caption 属性的默认值与下面的（　　）属性的默认值是一致的。

　　A．Value　　　　　　B．Name　　　　　　　C．Alignment　　　　　D．Height

2．决定表单上控件的位置的属性是（　　）。

　　A．Left 和 Top　　　　　　　　B．Alignment 和 Value

　　C．WordWrap 和 Visible　　　　D．Width 和 Height

3．要使图像中的图片能等比例填充，要设置的属性是（　　）。

　　A．Picture　　　　　　B．Stretch　　　　　　C．BackStyle　　　　　D．AutoSize

4．在一个表单中，如果想让其中的某个控件不可见，应该设置该控件的（　　）属性。

　　A．ReadOnly　　　　　B．Enabled　　　　　　C．Visible　　　　　　D．Value

5．使形状（Shape）控件显示为三维的效果，应设置形状（Shape）的（　　）属性。

　　A．Curvature　　　　　B．FillStyle　　　　　　C．BackStyle　　　　　D．SpecialEffect

6．将文本框的 PassWordChar 属性值设置为星号（*），那么，当在文本框中输入"计算机"

时，文本框中显示的是（　　　）。

    A．计算机　　　　　　B．***　　　　　　　　C．******　　　　　　　D．错误设置

7．对于文本框的 Value 属性，其可能的数据类型为：（　　　）。

    A．数值型　　　　　　B．字符型　　　　　　　C．日期型　　　　　　　D．都对

8．在表单的 Init 事件中，使表单中的 Text1 控件中显示"杭州"，应该设置（　　　）。

    A．Thisform.Text1.Caption="杭州"　　　　　B．Text1.Value="杭州"

    C．This.Text1.Value="杭州"　　　　　　　　D．This.Value="杭州"

9．下列各组控件中哪组可以用于数据的输入（　　　）。

    A．标签和图像控件　　　　　　　　　　　　B．编辑框和文本框控件

    C．计时器和形状控件　　　　　　　　　　　D．命令按钮和页框控件

10．如果要为控件设置焦点，则控件的 Enabled 属性和（　　　）属性必须为.T.。

    A．Visible　　　　　　B．Cancel　　　　　　C．Default　　　　　　　D．Buttons

11．若要使表单中的编辑框（Edit1）得到焦点，应使用命令（　　　）。

    A．This.Edit1.SetFocus=.T.　　　　　　　　B．Thisform. SetFocus

    C．Thisform.SetFocus(Edit1)　　　　　　　　D．Thisform.Edit1.SetFocus

12．决定选项按钮组中按钮个数的属性是（　　　）。

    A．ButtonCount　　B．Buttons　　　　　　C．Value　　　　　　　D．ControlSource

13．下列方法程序中，不专属于列表框或组合框的是（　　　）。

    A．Refresh　　　　　B．Clear　　　　　　　C．RemoveItem　　　　　D．AddItem

14．对于不同的表单控件，其属性 Value 所表示的含义也有所不同。例如，选项按钮组中 Value 的含义是（　　　）。

    A．该选项组中单个选项按钮所包含的事件

    B．用于指定选项组中哪个选项被选中

    C．每个选项按钮的标题名称

    D．选项组所包含的整个事件代码

15．要设置表格的数据源，需要使用（　　　）的属性。

    A．ControlSource 和 Controls　　　　　　　B．RecordSourceType 和 RecordSource

    C．RowSourceType 和 RowSource　　　　　　D．ListCount 和 List

16．ButtonCount 是（　　　）控件的属性。

    A．文本框　　　　　B．命令按钮　　　　　C．选项按钮组　　　　　D．表单

17．假设当前表单中的页框共包括 3 个页面，下列语句中，能正确设置第 2 个页标题为 "第二页"的命令是：（　　　）。

    A．Thisform. PageFrame. Page (2). Caption = "第二页"

    B．Thisform. PageFrame. Pages (2). Caption = "第二页"

    C．Thisform. PageFrame1. Page (2). Caption = "第二页"

    D．Thisform. PageFrame1. Pages (2). Caption = "第二页"

18．如果 ColumnCount 属性设置为−1，在运行时，表格将包含与其绑定的表中字段的列数是（　　　）。

    A．出错　　　　　　B．0 列　　　　　　　C．1 列　　　　　　　　D．表的实际列数

19．当把"职工.dbf"表文件中的"婚否"（逻辑型）字段拖入到表单中时，该字段会自

动与（　　）控件建立数据绑定。

　　A．复选框　　　　B．编辑框　　　　　C．表格　　　　　　D．文本框

　　20．表单中的常用事件有 Click、Init、Destory、When、GotFocus、LostFocue、Valid、Load、Activate 等，这些事件的常规触发顺序是（　　　）。

　　A．Init、Click、Destory、When、GotFocus、LostFocue、Valid、Load、Activate

　　B．Load、Init、Activate、When、GotFocus、Click、Valid、LostFocus、Destory

　　C．Load、Init、When、GotFocus、Click、Valid、LostFocus、Activate、Destory

　　D．Init、Load、Activate、When、GotFocus、Click、Valid、LostFocus、Destory

6.3　程序填空

　　说明：阅读下列程序，在标注的位置选择填空，即在每个填空提供的 4 个可选答案中，挑选一个正确的答案。

　　1．下面的表单实现以下功能：单击"开始"按钮，能实现信息行从表单顶端开始向下移动，到达表单底边后信息行又回到表单顶端，再继续下移。单击"停止"按钮信息行则停止下移。设计界面和运行界面如图 6-60 和图 6-61 所示，表单的事件代码如下。

图 6-60　下移信息表单设计界面

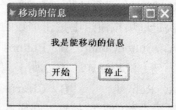

图 6-61　下移信息表单运行界面

Form1 的 Init 事件代码：

```
----(1)----
Thisform.Timer1.Interval=100
```

"开始"按钮的 Click 事件代码：

```
Thisform.Timer1.Enabled=.T.
----(2)----
```

"停止"按钮的 Click 事件代码：

```
Thisform.Timer1.Enabled=.F.
```

Timer1 的 Timer 事件代码：

```
Thisform.Label1.Top=Thisform.Label1.Top+1
IF----(3)----
    Thisform.Label1.Top=0
ENDIF
Thisform.Refresh
```

（1）A．Thisform.Timer1.Enabled= .T.　　　　B．Thisform.Timer1.Visible=.T.

　　　C．Thisform.Timer1.Visible=.F.　　　　　D．Thisform.Timer1.Enabled= .F.

（2）A．Thisform.Label1.Left=0　　　　　　　B．Thisform. Timer1.Top=0

　　　C．Thisform.Label1.Top=0　　　　　　　D．Thisform. Timer1.Left=0

（3）A．Thisform.Label1.Top=Thisform.Height-Thisform.Label1.Height

　　　B．Thisform.Label1.Left=Thisform.Height-Thisform.Label1.Height

　　　C．Thisform.Label1.Top=Thisform.Width-Thisform.Label1. Width

　　　D．This.Label1.Top=This.Height-This.Label1.Height

2．下面的表单实现显示指定表文件的字段名。运行界面如图 6-62、图 6-63 所示。表单的事件代码如下。

图 6-62　显示字段名表单运行界面 1

图 6-63　显示字段名表单运行界面 2

Combo1 的 Valid 事件代码：

```
FN=ALLTRIM(This.DisplayValue)
IF FILE(FN)
    ----(1)----
    Thisform.List1.Clear
    ----(2)----
    FOR I=1 TO FCOUNT()
        ----(3)----
    ENDFOR
ELSE
    Thisform.List1.Visible=.F.
    Thisform.Label2.Visible=.F.
    MESSAGEBOX("文件不存在！",0+64,"文件判断")
ENDIF
This.SelectOnEntry=.T.
Thisform.Refresh
RETURN .T.
```

（1）A．Thisform.SetAll("Visible",.F.)　　　B．Thisform.SetAll("Visible",.T.)

　　　C．This.SetAll("Visible",.T.)　　　　　D．Thisform.SetAll("Visible",.T., "TextBox")

（2）A．USE(FN.DBF) B．USE (FN)　　　　　C．USE ("FN")　　　D．USE("FN.DBF")

（3）A．Thisform.List1.AddItem(字段名)

　　　B．Thisform.List1. RemoveItem (字段名)

　　　C．Thisform.List1.AddItem(Field(I))

　　　D．Thisform.List1.RemoveItem(Field(I))

3．如下表单实现计算指定部门的工资总额并填写在文本框里。设计界面和运行界面如图 6-64 和图 6-65 所示。设职工表已添加到数据环境，表单的事件代码如下。

图 6-64　指定部门工资总额设计界面

图 6-65　指定部门的工资总额运行界面

Form1 的 Init 事件代码：

```
SET TALK OFF
```

```
SET SAFETY OFF
----(1)----
INDEX ON 部门 TO BM UNIQUE
SCAN
 Thisform.Combo1.AddItem(部门)
ENDSCAN
----(2)----
```

Combo1 的 InterActiveChange 事件代码：

```
SUM 基本工资 TO GZZE FOR ALLTRIM(Thisform.Combo1.DisplayValue)=ALLTRIM(部门)
Thisform.Label2.Caption=ALLTRIM(Thisform.Combo1.DisplayValue)+"部基本工
资总额"
----(3)----
Thisform.Refresh
```

（1）A．Thisform.Combo1.RowSourceType=0

　　B．Thisform.Combo1.RowSourceType=1

　　C．Thisform.Combo1.RowSourceType=2

　　D．Thisform.Combo1.RowSourceType=6

（2）A．Thisform.Refresh　　　　　　　　　B．Thisform.Release

　　C．CLEAR　　　　　　　　　　　　　D．CLOSE INDEX

（3）A．This.Text1.Value=GZZE　　　　　　B．Thisform.Text1.Value=GZZE

　　C．Thisform.Combo1.Value=GZZE　　　D．Thisform. Value=GZZE

4．如下表单实现时钟的显示，并且表单的背景色能随每秒呈蓝、绿两色变动。表单背景的初始颜色为蓝色。运行界面和设计界面如图 6-66 和图 6-67 所示。表单的事件代码如下。

图 6-66　时钟显示表单运行界面

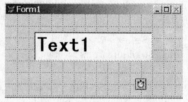

图 6-67　时钟显示表单设计界面

Form1 的 Init 事件代码：

```
----(1)----
Thisform.Timer1.Interval=1000
Thisform.BackColor=RGB(0,0,255)
Thisform.Text1.Value=Time()
```

Timer1 的 Timer 事件代码：

```
Thisform.Text1.Value=Time()
----(2)----
----(3)----
    Thisform.BackColor=RGB(0,0,255)
ELSE
    Thisform.BackColor=RGB(0,255,0)
ENDIF
Thisform.Refresh
```

（1）A．Thisform.Value="信息框"　　　　　B．Thisform.Clear

　　C．Thisform.Text1.Caption="信息框"　　D．Thisform.Caption="信息框"

（2）A．M=VAL(Left(Time( ),2))　　　　　　B．M=Right(Time( ),2))

  C．M=VAL(Right(Time( ),2))   D．M=VAL(SubStr(Time( ),2))

（3）A．IF M/2=0   B．IF M%2=0

  C．IF MOD(M/2)=0   D．IF INT(M/2)=0

  5．如下表单实现一个闪烁的指示灯，效果是：单击"开始"按钮，形状每隔 1 秒在方形和圆形之间切换，同时形状的颜色也在绿色和红色之间切换；单击"停止"按钮，结束上述动作。初始运行时为方形、绿色。设计界面和运行界面分别如图 6-68、图 6-69 和图 6-70 所示。表单的事件代码如下。

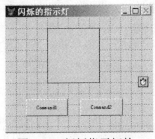 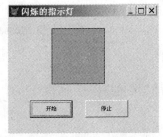 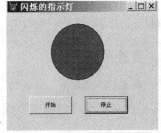

图 6-68 闪烁指示灯的   图 6-69 闪烁指示灯的初始   图 6-70 闪烁指示灯的开始后
     设计界面   运行界面   运行界面

Form1 的 Init 事件代码：

```
This.Command1.Caption="开始"
This.Command2.Caption="停止"
This.Shape1.Curvature=0
This.Shape1.BackColor=RGB(0,255,0)
----(1)----
This.Timer1.Interval=1000
```

"开始"按钮的 Click 事件代码：

```
Thisform.Timer1.Enabled=.T.
```

"停止"按钮的 Click 事件代码：

```
Thisform.Timer1.Enabled=.F.
```

Timer1 的 Timer 事件代码：

```
IF  ----(2)----
   Thisform.Shape1.Curvature=99
   Thisform.Shape1.BackColor=RGB(255,0,0)
ELSE
   Thisform.Shape1.Curvature=0
   ----(3)----
ENDIF
Thisform.Refresh
```

（1）A．This.Timer1.Enabled=.T.   B．This.Timer1.Enabled=.F.

  C．Thisform.Text1.Caption="闪烁的指示灯" D．Thisform.Caption="闪烁的指示灯"

（2）A．This.Shape1.Curvature=0   B．M%2=0

  C．Thisform.Shape1.Curvature=99   D．Thisform.Shape1.Curvature=0

（3）A．This.Shape1.BackColor=RGB(0,255,0)

  B．Thisform.Shape1.BackColor=RGB(255,0,0)

  C．Thisform.Shape1.BackColor=RGB(0,255,0)

  D．Thisform.Shape1.ForeColor=RGB(0,255,0)

实验 6.1　利用输出类控件设计表单

一、实验目的

理解和掌握输出显示类控件标签（Label）、图像（Image）、线条（Line）和形状（Shape）等的使用，熟练掌握 Alignment、AutoSize、Left、Top、Height、Width、ForeColor、BackColorCaption、Curverture、Value、Visible、WordWrap、Picture、Interval 等属性；能恰当地为 Init、Timer、Click 等事件编写代码；准确地运用 Refresh、Release 等方法和 MessageBox( )、RGB( )函数。

二、实验准备

复习 6.1 节内容，重点掌握上面提到的对象、属性、事件、方法和函数的概念及使用，注意观察例题的设计过程及方法。

三、实验内容

1．设计一个由标签、文本框、图像、形状等控件实现的显示信息界面，如图 6-71 和图 6-72 所示。要求：图像用三维的立体形状框住，诗用标签 16 号隶书蓝底白字竖行显示，各对象的大小调整到协调即可。

　　图 6-71　运行界面　　　　　　　　　　图 6-72　设计界面

2．运用文本框和计时器对象设计一个数字时钟表单，界面见图 6-73 和图 6-74。要求：文本框文字为隶书、30 号字，表单的标题为"数字时钟"，每隔 1 秒刷新一次时间。

　　图 6-73　设计界面　　　　　　　　　　图 6-74　运行界面

3．设计一个圆球跳动表单。要求：球的宽和高为 60，球的填充颜色为咖啡色，表单的标题为"圆球跳动"，单击"开始"按钮，球每隔 0.5 秒在表单的上下边之间跳动，单击"停止"按钮，球停止跳动。设计界面和运行界面见图 6-75 和图 6-76。

　　图 6-75　设计界面　　　　　　　　　　图 6-76　运行界面

4．编制一个表单完成表文件"职工.dbf"内容的自动只读浏览显示功能，设计界面和运行界面如图 6-77 和图 6-78 所示。具体要求如下：①表单初始显示内容为表文件"职工.dbf"的首记录；②表单内容将以 1 秒为间隔自动刷新，即自动顺序向后翻记录，当翻至表底时，将自动回到首记录循环翻动。

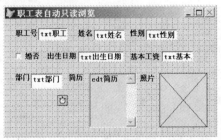
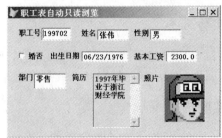

图 6-77　职工表自动浏览表单设计界面　　　图 6-78　职工表自动浏览表单运行界面

5．编制一个显示时钟和日期的表单，界面如图 6-79、图 6-80 和图 6-81 所示，命令按钮及文本框的字体、颜色和大小设置为自己喜欢的形式。

图 6-79　设计界面　　　　　图 6-80　时间显示界面　　　　图 6-81　日期显示界面

四、实验 6.1 报告

1．实验过程报告
（1）写出第 2 题"数字时钟"表单的 Init 事件和 Timer 事件的代码。
（2）写出第 3 题"圆球跳动"表单的 Timer 事件的代码。
（3）写出第 4 题"职工表自动只读浏览"表单的 Timer 事件的代码。

2．简答题
（1）怎样使标签中的文字以竖行的形式显示？
（2）"圆球跳动"表单的圆球是使用的什么对象？怎样才能由方变圆？改变球的颜色用的什么属性？怎样知道球到达了表单的顶部和底部？
（3）在文本框中显示文字要用什么属性？使文本框以只读的方式显示数据要用什么属性？
（4）在什么条件下计时器控件的 Timer 事件代码才能运行？

3．实验完成情况及存在问题

实验 6.2　利用输入类控件设计表单

一、实验目的

熟悉文本框（TextBox）、编辑框（EditBox）、列表框（ListBox）与组合框（ComboBox）、微调（Spinner）等输入类控件的使用；理解和掌握这些对象的常用属性：Value、ControlSource、DateFormat、InputMask、Format、ReadOnly、SelectOnEntry、PassWordChar、RowSourceType、

RowSource、ListCount、List(i)、ListIndex、ColumnCount、DisplayValue、Sorted、visible，以及常用事件：When、GotFocus、Valid、LostFocus、InterActiveChange KeyPress、DownClick和 UpClick，以及常用的 SetFocus、AddItem、RemoveItem、Clear 等方法的使用；能利用输入类控件进行表单设计。

二、实验准备

复习 6.2 节内容，重点掌握上面提到的对象、属性、事件和方法的概念及使用，特别要注意某些属性、方法只是针对某个或某些控件有效的。

三、实验内容

1. 设计一个完成口令判定功能的表单，界面如图 6-82～图 6-84 所示。具体要求如下：①用户从键盘输入口令时，表单的显示控件以"*"代替具体内容；②系统的口令是表文件"职工.dbf"的姓名，要求完全匹配；③输入口令后，按回车或按"确定"按钮，将自动显示信息框（MessageBox），提示"正确！"或"错误！"；④按"退出"按钮将自动关闭该表单。

图 6-82　口令表单运行界面

图 6-83　输入正确对话框

图 6-84　输入错误对话框

2. 借助于文本框和微调框编制一个手工日历表单，界面如图 6-85 和图 6-86 所示。要求日期以中文的方式居中显示，显示的字体为宋体、26 号加粗字。

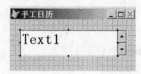
图 6-85　手工日历设计界面

图 6-86　手工日历运行界面

3. 编制"职工"表信息查询界面，要求如图 6-87～图 6-89 所示。要求：查询与用户指定的职工姓名相匹配的记录，并显示指定职工的所有信息。

图 6-87 用户选择前的运行界面

图 6-88 用户选择职工后的运行界面

图 6-89　控件的布局界面

4. 编制一个表单，完成对"职工"表和"销售"表文件内容的职工销售金额查询显示功能，界面如图 6-90～图 6-92 所示。具体要求如下：①当用户在组合框输入或选择姓名，按回车键或单击"确定"按钮时，表单将自动显示对应职工的平均销售额，如果该职工不存在，则显示提示信息；②单击"退出"按钮时，自动关闭表单。

5. 设计一个表单，能在列表框中输出一个对角线为 0 其余为 1 的一个矩阵，设计界面及运行界面如图 6-93 和图 6-94 所示。

图 6-90　销售金额查询设计界面

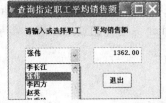
图 6-91　销售金额查询运行界面

图 6-92　输入错误对话框

图 6-93　显示矩阵设计界面

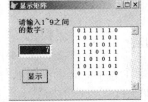
图 6-94　显示矩阵运行界面

6．设计实现数据在列表框之间转移操作的表单。要求：能把左边列表框选定的数据项移到右边列表框，也能把右边列表框选定的数据项移到左边列表框，列表框的信息应排序。初始运行界面和操作后界面分别如图 6-95 和图 6-96 所示。

图 6-95　数据转移操作设计界面

图 6-96　数据转移操作运行界面

四、实验 6.2 报告

1．实验过程报告

（1）写出第 1 题"口令"表单中"确定"按钮的 Click 事件代码。

（2）写出第 2 题"手工日历"表单中微调按钮的 UpClick 事件代码。

（3）写出第 3 题"职工信息查询"表单中的 Init 事件代码。

（4）写出第 4 题"职工销售额查询"表单中"确定"按钮的 Click 事件代码。

（5）写出第 5 题"显示矩阵"表单中"显示"按钮的 Click 事件代码。

2．简答题

（1）写出函数：MessageBox("答错了，再试！",32+0,"评判结果")各参数的含义。

（2）文本框的显示内容以"*"代替是如何实现的？

（3）第 1 题"手工日历表单"的日期显示为什么要借助文本框，不能直接显示在微调框中？

（4）如果将第 4 题的"确定"按钮去掉，那么其 Click 事件代码应放在哪个事件中？

3．实验完成情况及存在问题

实验 6.3　利用控制类控件设计表单

一、实验目的

理解和掌握命令按钮、命令按钮组、选项按钮组和计时器控件等控制类控件的使用；理解和掌握这些对象的 Enabled、ButtonCount、Buttons(i)、Value、ControlSource、Interval 等属性，以及 InterActiveChange、Timer 等事件的使用；进一步掌握表单的设计技巧，掌握新方法的添加和编辑。

二、实验准备

复习 6.3 节的内容，重点复习上述对象的常用属性、事件和方法的使用。复习新添加属性和方法。

三、实验内容

1. 编制一个表单，完成"职工"表文件内容的只读浏览功能，界面如图 6-97 和图 6-98 所示。要求如下：①表单初始显示内容为表文件"职工.dbf"的首记录；②当按"前翻""后翻"、"首记录"、"末记录"按钮时，表单将自动显示相应记录的内容；③当翻至表头或表尾时，将自动设置相应按钮为不可访问。

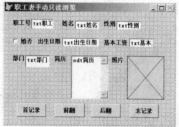

图 6-97　职工表浏览设计界面

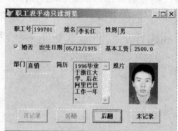

图 6-98　职工表浏览运行界面

2. 设计一个标准化模拟考试表单。界面如图 6-99～图 6-101 所示。要求：文字字体、字号任意，当选择答案时，根据对错用 MessageBox( )函数显示提示信息。

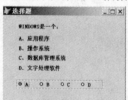

图 6-99　选择题运行界面

图 6-100　答对对话框

图 6-101　答错对话框

3. 用命令按钮组设计 9 种颜色调色板表单，界面如图 6-102 和图 6-103 所示。要求：文字字体为楷书、12 号加粗字，表单的标题为"调色板"，按钮组 9 个按钮，按 3 行 3 列排列，当单击对应的按钮时，按钮组的背景颜色相应改变。

图 6-102　调色板设计界面

图 6-103　调色板运行界面

4. 利用计时器控件设计一个模拟拍球动作的表单。具体运行界面如图 6-104 所示。球的起始位置在表单的顶行中部，表单执行后，球自上而下落下，当球到达表单底部时自动弹回，当球到达顶部时再次自动下落，如此往复弹跳，仿佛有人用手拍打球，直到关闭表单。（思考 1：如果在下降过程中球体逐渐变大，而在上升过程中球体又逐渐回缩变小，如图 6-105 所示，如何实现？思考 2：如果小球从左边升起右边落下，形成一个抛物线，如何实现？）

图 6-104　球自上而下落下

图 6-105　球逐渐变大

　　5．设计一个表单，实现查询并显示指定职工的销售总额，并根据销售总额给出 5 档业绩评价：优（≥6000）、良（≥4000）、中（≥2000）、合格（<1000）、不合格（<1000）。要求：不合格的销售总额和业绩档次用红字显示。具体界面如图 6-106 和图 6-107 所示。

图 6-106　设计界面

图 6-107　运行界面

　　6．设计一个表单，实现查询并显示指定部门职工的基本工资总额，并将数字金额转换为中文大写金额。具体界面如图 6-108 和图 6-109 所示。

图 6-108　设计界面

图 6-109　运行界面

四、实验 6.3 报告

1．实验过程报告
（1）写出第 2 题"判断题"表单选项按钮组的 InterActiveChange 事件代码。
（2）写出第 4 题"拍球"表单计时器 Timer 事件代码。
（3）如果用添加新的方法来统计第 5 题的 5 档销售业绩，如何编写该方法？
（4）如果用添加新的方法来统计第 6 题的工资总额大写，如何编写该方法？

2．简答题
（1）如何将第 3 题的命令按钮组的 9 个按钮排好并对整齐？
（2）怎样给表单添加新属性，如何给新属性赋初值？
（3）在什么情况下需要向表单添加新的方法？怎样给表单加新方法？如何进入新方法的代码编辑状态？

（4）怎样使第 5 题的"查询职工工资总额和业绩档次"表单中的 3 个方框（Shape 对象）设置为三维、透明、置后？

3．实验完成情况及存在问题

实验 6.4　利用容器类控件及 OLE 控件设计表单

一、实验目的

理解和掌握表格、页框和容器控件等容器类控件的使用，要掌握这些对象的 Record Source、RecordSourceType、Columns、DeleteMark、RecordMark、ActivePage 等属性，重点是记数属性和收集属性，以及 AfterRowColChange 和 BeforeRowColChange 等事件的使用；掌握容器控件的设计特点和技巧；掌握连接与嵌入的概念，熟悉如何向表单中添加 OLE 对象，包括 ActiveX 和 ActiveX 绑定型控件。

二、实验准备

复习 6.4 节的内容，重点复习上述对象的常用属性、事件和方法的使用。准备需要连接或嵌入的图片。

三、实验内容

1．设计一个"职工销售额分档查询"表单，如图 6-110 所示。即根据左边选择的销售额分布范围，在右边的表格中显示对应的销售清单。（提示：姓名、商品名和金额分别在职工、商品和销售 3 张表中，先通过 SQL-Select 语句生成临时表或新的表，现对该表进行处理。）

图 6-110　销售额分布情况表单运行界面

2．编一页面转换表单，界面如图 6-111 和图 6-112 所示。要求表单上有一个包含三页的页框，每页依次放入一幅图画（FOX.bmp）、一张表格（显示"职工.dbf"的数据）、一个列表框（包含有"职工.dbf"的"姓名"字段），并能每隔 1 秒从左自右自动换页，当翻到第 3 页后，自动回到第 1 页，未被激活的页面自动设为不可访问。

图 6-111　页面自动切换设计界面

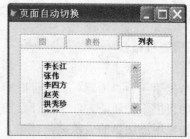

图 6-112　页面自动切换运行界面

3．模仿例 6.17，设计对职工销售业绩给出评价的表单。

4．设计如图 6-113 所示的动画表单。要求：①其中的图片文件是插入的 ActiveX 控件；②当运行表单时，该 OLE 控件以 100ms 的速度从右向左移动，当移到左边界后自动回到右边开始；③单击表单任何位置结束运行。运行界面如图 6-114 所示。

图 6-113　动画设计界面　　　　　　　　图 6-114　动画运行界面

5. 设计如图 6-115 所示的表单。要求：①进度条为添加在 ActiveX 控件中的 Microsoft ProgressBar Control .Version 6.0 对象；②当运行表单并按开始后，正方形形状按 100ms 的速度由正方形向圆形变化，同时进度条同步变化；③单击"退出"按钮，则退出表单。运行界面如图 6-116 所示。

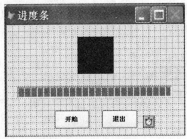

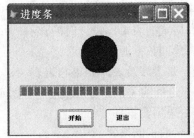

图 6-115　设计界面　　　　　　　　图 6-116　运行界面

四、实验 6.4 报告

1. 实验过程报告

（1）写出第 1 题表单的 Init 事件代码与选项按钮组的 Click/InterActiveChange 事件代码。

（2）写出第 2 题表单中计时器的 Timer 事件代码。

（3）写出第 4 题表单中计时器的 Timer 事件代码。

2. 简答题

（1）要在容器中添加其他容器或控件，如何操作？

（2）如何将一个 ActiveX 控件，如 Microsoft ProgressBar Control 添加到表单控件工具？

（3）第 4 题中进度是通过什么属性来改变进度的？

3. 实验完成情况及存在问题

第7章　表单设计应用

第 6 章介绍了 Visual FoxPro 常用表单控件的基本功能，以及它们的主要属性、方法与事件。可以利用这些控件来设计自己的应用程序。在实际的应用系统中，一个表单界面通常涉及多个控件，如何选择合适的控件，以及如何合理组织控件编写相关的事件代码，需要不断的实践与体会。本章通过多个设计示例，从多方面介绍常用的表单设计。

初学者对于一个问题的求解，往往会感到无从下手，面向对象的程序设计更多的是通过表单设计来实现应用问题的求解，比面向过程程序设计会更加方便与直观些。但面对各种类型、功能和格式的表单，设计时应该有一个基本的步骤，至少要考虑以下几点。

（1）表单的数据源

① 表单是否涉及表，如果与表有关，那么涉及到哪几个表。

② 各表之间的关系。自由表还是数据库表，是否需要关联，永久关联还是临时关联。

③ 是否采用数据环境。

（2）显示数据的格式

① 选用何种格式布局。

② 选用哪些控件对象，是否需要在属性窗口设置这些控件对象的静态属性。

（3）交互操作的方式

① 用户如何交互操作。

② 选用哪些控件对象实现这种交互。

③ 是否需要添加新的属性或方法。

④ 选用哪些事件代码程序，完成哪些操作。

7.1　信息显示界面设计

【例 7.1】设计一个时间信息显示表单，时间可以在表单范围内左右移动，具体界面如图 7-1 所示。

（1）问题分析

时钟信息可以使用标签控件或文本框控件来显示，为了显示动态的时钟以及使时钟信息能够在表单上左右移动，需要借助计时器控件，表单设计界面如图 7-2 所示。

图 7-1　时间信息动态显示表单

图 7-2　表单设计界面

标签显示时钟，可以通过每隔一定时间将最新的系统时间显示到标签来实现，即使用代码"Thisform.Label1.Caption=TIME( )"将系统时间显示到标签，再通过计时器控制，可显示不断更新的时间。

要使标签信息行能够在表单动态左右移动，就要不断改变标签控件的 LEFT 属性。要使标签向右移动，可以使标签控件的 LEFT 属性递增一个常量；要使标签向左移动，可以使标签控件的 LEFT 属性递减一个常量。因为要求标签在表单内左右移动，当标签从右移到表单最左边时，应改变标签的移动方向，使标签改为从左到右移动；当标签从左移到表单最右边时，则应改变标签移动方向，使标签改为从右到左移动。

某一时刻标签应该向左移动还是向右移动，这个问题可以通过为表单添加一个新属性 FX 来标识，在主菜单"表单"中选择"新建属性"可为表单新建属性，如图 7-3 所示。

图 7-3 为表单新建属性 FX

当 Thisform.FX=.T. ，表示此时标签应向右移动；当 Thisform.FX=.F.，表示此时标签应向左移动。当标签从右移到表单最左边时，即 Thisform.Label1.Left<=0 时，设置 Thisform.FX=.T.；当标签从左移到表单最右边时，即 Thisform.Label1.Left>=Thisform. Width-Thisform.Label1.Width 时，设置 Thisform.FX=.F.。

（2）控件的选取与布局

如图 7-2 所示，使用标签控件来显示时钟信息，计时器控件用于获取系统时钟并控制时钟信息的动态移动。标签置于表单中间，计时器可放在表单任意位置。

（3）建立表单

进入表单设计器，并利用表单控件工具栏向表单添加标签控件和计时器控件，根据布局需要调整控件的位置和大小。

（4）属性设置

将表单的标题属性（Caption）设置为"时间信息动态左右移动表单"。标签的自动大小属性（AutoSize）设置为".T."，并可设置字体（FontName）和文字大小（FontSize）。将计时器控件的时间间隔属性（Interval）设置为 50（0.05 秒）。

（5）事件的选择与事件代码的编写

本例主要事件为表单的 Init 事件和计时器的 Timer 事件。

① 编写表单的 Init 事件代码如下：

```
Thisform.Timer1.Enabled=.T.
Thisform.Fx=.T.
```

② 编写计时器的 Timer 事件代码如下：

```
Thisform.Label1.Caption=Time()
IF Thisform.Label1.Left<=0
    Thisform.FX=.T.
ENDIF
IF Thisform.Label1.Left>=Thisform.Width-Thisform.Label1.Width
    Thisform.FX=.F.
ENDIF
IF Thisform.FX=.T.
```

```
        Thisform.Label1.Left=Thisform.Label1.Left+1
ELSE
        Thisform.Label1.Left=Thisform.Label1.Left-1
ENDIF
Thisform.Refresh
```

7.2　交互对话界面设计

【例 7.2】设计一个用户登录身份验证对话界面，运行界面如图 7-4 所示。

1．问题分析

题目要求设计一个用户登录身份验证表单，使用职工表中的姓名作为用户登录的用户姓名，使用职工表中的职工号的后 4 位作为用户登录的用户口令。

当输入的用户姓名和用户口令都正确，则弹出一个身份验证正确的对话框；当输入的用户姓名或口令不正确，则弹出一个身份验证错误的对话框，当用户登录 3 次都错误，则退出。运行界面如图 7-4 所示，设计界面如图 7-5 所示，当用户登录正确，弹出对话框如图 7-6 所示，当用户登录错误，弹出对话框如图 7-7 所示，登录 3 次都错误，则弹出对话框如图 7-8 所示。

图 7-4　表单运行界面

图 7-5　表单设计界面

图 7-6　身份正确对话框

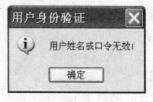

图 7-7　身份错误对话框

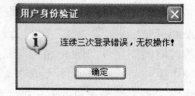

图 7-8　连续 3 次登录错误对话框

2．控件的选取与布局

如图 7-5 所示，使用标签 Label1 和 Label2 显示文字"用户姓名："和"用户口令："，文本框 Text1 用于输入用户姓名，文本框 Text2 用于输入用户口令，"确定"按钮和"退出"按钮分别为命令按钮控件 Command1 与 Command2。将各控件放到相应位置并调节至合适大小。

3．建立表单

首先新建一个表单，进入表单设计器，并利用表单控件工具栏向表单添加标签控件、文本框控件和命令按钮控件，根据布局需要调整控件的位置和大小。

4．属性设置

将表单的标题属性（Caption）设置为"用户身份验证"。设置标签 Label1 的 Caption 属性为"用户姓名："，设置标签 Label2 的 Caption 属性为"用户口令："，同时可设置字体（FontName）

和文字大小（FontSize）。

文本框 Text2 用于输入用户口令，一般口令在输入时为了增加保密性，常以星号（"*"）显示。可以通过设置文本框的"PasswordChar=*"来实现，具体设置如图 7-9 所示。

因为在用户登录出错时，最多只能登录 3 次，所以需要记录错误登录的次数。为了能够记录用户登录错误的次数，可以给表单添加一个新属性 C，一般表单新建的属性默认值为".F."，可将其改为数值 0，如图 7-10 所示。

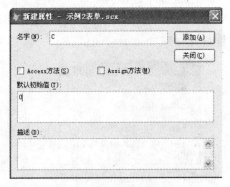

图 7-9　设置文本框 PasswordChar 属性　　　　　图 7-10　表单新建属性 C

身份验证时要使用到职工表，所以再在数据环境中添加"职工"表。

5. 事件的选择与事件代码的编写

当表单执行时输入用户姓名和用户口令后，单击"确定"按钮进行用户身份验证，因此本表单的主要事件为"确定"按钮的 Click 事件和"退出"按钮的 Click 事件。

"确定"按钮的 Click 事件代码如下：

```
LOCATE FOR ALLTRIM(Thisform.Text1.Value)=ALLTRIM(姓名) ;
AND ALLTRIM(Thisform.Text2.Value)=RIGHT(职工号,4) ;
&&用户姓名为职工姓名，用户口令为职工号后 4 位。
IF FOUND()
   MESSAGEBOX("用户身份正确! ",64,"用户身份验证")
   Thisform.C=0
ELSE
   MESSAGEBOX("用户姓名或口令无效! ",64,"用户身份验证")
   Thisform.C=Thisform.C+1
   IF Thisform.C>2  &&错误登录超过 3 次，退出表单。
      MESSAGEBOX("连续 3 次登录错误，无权操作! ",64,"用户身份验证")
      Thisform.Release
   ENDIF
ENDIF
```

"退出"按钮的 Click 事件代码如下：

```
Thisform.Release
```

7.3　与数据源有关的表单设计

【例 7.3】设计一个商品信息显示表单，要求以循环方式显示各商品信息，表单运行界面如图 7-11 所示。

（1）问题分析

商品信息可以通过商品表获取，各商品信息以循环方式显示（比如每一个商品信息显示 2 秒）。可以使用计时器来进行控制，将计时器的时间间隔设置为 2 秒即可。另外，商品信息显示时不能修改，所有控件都应该是只读的。

（2）控件的选取与布局

表单的设计界面如图 7-12 所示。首先在数据环境中添加"商品"表，将数据环境中的"商品"表各字段用鼠标左键拖到表单上相应位置，自动生成各对应控件，同时各信息的数据源（各文本框的 ControlSource）会自动设置好，不需要手工进行设置。另外，要在表单上添加一个计时器控件用于循环显示商品信息。

图 7-11　商品信息循环显示表单

图 7-12　表单的设计界面

（3）事件的选择与事件代码的编写

本表单主要事件包括表单的 Init 事件和计时器的 Timer 事件。

① 表单的 Init 事件代码如下：

```
This.Caption="商品信息循环显示表单"          &&设置表单的标题
Thisform.Timer1.Interval=2000             &&设置计时器的时间间隔为 2 秒
This.SetAll("ReadOnly",.T., "Textbox")    &&设置文本框为只读
```

② 计时器的 Timer 事件代码如下：

```
SKIP                &&移动记录指针，实现商品信息循环显示
IF EOF()
   GO TOP
ENDIF
Thisform.Refresh
```

【例 7.4】设计表单，对"职工"表在不同工资增长幅度下（0～30%），统计指定部门的基本工资总额，并进行票面额分布统计，表单运行界面如图 7-13 所示。

（1）问题分析

本题目主要完成 3 个任务，一是对所有职工基本工资，根据需要做 0～30%的调整，作为练习这样更容易观察票面分解的效果；二是统计指定部门的工资总额；三是对该部门工资总额的票面进行分解，便于分发。

（2）控件的选取与布局

① 设计界面如图 7-14 所示，其中工资增长幅度控制通过微调 Spinner1 按钮实现。而部门比较少，可以用下拉列表框 Combo1 选择输入（Style 为 2）。文本框 Text1 用来显示工资总额。

② 本题目涉及职工表，为了不改变该表的原始信息，这里没有将其放在数据环境中直接修改，而是在调入表单之前复制一个副本，对副本"职工 1.dbf"进行操作，释放表单前关闭该表。

③ 票面的统计结果情况比较多，用容器对象 Container1，再将 6 个文本框放入其中，用来记录票面张数。通过容器的计数属性和收集属性便于对文本框进行循环处理。添加时注意顺序：先添加容器，激活容器，再添加文本框。

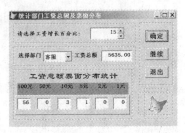

图 7-13 例 7.4 的运行效果界面

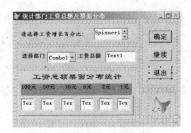

图 7-14 例 7.4 的设计界面

④ 添加 3 个命令按钮作为操作控件。将"确定"按钮的 Default 属性设置为.T.。

⑤ 修饰表单：不同显示区域被线框围了起来，添加方框形状，还有一个图形装饰画，添加图案画面。

（3）事件的选择与事件代码的编写

① 表单 Form1 的 Load 事件

之所以写在 Load 事件中，是因为在执行组合框的 Init 事件前，希望先将表打开，如果写在表单的 Init 事件，则在是有组合框 Init 之后执行。

代码如下：

```
Set Talk Off          &&避免以后遇到 SUM 等人机对话命令出现屏幕干扰
Set Safety Off        &&避免复制文件，或重复建立单项索引时安全提示
Use 职工              &&生成一个副本
Copy To 职工 1
Use 职工 1            &&对副本进行后续操作
```

② 微调 Spinnet1 的 Init 事件

为了控制工资增长幅度，用设置微调的作用范围等属性。需要如下设置：

```
WITH Thisform.Spinner1
    .Value=0
    .Increment=1
    .KeyboardHighValue=30
    .KeyboardLowValue=0
    .SpinnerHighValue=30
    .SpinnerLowValue=0
Endwith
```

③ 下拉列表框 Combo1 的 Init 事件

使部门置入下拉列表框：

```
Index On  AllTrim(部门) To BM Unique      &&为使每个部门只留下一条记录
Go Top
This.DisplayValue=部门
Scan
    This.AddItem(部门)
Endscan
Set Index To
```

④ 向表单添加新方法 METJ，处理部门工资总额的面额分布统计

```
PARAMETERS X,Y        &&接收金额、票面 2 个参数
M=INT(X/Y)            &&票面张数
N=X%Y                 &&余额
X=M                   &&张数→U
Y=N                   &&余额→W
```

```
RETURN
```

⑤ "确定"命令按钮 Command1 的 Click 事件

```
Replace All 基本工资 With Round(基本工资*(1+Thisform.Spinner1.
    Value/100),0)
Sum 基本工资 To MJBGZ For  AllTrim(部门)==AllTrim(Thisform.Combo1.
    DisplayValue)
Thisform.Text1.Value=MJBGZ
U=MJBGZ
Declare B(6)
B(1)=100
B(2)=50
B(3)=10
B(4)=5
B(5)=2
B(6)=1
For I=1 To Thisform.Container1.ControlCount         &&记数属性
    W=B(i)
    =Thisform.Metj(@U,@W)      &&引用方式传递参数
    Thisform.Container1.Controls(i).Value=U      &&收集属性
    U=W
EndFor
Thisform.Refresh
```

⑥ "继续"命令按钮 Command2 的 Click 事件

```
Thisform.Text1.Value=0
Thisform.Container1.SetAll("Value","","Textbox")
Thisform.Spinner1.Value=0
Go Top
Thisform.Combo1.DisplayValue=部门
Thisform.Spinner1.SetFocus
Thisform.Refresh
```

⑦ "退出"命令按钮 Command3 的 Click 事件

```
Set Talk On
Set Safety On
Select 职工1
Use
Thisform.Release
```

7.4　多表表单设计

【例 7.5】设计一个"商品"、"销售"和"职工"表信息浏览表单，表单运行界面如图 7-15～图 7-17 所示。

图 7-15　营销信息浏览表单（商品信息）

图 7-16　营销信息浏览表单（销售信息）

（1）问题分析

表单要显示三张表的信息，可以使用页框来实现。页框设置三个页，第一页显示商品表信息，第二页显示销售表信息，第三页显示职工表信息，通过选择各页可以查阅相应表信息，通过命令按钮组实现对三张表的记录信息前后翻看，显示的所有信息为只读。

（2）控件的选取与布局

表单的设计界面如图 7-18 所示。首先利用"表单控件工具栏"在表单中添加一个页框控件，并设置页框的页数为 3（即将页框的 PageCount 属性改为 3），再在表单中添加命令按钮组，并设置命令按钮组的按钮数为 5（设命令按钮组的 ButtonCount 为 5）。

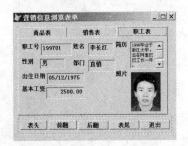

图 7-17　营销信息浏览表单（职工信息）

图 7-18　表单设计界面

数据环境中添加"商品"、"销售"和"职工"表，再激活页框中的页（右击页框，在弹出菜单中选择"编辑"项可激活页，也可在"属性"对话框中选择页对象来激活页），将数据环境中各表的字段选中，并逐个拖到对应的页上，调整其位置，各数据的数据源系统自动与对应字段绑定。

（3）属性设置

设置页框的页数 PageCount 属性为 3，命令按钮组的 ButtonCount 为 5。本例中的其他相关属性都放在表单的 Init 事件中进行设置，其余属性使用系统的默认值。

（4）事件的选择与事件代码的编写

本例主要使用表单的 Init 事件和命令按钮组的 Click 事件。

① 表单的 Init 事件代码

```
This.Caption="营销信息浏览表单"
C="商品表销售表职工表"
FOR i=1 TO This.Pageframe1.PageCount
    This.Pageframe1.Pages( I ).Caption=SUBSTR(C,6*(i-1)+1,6)
ENDFOR
D="表头前翻后翻表尾退出"
FOR i=1 TO This.Commandgroup1.ButtonCount
    This.CommandGroup1.Buttons( I ).Caption=SUBSTR(D,4*(i-1)+1,4)
ENDFOR
This.SetAll("ReadOnly",.T.,"TextBox")
This.SetAll("ReadOnly",.T.,"EditBox")
```

② 命令按钮组的 Click 事件代码

```
DOCASE
   CASE  Thisform.Pageframe1.ActivePage=1
        SELECT 商品 &&当选中第 1 页时，选择商品表
   CASE  Thisform.Pageframe1.ActivePage=2
```

```
        SELECT 销售  &&当选中第 2 页时，选择销售表
    CASE  Thisform.Pageframe1.ActivePage=3
        SELECT 职工  &&当选中第 3 页时，选择职工表
  ENDCASE
  DOCASE
    CASE  This.Value=1    &&表头
        GO TOP
        This.Command1.Enabled= .F.
        This.Command2.Enabled= .F.
        This.Command3.Enabled= .T.
        This.Command4.Enabled= .T.
    CASE  This.Value=2 AND !BOF()  &&前翻
        SKIP-1
        IF BOF()
          This.Command1.Enabled= .F.
          This.Command2.Enabled= .F.
        ENDIF
        This.Command3.Enabled= .T.
        This.Command4.Enabled= .T.
    CASE  This.Value=3 AND !EOF()  &&后翻
        SKIP
        IF EOF()
          This.Command3.Enabled= .F.
          This.Command4.Enabled= .F.
        ENDIF
        This.Command1.Enabled= .T.
        This.Command2.Enabled= .T.
    CASE  This.Value=4    &&表尾
        GO BOTTOM
        This.Command1.Enabled= .T.
        This.Command2.Enabled= .T.
        This.Command3.Enabled= .F.
        This.Command4.Enabled= .F.
    CASE  This.Value=5    &&退出
        Thisform.Release
  ENDCASE
  Thisform.Refresh
```

7.5 SQL 查询设计实例

利用 SQL 的 SELECT 查询语句，可以方便地针对单表或多表进行信息查询，特别是当需要对多张表中的相关信息进行查询时，利用 SQL 的 SELECT 查询语句可以更有效地设计多表信息查询表单。下面是使用 SQL 设计的查询表单实例。

【例 7.6】利用 SQL 的 SELECT 查询语句，设计一个职工销售业绩查询表单，表单运行界面如图 7-19 和图 7-20 所示。

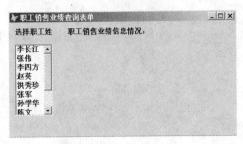
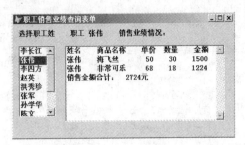

图 7-19　职工销售业绩查询表单运行界面 1　　　　图 7-20　职工销售业绩查询表单运行界面 2

（1）问题分析

根据表单运行界面，当左列表框选择一个职工后，在右列表框显示该职工相关的姓名、销售的商品名称、商品单价、销售数量及销售金额，并计算销售合计信息。这些信息需要从 3 张表（职工、销售、商品）中获取，可以利用 SQL 的 SELECT 查询语句将各表中所需要的字段事先提取并保存到一个临时表中，以其作为信息输出和统计的数据来源。

（2）控件的选取与布局

表单设计界面如图 7-21 所示，在表单中添加 2 个标签 Label1 和 Label2，再添加 2 个列表框 List1 与 List2。

（3）属性设置

本例所有属性都放在表单的 Init 事件中进行设置，其余属性使用系统的默认值。

（4）事件的选择与事件代码的编写

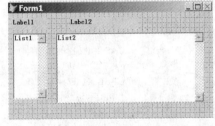

图 7-21　职工销售业绩查询表单设计界面

表单的 Init 事件对主要控件的属性进行设置，包括设置表单和标签的标题属性、列表框的数据源属性，以及利用 SQL 的 SELECT 查询语句将各表中所需要的字段事先提取，并保存到一个临时表 ZGXS 中，以其作为信息输出和统计的数据来源。

当在列表框 1（List1）中选择一个职工后，将该职工的销售信息显示到列表框 2（List2）中，需要使用到列表框 1（List1）的 InterActiveChange 事件，通过列表框的 AddItem 方法将相关的销售信息添加到列表框 2（List2），并计算相应的销售合计。

① 表单的 Init 事件代码如下：

```
SET SAFETY OFF
This.Caption="职工销售业绩查询表单"
This.Label1.Caption="选择职工姓名："
This.Label2.Caption="职工销售业绩信息情况："
This.List1.RowSourceType=6
This.List1.RowSource="职工.姓名"
This.List2.RowSourceType=0
This.List2.RowSource=""
SELECT 销售.职工号,姓名,销售.商品号,商品名称,单价,数量;
FROM 职工,商品,销售 WHERE 销售.职工号=职工.职工号 AND 销售.商品号=商品.商品号;
    INTO CURSOR ZGXS ORDER BY 职工.职工号
This.List2.Visible=.F.
```

② List1 的 InterActiveChange 事件代码如下：

```
Thisform.List2.Clear
SELECT ZGXS
GO TOP
S=0
Thisform.List2.AddItem("姓名    商品名称    单价  数量    金额")
```

```
    SCAN FOR ALLTRIM(姓名)=ALLTRIM(Thisform.List1.Value)
        Thisform.List2.AddItem(姓名+商品名称+STR(单价,3)+STR(数量,6)+STR(单价
*数量,8))
        S=S+单价*数量
    ENDSCAN
    Thisform.List2.AddItem("销售金额合计: "+STR(S,6)+"元")
    Thisform.Label2.Caption="职工 "+Thisform.List1.Value+"销售业绩情况: "
    Thisform.Label2.Visible=.T.
    Thisform.List2.Visible=.T.
    Thisform.Refresh
```

如果在例 7.6 的基础，根据职工的总销售金额给出 5 档业绩评价：优（≥6000），良（≥4000），中（≥2000），合格（≥1000），不合格（<1000），效果如图 7-22 所示。则可以新建一个方法，取名为 YJPJ，代码如下：

```
    ****新建方法 YJPJ
    PARAMETERS MJE
    DO CASE
        CASE MJE>=6000
            PJ="优"
        CASE MJE>=4000
            PJ="良"
        CASE MJE>=2000
            PJ="中"
        CASE MJE>=1000
            PJ="合格"
        OTHERWISE
            PJ="不合格"
    ENDCASE
    RETURN PJ
```

同时，在 List1 的 InterActiveChange 事件代码中的"销售金额合计"后面增加一句：

```
    Thisform.List2.AddItem("销售业绩评价为:: "+Thisform.YJPJ(S))  &&注意方法的
引用方式
```

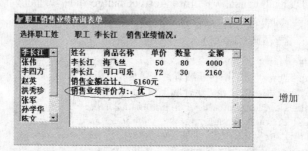

图 7-22　在例 7.6 中增加销售业绩评价

【例 7.7】 利用 SQL 的 SELECT 查询语句，设计一个职工销售情况查询表单，表单运行界面如图 7-23 所示。

（1）问题分析

根据表单运行界面，当左列表框选择一个职工后，在右边的表格中显示该职工相关的姓名、销售的商品名称、商品单价、销售数量及销售金额。显示的这些信息需要从 3 张表（职工、销售、商品）中获取，与例 7.6 类似可以利用 SQL 的 SELECT 查询语句将各表中所需要的字段事先提取并保存到一个临时表中，以其作为信息输出和统计的数据来源。

　　列表框中的职工姓名信息可以来自职工表的姓名字段，表格中相关销售信息可以由利用 SQL 的 SELECT 查询语句生成的临时表获得。

　　另外，设计的表单要求表格中显示的销售信息能够随着用户在列表框中选择职工姓名的变化而动态同步变化。要实现这样的效果，应该将职工表与利用 SQL 的 SELECT 查询语句生成的临时表按职工号建立临时关联。

　　（2）控件的选取与布局

　　表单设计界面如图 7-24 所示，在表单中添加两个标签 Label1 和 Label2，再添加一个列表框 List1 与一个表格 Grid1。

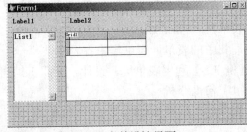

图 7-23　职工销售信息查询表单　　　　　　图 7-24　表单设计界面

　　（3）属性设置

　　本例所有属性都放在表单的 Init 事件中进行设置，其余属性使用系统的默认值。

　　（4）事件的选择与事件代码的编写

　　表单的 Init 事件对主要控件的属性进行设置，包括设置表单和标签的标题属性，列表框的数据源属性，以及利用 SQL 的 SELECT 查询语句将各表中所需要的字段事先提取并保存到一个临时表 ZGXS 中，以其作为信息输出和统计的数据来源，并将职工表与临时表 ZGXS 按职工号建立临时关联。

　　列表框的 InterActiveChange 事件主要设置标签 Label2 的标题。

　　① 表单 Form1 的 Init 事件代码

```
SET SAFETY OFF
This.Caption="职工销售信息查询表单"
This.Label1.Caption="选择职工姓名："
This.List1.RowSourceType=6
This.List1.RowSource="职工.姓名"
SELECT 销售.职工号,姓名,销售.商品号,商品名称,单价,数量,单价*数量 AS 金额;
      FROM 职工,商品,销售 WHERE 销售.职工号=职工.职工号 AND 销售.商品号=商品.商品号;
      INTO CURSOR ZGXS ORDER BY 销售.职工号
SELECT ZGXS
INDEX ON 职工号 TO XS
SELECT 职工
SET RELATION TO 职工号 INTO ZGXS
WITH This.Grid1
    .RecordSourceType=1
    .RecordSource="ZGXS"
    .ReadOnly=.T.
    .AllowAddNew=.F.
    .DeleteMark=.F.
ENDWITH
```

```
Thisform.Label2.Visible=.F.
Thisform.Grid1.Visible=.F.
```

② 列表框 List 的 InteractiveChange 事件代码

```
Thisform.Label2.Caption="职工 "+Thisform.List1.Value+"销售信息："
Thisform.Label2.Visible=.T.
Thisform.Grid1.Visible=.T.
Thisform.Refresh
```

③ 表单 Form1 的 Destroy 事件代码

```
Close All    &&在释放表单前关闭所有表
```

7.6　表单集的设计

表单集（Formset）是一个容器，其中可以包含多个表单，通过显示或隐藏表单的方法可以处理其中的表单。表单集中各表单共享一个数据环境。

【例 7.8】利用表单集，设计一个职工销售数据输入、查询表单。

（1）问题分析

表单的运行界面如图 7-25～图 7-27 所示。表单集中包含 3 个表单（Form1、Form2 和 Form3），表单 Form1 作为表单的主界面，表单 Form2 用于销售数据的输入，表单 Form3 用于销售数据的查询。为了便于处理，本例销售数据主要与销售表联系。

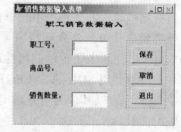

图 7-25　销售输入、查询表单运行界面 1　　　图 7-26　销售输入、查询表单运行界面 2

（2）控件的选取与布局

① 进入表单设计器，再从主菜单"表单"下选择"创建表单集"命令，即可建立一个表单集（Formset1），其中已经包含了 Form1 表单，然后在主菜单"表单"下选择"添加新表单"命令，给表单集添加 Form2、Form3 表单。

② 在表单上单击右键，在弹出的快捷菜单中选"数据环境"命令，将"销售"表添加到数据环境。

③ 通过"属性"窗口，可以选择 Form1 表单、Form2 表单和 Form3 表单。

④ 在 Form1 表单中添加 3 个命令按钮，如图 7-28 所示。

图 7-27　销售输入、查询表单运行界面 3　　　图 7-28　销售输入、查询表单设计界面 1

⑤ 在 Form2 表单中添加标签、文本框和命令按钮组，并设置相应的标题（Caption）属性、位置、文字大小和字体等，如图 7-29 所示。

⑥ 在 Form3 表单中添加标签、命令按钮控件并设置相应的标题（Caption）属性，将数据环境中的"销售"表拖到 Form3 表单相应位置，如图 7-30 所示。

图 7-29　销售输入、查询表单设计界面 2　　　图 7-30　销售输入、查询表单设计界面 3

（3）属性设置

按如图 7-28～图 7-30 所示的设计界面，设置各表单中的控件的相应属性。

（4）事件的选择与事件代码的编写

主要事件包括表单集的 Init 事件、Form1 表单中的三个命令按钮的 Click 事件、Form2 表单中命令按钮组的 Click 事件，以及 Form3 表单中的命令按钮的 Click 事件。

① 表单集的 Init 事件代码

```
This.Form1.Caption="销售数据输入、查询表单"
This.Form2.Caption="销售数据输入表单"
This.Form3.Caption="销售数据查询表单"
This.SetAll("Closable",.F.)
```

② Form1 表单中的"销售数据输入"按钮 Command1 的 Click 事件代码

```
ThisformSet.Form2.Show
ThisformSet.Form1.Hide
ThisformSet.Form3.Hide
```

③ Form1 表单中的"销售数据查询"按钮 Command2 的 Click 事件代码

```
ThisformSet.Form3.Show
ThisformSet.Form1.Hide
ThisformSet.Form2.Hide
```

④ Form1 表单中的"退出"按钮 Command3 的 Click 事件代码

```
ThisformSet.Release
```

⑤ Form2 表单中命令按钮组的 Click 事件代码

说明：销售数据输入通过 APPEND BLANK 命令添加一个空白记录，然后，将文本框中输入的销售数据通过 REPLACE 命令保存到销售表。

```
DO CASE
    CASE This.Value=1
        SELECT 销售
        APPEND BLANK
        REPLACE 职工号 WITH  Thisform.Text1.Value,商品号 WITH;
        Thisform.Text2.Value, 数量 WITH  Thisform.Text3.Value
    CASE This.Value=2
        Thisform.Text1.Value=""
        Thisform.Text2.Value=""
        Thisform.Text3.Value=""
    CASE This.Value=3
        Thisform.Hide
```

```
        Thisformset.form1.Show
    ENDCASE
```
⑥ Form3 表单中命令按钮的 Click 事件代码
```
ThisformSet.form1.Show
Thisform.Hide
ThisformSet.form2.Hide
```

7.7 小　　结

本章根据表单应用环境的不同，将表单设计分为信息显示界面的设计、交互对话界面的设计、与数据源有关的表单设计、多表表单设计、SQL 查询设计、表单集的设计等多种形式，从确定表单的数据源、表单显示数据的格式及表单交互操作的方式等几方面入手，通过不同形式表单的实例分析，使读者理解和体会表单设计的思路与设计技巧，从而提高表单设计的应用能力。

习　题　7

7.1　判断题

1．数据环境中的表可以随着表单的运行和退出自动打开与关闭。

2．表单的标题就是表单名称。

3．命令按钮组可以通过其 Value 属性确定用户选择了哪一个按钮。

4．常用控件和表单一样可以通过主菜单添加新属性。

5．组合框和列表框具有类似功能，都可以显示多行数据。

6．表单集中的每一个表单都有自己的数据环境。

7．在设计多表相互关联的表单时，使用 SQL 语句可以便于我们设计表单。

8．文本框的 PasswordChar 属性主要用于控制口令的位数。

9．SetAll 方法用于同时设置一个对象的多个属性。

10．组合框与列表框使用 AddItem 方法添加一项数据时，其 RowSourceType 属性应设置为 6。

7.2　选择题

1．显示表单集中某个表单，可以使用（　　　）方法。

    A．Hide   B．Show   C．Refresh   D．Release

2．数据环境泛指定义表单或表单集时使用的（　　　），包括表和视图。

    A．数据   B．数据库   C．数据源   D．数据项

3．如果要给控件设置焦点，则控件的 Enabled 属性和（　　　）属性必须为.T.。

    A．Cancel   B．Buttons   C．Default   D．Visible

4．面向对象的程序设计简称 OOP。下面关于 OOP 的叙述不正确的是（　　　）。

    A．OOP 以对象及其数据结构为中心

    B．OOP 工作的中心是程序代码的编写

    C．OOP 用"方法"表现处理事件的过程

    D．OOP 用"对象"表现事物，用类表示对象的抽象性

5．能够实现"多选一"功能的控件是（　　　）。

    A．命令按钮组   B．选项按钮组   C．列表框   D．复选框

6．对于文本框控件，指定在一个文本框中如何输入和显示数据的属性是（　　　）。

　　A．ControlSource　　B．PasswordChar　　　C．InputMark　　　　　D．Value

7．在 Visual FoxPro 中，表单（Form）是指（　　　）。
　　A．数据库中各个表的清单　　　　　　B．窗口界面
　　C．数据库查询的列表　　　　　　　　D．一个表中各记录的清单

8．下列控件中可以用于数据输入的是（　　　）。
　　A．Label 和 Text　　　　　　　　　　B．Command 和 Check
　　C．Text 和 Shape　　　　　　　　　　D．Edit 和 Text

9．如果希望表单右上角的"关闭"按钮不起作用，应设置的属性是（　　　）。
　　A．Closable　　　　B．MinButton　　　　　C．MaxButton　　　D．ShowWindow

10．标签控件中设置显示文本对齐方式的属性是（　　　）。
　　　A．Alignment　　　B．Visible　　　　　　C．AutoSize　　　　D．Caption

7.3　填空题

1．运行表单的命令是＿＿＿＿＿＿＿＿。

2．要把职工表中的姓名字段与文本框绑定，应设置文本框的＿＿＿＿＿＿＿＿属性。

3．对于容器控件，可以通过＿＿＿＿＿＿＿＿属性确定该容器中一共包含了多少个控件。

4．代码：Thisform.Edit1.Value=职工.职工号+职工.姓名，表示＿＿＿＿＿＿＿＿。

5．激活页框中的第 2 页，应该使用的代码为＿＿＿＿＿＿＿＿。

6．在用文本框输入口令或密码时，可使用文本框的＿＿＿＿＿＿＿＿属性来屏蔽输入的口令或密码。

7．表单中有一个命令按钮组 1，如果希望命令按钮组 1 中的第 2 个按钮的标题为"前翻"，可以使用代码＿＿＿＿＿＿＿＿或＿＿＿＿＿＿＿＿。

8．要查询销售表中商品号为"1001"并且销售数量大于等于 50 的销售信息，可实现的 SQL 查询语句为＿＿＿＿＿＿＿＿。

9．如果希望通过形状（Shape）控件在表单中显示一个半径为 100 的圆，应分别设置形状（Shape）控件的＿＿＿＿＿＿＿＿属性、＿＿＿＿＿＿＿＿属性和＿＿＿＿＿＿＿＿属性的值为＿＿＿＿＿＿＿＿和＿＿＿＿＿＿＿＿。

10．AddItem 方法常用来给控件添加数据项，一般用于＿＿＿＿＿＿＿＿控件或＿＿＿＿＿＿＿＿控件。

7.4　表单设计题

1．设计一个表单，实现计时器计时功能，设计界面如图 7-31 所示，运行界面如图 7-32 和图 7-33 所示。具体要求如下：

（1）表单初始显示状态为全零"00：00：00"；

（2）单击"计数"按钮，将自动以秒为单位从 0 开始计数并在表单上动态显示；

（3）单击"停止"按钮，将显示最后一刻的计数时间。

图 7-31　"计数器"设计界面　　图 7-32　单击"计数"按钮开始计数　图 7-33　单击"停止"按钮停止计数

2．设计一个部门基本工资查询表单，运行界面如图 7-34 所示。要求选择一个部门后，单击"计算"按钮，能够计算该部门的基本工资合计数与平均数。

3．设计一个列表框数据转移表单，运行界面如图 7-35 所示。要求两个列表框中的商品名称数据可以相互转移。

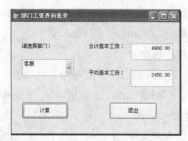

图 7-34　部门基本工资查询表单运行界面

图 7-35　列表框数据转移表单运行界面

图 7-36　球在表单中上下移动运行界面

4．设计一个球在表单中上下移动表单，运行界面如图 7-36 所示。要求当球自下往上移动到表单的上部时，能够自动改变方向往下移动；当球自上往下移动到表单底部时，能够自动改变方向往上移动。如此往复。

5．设计一个商品、职工和销售表浏览表单，运行界面如图 7-37 和图 7-38 所示。要求 3 张表分别显示在页框的 3 个页中，通过"选项"按钮组选择要浏览的表。

图 7-37　浏览表信息表单运行界面

图 7-38　浏览表信息表单运行界面

6．设计一个商品数据输入表单，运行界面如图 7-39 所示。要求：通过"添加"按钮，能够在表格中添加一项商品数据；通过"取消"按钮，能够取消刚添加的商品数据（表单运行前已有的商品数据不能去除）。

7．设计一个职工销售信息查询表单，表单运行界面如图 7-40 所示。要求：通过"命令"按钮组实现销售信息的前后浏览。

图 7-39　商品数据输入表单运行界面

图 7-40　职工销售信息查询表单运行界面

8. 设计一个商品销售信息查询表单，运行界面如图 7-41 和图 7-42 所示。要求在左边列表框中选择一个商品类别后，在右边的列表框中显示该类商品相应的销售信息。

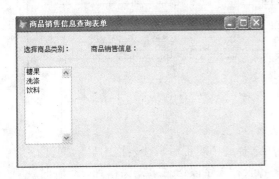

图 7-41 商品销售信息查询表单运行界面

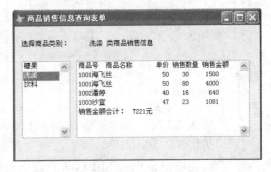

图 7-42 商品销售信息查询表单运行界面

9. 设计一个销售信息查询表单，运行界面如图 7-43 所示。要求销售表、职工表和商品表间建立临时关联，命令按钮组实现对销售表中记录的前后查阅。

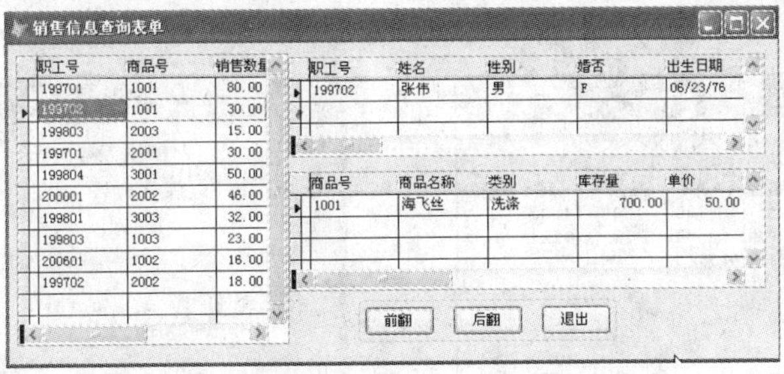

图 7-43 销售信息查询表单运行界面

实验 7 多表表单的设计与应用

一、实验目的

掌握多表表单的设计、调试与运行，进一步加深对数据表之间临时关联的理解，能够熟练运用 SQL-SELECT 进行多表的连接运算。

二、实验准备

复习第 7 章的有关内容，重点掌握同时使用到多张表数据的表单设计，参考教材的相关示例，设计自己的多表表单（数据环境如何添加多张表、表间关联、控件如何添加到表单。属性设置、事件的选择和事件代码的编写以及表单调试等）。

三、实验内容

1. 设计一个三表关联的多表表单。要求：建立销售表与职工表临时关联、销售表与商品表临时关联，移动成绩表中记录指针，观察各表数据之间是否相互关联。设计时，数据环境的状态如图 7-44 所示，表单运行界面如图 7-45 所示。

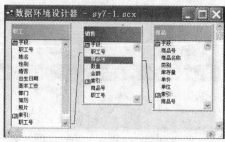

图 7-44 数据环境的状态

图 7-45 三表关联表单运行界面

2. 模仿例 7.5 设计一个营销数据浏览表单。

3. 模仿例 7.7 设计表单。要求：在列表框中选择一个职工后，在表格中显示该职工的相关销售数据，请使用 SQL 的 SELECT 查询语句将各表相关字段信息事先保存到一个临时表中，以此作为表格数据源。

4. 设计一个职工销售查询表单。要求：在左边列表框框中选择一个职工后，在右列表框中显示该职工的相关销售数据，请使用 SQL 的 SELECT 查询语句将各表相关字段信息事先保存到一个临时表中，以此作为数据源。表单运行界面如图 7-46 所示，表单设计界面如图 7-47 所示（设计实例参见例 7.6）。

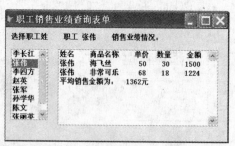

图 7-46 职工销售信息查询表单运行界面

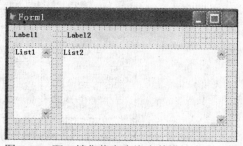

图 7-47 职工销售信息查询表单设计界面

四、实验报告

1. 实验过程报告

（1）如何在数据环境中建立两数据表之间的临时关联？

（2）请问，实验内容的第 2、3、4 题中，使用 SQL 的 SELECT 语句有什么好处？

（3）请问 InterActiveChange 事件是怎样发生的？在实验内容的第 3 题中，列表框中的数据是如何添加的？

2. 简答题

（1）职工表与销售表的临时关联，销售表与职工表的临时关联两者有何区别？

（2）要设置页框中各页的标题，可使用哪一个属性？

（3）在实验内容的第 2 题中，从数据环境将职工表的职工号字段直接拖放到页框上后，显示职工号文本框的对象名称（Name）是什么？该文本框的 ControlSource 属性是什么？

3. 实验完成情况及存在问题

第8章 查询、视图及报表设计

在数据库管理的实际应用中，经常需要对一个或多个表查询所需要的数据或根据所需数据生成报表。Visual FoxPro 提供了相应的设计器，可以根据需求进行灵活的设计。对于数据查询，可以通过"查询设计器"或 SQL 语言设计相应的查询来实现，也可以通过"视图设计器"或 SQL 语言设计相应的视图来实现；对于报表，可以借助 Visual FoxPro 提供的报表设计器来实现。

8.1　查　询　设　计

为了满足用户检索数据的各种要求，数据库系统需要提供相应的查询操作。Visual FoxPro 的查询功能可以从数据库中提取出用户所需要的数据，并能以多种方式显示查询结果。

用户的检索要求可能比较简单，也可能十分复杂。简单的查询只需要从某个表中取出记录的几个列，并显示结果；复杂的查询则需要从多个表中提取各种信息，并对结果排序、分组统计、绘制图形等。

本节主要介绍利用"查询设计器"和 SQL 语言建立各种查询，以及选择输出方式的过程。

通过"查询设计器"建立查询的步骤如下：

① 启动"查询设计器"开始建立查询；

② 选择查询结果中所需的字段；

③ 设置选择条件；

④ 设置分组、排序选项；

⑤ 输出查询结果；

⑥ 运行查询。

8.1.1　查询设计器

1. 启动"查询设计器"

选择"文件"→"新建"→"查询"菜单命令，再选择"新建文件"。

如果被选择的是数据库表，则会自动打开相应的数据库。如果启动"查询设计器"之前没有打开任何数据库，则会出现"添加表或视图"对话框，要求用户从中选择表，如图 8-1 所示。

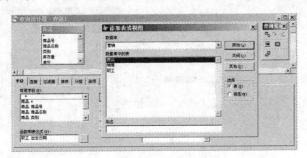

图 8-1　查询设计器添加表窗口

"查询设计器"窗口中出现一个工具栏，其中的 6 个按钮功能说明如下。

- 添加表：添加表或视图。
- 移去表：移去表或视图。
- 添加连接：建立两个表之间的连接。
- 显示/隐藏 SQL 窗口：显示/隐藏相应的 SQL 查询语句。
- 最大化/最小化表格视图：窗口最大化/最小化。
- 查询去向：从多个查询结果输出去向中选择其中一个。

2．向查询设计器中添加表

单击"查询设计器"工具栏中的"添加表"按钮，可以为"查询设计器"窗口添加表，当

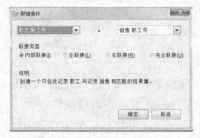

图 8-2　添加表后的连接窗口

添加相互联系的两张表时会出现连接条件对话框，可以在其中选择两表之间的连接类型并建立表的关联，如图 8-2 所示。连接条件对话框中有如下功能。

① 左边的下拉列表框：该框为父表的字段列表框，选择该框的字段作为父关联字段。

② 右边的下拉列表框：该框为子表的字段列表框，选择该框的字段作为子关联字段。

③ 内部连接：在连接条件左右的两个表中仅满足连接条件的记录，这是最普通的连接方式。

④ 左连接：在连接条件左边的表中的所有记录和连接条件右边的表中满足连接条件的记录。

⑤ 右连接：在连接条件右边的表中的所有记录和连接条件左边的表中满足连接条件的记录。

⑥ 完全连接：在查询结果中，根据所选字段列出两表中不论是否满足条件的所有记录。

3．选择字段

单击"查询设计器"中的"字段"选项卡可进行字段选择，如图 8-3 所示。其中，左边的"可用字段"列表框中包括表的所有可选字段，右边的"选定字段"列表框中存放查询结果所需的字段。

"函数和表达式"文本框的功能主要用于通过输入一个函数和表达式生成一个虚拟字段。

4．显示查询结果

单击工具栏中的"运行"按钮可以执行设计的查询。系统默认将查询结果以浏览窗口显示，如图 8-4 所示。

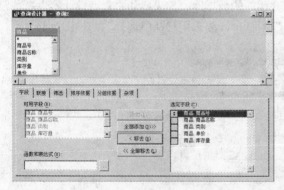

图 8-3　选择字段

图 8-4　查询结果

5．建立排序、分组、条件及多表查询

（1）建立排序的查询

如果要使查询结果中的记录按一定要求进行排列，可以利用"查询设计器"中的"排序依据"选项卡来完成，如图 8-5 所示。

图 8-5 中左边的"选定字段"列表框中列出所有已选字段，右边的"排序条件"列表框中列出待排序的字段，"排序选项"中用来排列的方式有"升序"或"降序"。

排序方法为：选定"选定字段"框中的某个字段，单击"添加"按钮将它移入"排序条件"框中，并选择升/降序。在"排序条件"列表框中出现的字段，按它的顺序定为第一排序字段、第二排序字段等。

（2）建立分组查询

利用"分组查询"可以对表中的所有记录分组，并对每一组记录完成某项操作，如汇总、计算平均值等。利用"分组依据"选项卡可以实现查询分组，选择"分组依据"选项卡，将"可用字段"中的选定字段添入"分组字段"框中，例如，对商品表中数据按类别进行分类查询如图 8-6 所示。

图 8-5　排序查询

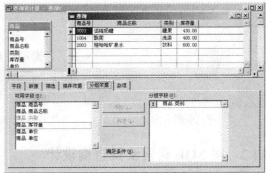

图 8-6　分组查询

（3）建立条件查询

如果要查询指定的记录，就需确定查询结果满足的条件，利用"查询设计器"中的"筛选"选项卡即可完成选择条件的输入。

如图 8-7 所示，是查询"商品单价>=50"的商品信息。

实现上述要求的操作步骤为：

① 在"字段名"列表框中选择字段"商品.单价"；

② 在"条件"列表框中选择比较运算符">="；

③ 在"实例"文本框中输入比较值"50"；

④ 运行查询后即可显示满足条件的结果；

⑤ 如需选择逻辑运算"否"（NOT），可以单击"筛选"选项卡中的"否"按钮；

⑥ 如需实现多条件选择查询，可以利用逻辑运算"与"（AND）或者"或"（OR）在"筛选"选项卡的第二行中组合上一个条件。

（4）建立多表查询

用户的查询要求可能仅涉及一个表，但是，许多查询都会涉及多个表。例如，要查看各商品每一个销售员销售的数量信息，就需要从"商品"表和"销售"表中提取数据，这时就

需要建立多表查询。

在建立多表查询时，先要将所有有关的表或视图添加到查询中，并在关键字段上建立连接，再确定显示字段、筛选条件、排序要求或分组要求后，即可运行查询显示结果，如图 8-8 所示。

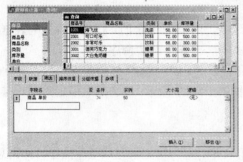

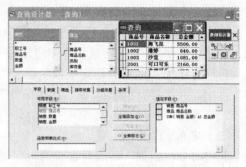

图 8-7　条件查询　　　　　　　　　　图 8-8　商品表与销售表的多表查询

6. 保存查询

关闭"查询设计器"，在输入查询名称框中输入该查询名称即可。

7. 输出查询结果

以上介绍的各种查询结果都将在"浏览"窗口中显示，这是查询输出的默认方式。Visual FoxPro 9.0 系统提供了 4 种查询输出去向，如图 8-9 所示。

8. 查询的使用

通过"查询设计器"设计好自己的查询后就可以直接运行查询了，也可以先将设计好的查询保存后再通过命令：

DO 查询名.qpr 执行查询（扩展名.qpr 不能省略）。

图 8-9　查询去向

8.1.2　用 SQL 语言实现查询设计

前面介绍的利用"查询设计器"设计查询，其内部实际就是一个 SQL 语言中的 SELECT 查询语句，在查询设计器中该语句是根据设计的查询而自动生成的。

前面设计的查询都可以通过查询工具栏的"SQL"按钮或通过"查询"→"查看 SQL"菜单，查看查询生成的 SELECT 语句。

图 8-10 所示为通过"SQL"按钮显示的对应 SELECT 查询语句。

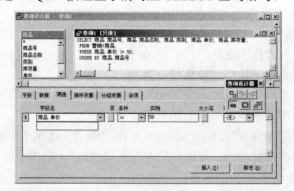

图 8-10　对商品表按单价>=50 查询相应的 SELECT 语句

当然，可以直接使用 SQL 语言中的 SELECT 查询语句来对表中的数据进行查询。SQL 查询语句的具体格式可参照第 3 章的相关内容，这里不再详细介绍。下面是使用 SQL 语句直接进行数据查询的示例。

【例 8.1】查询商品表所有信息，数据按商品号排序。

```
SELECT * FROM 营销!商品 ORDER BY 商品.商品号
```

【例 8.2】查询各部门的基本工资合计数。

```
SELECT 职工.部门, SUM(基本工资) AS 部门合计 FROM 营销!职工 GROUP BY 职工.部门
```

【例 8.3】查询每个销售员的销售业绩（需要从 3 张表中取数据）。

```
SELECT 职工.职工号, 职工.姓名, 职工.部门, 商品.商品名称,;
商品.单价* 销售.销售数量 AS 销售金额;
FROM 营销!职工, 营销!销售, 营销!商品 WHERE 销售.商品号 = 商品.商品号 ;
AND 职工.职工号 = 销售.职工号;
ORDER BY 职工.职工号
```

【例 8.4】查询商品表中单价>=50 的信息并将查询结果保存到"商品表查询 1"中。

```
SELECT 商品.商品号, 商品.商品名称, 商品.类别, 商品.单价, 商品.库存量;
FROM 营销!商品 WHERE 商品.单价 >= 50 ORDER BY 商品.商品号;
INTO TABLE 商品表查询1.dbf
```

8.2　视 图 设 计

视图是在数据库表或其他视图上创建的逻辑虚表，视图中的数据是按照用户指定的条件从已有的数据库表或其他视图中抽取出来的，是用户观察数据库中数据的窗口。每个数据库表都对应存储介质上存放的物理数据文件，而视图却不需要对应的物理文件也可存在。

让用户通过视图来查看数据库当中的数据，可以在一定程度上保证视图以外的数据不被查看。通过视图可以方便地实现对多表数据的各种查询，而且保证了数据库中数据的动态、实时地被用户查看。用户可以通过视图来更新相应的表。

8.2.1　视图设计器

创建视图的方法和创建查询的方法类似，但视图中的数据是可以更新的，而查询结果数据则不能更新。利用"视图向导"、"视图设计器"或命令方式都可以创建视图，并可以修改已存在的视图。下面介绍使用"视图设计器"建立本地视图的主要步骤。

1．打开数据库

创建视图前必须首先打开相应的数据库。如图 8-11 所示，打开"营销"数据库。

2．启动"视图设计器"

在数据库设计器中，单击"数据库设计器"工具按钮中的"新建本地视图"按钮，打开"新建本地视图"对话框，如图 8-12 所示。单击"新建视图"按钮，进入"视图设计器"窗口，如图 8-13 所示。

图 8-11　打开数据库

图 8-12　"新建本地视图"对话框

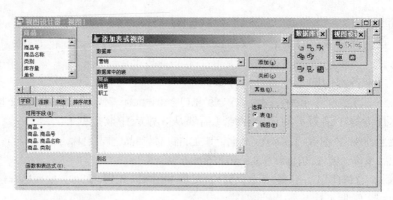

图 8-13　进入"视图设计器"窗口

3．添加表和视图

进入"视图设计器"窗口后，首先要添加表，新创建的视图可以从这些表中抽取数据。如图 8-14 所示，在"视图设计器"中添加"商品"表与"销售"表，并将两表按"商品号"建立内部连接。

4．选择视图字段

单击"视图设计器"中的"字段"选项卡，选择在视图中要使用的字段，如图 8-15 所示。

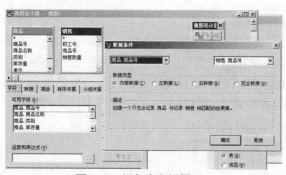

图 8-14　添加表和视图

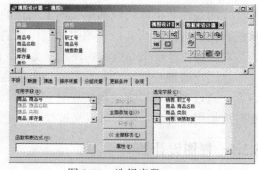

图 8-15　选择字段

5．设置筛选、排序或分组等

与"查询"设计器类似，在创建视图时，可以使用筛选、排序、分组和更新等操作。

比如，要查看各销售员"洗涤"用品的销售数据，首先选择"筛选"选项卡，输入筛选的条件："商品.类别"＝"洗涤"，如图 8-16 所示。再选择"排序依据"选项卡，取"销售.职工号"作为排序依据，如图 8-17 所示。

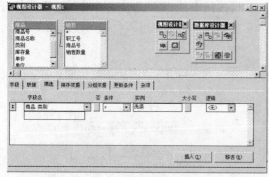

图 8-16　设置筛选条件

图 8-17　设置排序依据

6．视图预览保存

选择常用工具栏中的"执行"按钮，可以在浏览窗口看到视图中的具体数据，如图 8-18 所示。

选择常用工具栏中的"保存"按钮，给视图取一个名称，并将创建好的视图保存到数据库中，如图 8-19 所示。

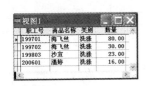

图 8-18　视图预览　　　　　　　　　　图 8-19　输入视图名并保存

7．利用视图更新数据

虽然视图是一个逻辑虚表，但视图能够更新数据并把更新后的数据直接返回到源表中。可以在视图设计器的"更新条件"选项卡中实现。"更新条件"选项卡如图 8-20 所示。

（1）指定可更新的表

在"视图设计器"的"表"下拉列表框中选择要更新哪些表，如图 8-21 所示。

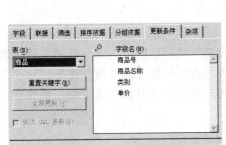

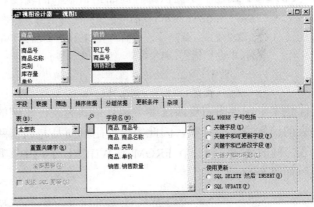

图 8-20　视图"更新条件"选项卡　　　　　图 8-21　选择要更新的表

（2）设置关键字段

当选择了要更新的表后，在"字段名"列表框中会列出相应的字段。字段名左侧的钥匙图标所在的列标识关键字段。关键字段用来使视图中的修改与源表的原始记录相匹配。必须设置关键字段，该表才可以更新。单击字段名前面的钥匙图标所在列处，即可设置成关键字段，如图 8-22 所示。

图 8-22　"更新条件"选项卡

(3) 指定可更新的字段

在字段左侧的铅笔图标所在列标识可更新的字段。在某字段前单击相应列可进行设置，如图 8-22 所示。

如果希望源表中的记录与在本地视图上所做的更新保持一致，需将“更新条件”选项卡左下方的中的“发送 SQL 更新”选项选中，如图 8-22 所示。

8.2.2 视图的 SQL 语句

创建视图的 SQL 语句为：

```
CREATE SQL VIEW <视图名称> AS SELECT 语句
```

下面介绍如何用 CREATE SQL VIEW 命令创建单表视图和多表视图。

1. 建立单表视图

【例 8.5】建立一个商品类别为“洗涤”的视图。可以编写下列代码：

```
CREATE SQL VIEW  洗涤用品视图  AS;
SELECT  *  FROM  商品 WHERE  商品.类别="洗涤"
```

2. 建立多表视图

【例 8.6】创建一个提供每种商品销售金额的视图。可以编写下列代码：

```
CREATE SQL VIEW  商品销售金额视图 AS;
SELECT 商品.商品号, 商品.商品名称, 商品.类别, 商品.单价, 销售.销售数量,;
商品.单价* 销售.销售数量 AS 销售金额;
FROM  营销!商品 INNER JOIN 营销!销售 ;
ON  商品.商品号=销售.商品号
```

建立多表视图需要涉及多个相互关联的表，本例的销售金额数据等于商品表的单价与销售表的销售数量的乘积，因此需要使用到商品与销售两张表，并按商品号进行连接。对于多个表之间的连接，可以在 FROM 或 WHERE 子句中实现。使用上述代码生成的商品销售金额视图如图 8-23 所示。

商品销售金额视图

商品号	商品名称	类别	单价	销售数量	销售金额
1001	海飞丝	洗涤	50.00	80.00	4000.0000
1001	海飞丝	洗涤	50.00	30.00	1500.0000
2003	娃哈哈矿泉水	饮料	43.00	15.00	645.0000
2001	可口可乐	饮料	72.00	30.00	2160.0000
3001	德芙巧克力	糖果	80.00	50.00	4000.0000
2002	非常可乐	饮料	68.00	46.00	3128.0000
3003	话梅奶糖	糖果	38.00	32.00	1216.0000
1003	沙宣	洗涤	47.00	23.00	1081.0000
1002	潘婷	洗涤	40.00	16.00	640.0000
2002	非常可乐	饮料	68.00	18.00	1224.0000

图 8-23 生成的商品销售金额视图

上例也可以用如下代码实现：

```
CREATE SQL VIEW  商品销售金额视图 AS;
SELECT 商品.商品号, 商品.商品名称, 商品.类别, 商品.单价, 销售.销售数量,;
商品.单价* 销售.销售数量 as 销售金额;
FROM  营销!商品 , 营销!销售 ;
WHERE 商品.商品号 = 销售.商品号
```

3．打开、关闭视图

打开、关闭视图可以利用项目管理器实现，这里简单介绍使用命令的方法。

（1）打开视图

可以在指定的工作区中用 USE VIEW 命令打开视图。命令格式为：

```
USE VIEW 视图名
```

例如，要查看商品销售金额视图，可以编写如下代码：

```
OPEN DATABASE 营销
USE VIEW 商品销售金额视图
BROWSE
```

（2）关闭视图

直接用 USE 命令关闭视图。

8.3 创 建 报 表

在应用系统中，常常需要将数据库中的数据、分类统计等信息以各种表格的形式输出。为此，Visual FoxPro 提供了报表设计器，给用户的表格输出设计带来了极大的方便性和灵活性。

报表是用来直观地表达表格化数据的打印文本，尽管它的表现形式是多种多样的，但从原理上来说，报表包括以下两个部分。

- 数据源：指数据库表、视图、查询等数据，是形成报表信息来源的基础。
- 布局：指报表的打印格式。

使用报表向导或报表设计器生成的报表格式文件，其扩展名为.frx，与其相关的同名备注文件扩展名为.frt。

8.3.1 使用报表向导创建报表

使用"报表向导"可方便地创建报表，用户可以根据报表向导的指引来实现报表设计。

Visual FoxPro 提供了下列几种报表向导：报表向导、分组/总计报表向导和一对多报表向导。

【例 8.7】利用前面已经生成的商品销售金额视图，建立一个销售汇总报表，利用报表向导来实现。

设计过程如下。

（1）启动"报表向导"

① 选择"工具"→"向导"→"报表"菜单命令，出现"向导选取"对话框，如图 8-24 所示。

② 在"向导选取"对话框中选中"报表向导"，并单击"确定"按钮，出现向导指示的"步骤 1-字段选取"，如图 8-25 所示。首先在"数据库和表"列选中商品销售金额视图，再在"可用字段"框中选择所需字段。

（2）指定分组方式

① 单击"下一步"按钮，出现向导指示的"步骤 2-分组记录"，如图 8-26 所示。在第一个列表框中选择"类别"，表示报表按商品类别进行分组。

图 8-24　向导选取

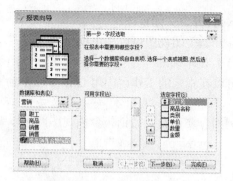

图 8-25　字段选取

② 设置"分组选项"。在按照选中的字段设置分组方式时，如果选择"整个字段"，则可以按整个字段或按它前面的几个字符进行分组。

③ 设置"总结"选项。可以对数值字段进行"求和"、"平均值"等计算。在此，对销售金额进行求和处理，如图 8-27 所示。

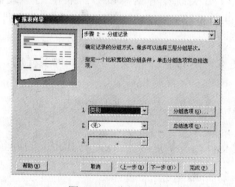

图 8-26　分组记录

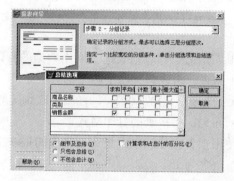

图 8-27　设置"总结"选项

（3）选择报表样式

完成上述步骤后，单击"下一步"按钮，进入"步骤 3-选择报表样式"。"报表向导"提供了几种不同的报表样式。在此，选择"经营式"，如图 8-28 所示。

（4）设置报表数据排序

选择了报表样式后，单击"下一步"按钮，进入"步骤 5-排序记录"，如图 8-29 所示。可以在"可用的字段或索引标识"列表框中，选择要排序的字段。

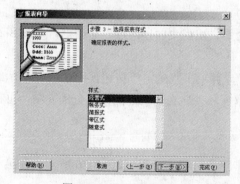

图 8-28　设置报表样式

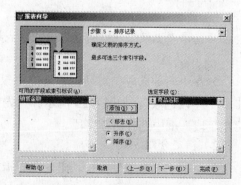

图 8-29　选择要排序的字段

（5）命名、预览、保存或编辑报表

　　设置好"排序记录"后，再单击"下一步"按钮，进入向导的"步骤 6-完成"。可以选择"预览"按钮显示报表结果，如图 8-30 所示。如果对生成的报表满意，可以单击"完成"按钮保存报表；如果不满意，可单击"上一步"按钮返回前面的步骤，再对报表进行调整。

图 8-30　预览报表样式

8.3.2　使用报表器创建快速报表

　　利用"报表设计器"的"快速报表"功能可以结合向导与手工操作两种方法的优点，快速建立报表。设计过程如下：

　　① 选择"文件"→"新建"→"报表"菜单命令，单击"新建文件"后，出现"报表设计器"窗口。

　　② 选择"报表"→"快速报表"菜单命令，如图 8-31 所示，选择"快速报表"后，出现打开数据表的对话框，选择所需的表，如职工表，如图 8-32 所示。

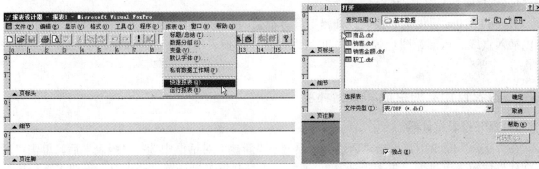

图 8-31　选择快速报表　　　　　　　　　　　　图 8-32　选择数据表

　　③ 当选好数据表后，会出现"快速报表"布局对话框，可选择报表采用按列布局或按行布局，如图 8-33 所示。对话框中的"字段"按钮，可用来选择报表中所需要显示的字段，如图 8-34 所示。

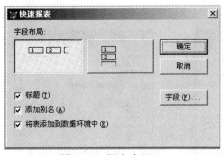

图 8-33　报表布局　　　　　　　　　　　　　图 8-34　选择字段

　　④ 单击"确定"按钮返回报表设计器，在"报表设计器"中就产生了相应的结果，如图 8-35 所示。

　　⑤ 单击打印"预览"按钮可查看设计结果，如图 8-36 所示。

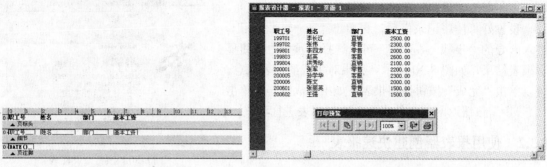

图 8-35　快速报表编辑界面　　　　　　图 8-36　快速报表设计结果预览

8.4　利用报表设计器设计报表

8.3 节介绍了利用报表向导和快速报表生成器创建报表的过程，利用报表向导可以快速地设计出一个报表，但生成的报表可能比较简单，不能满足用户的实际需要，因此，还可以利用"报表设计器"来对它进行修改、编辑。

Visual FoxPro 提供的"报表设计器"具有很强的功能，利用它能够设计各种形式的表格，可以插入直线、矩形、图片等控件，也可以包含打印报表中所需要的标签、字段、变量和表达式等。

8.4.1　报表设计器的组成和数据环境

1. 打开报表设计器

在"文件"菜单中，单击"新建"选项，在"新建"对话框中选择"报表"后，单击"新建文件"按钮，可进入"报表设计器"。通常，刚打开报表设计器，至少自动设置了页标头、细节和页注脚 3 个基本编辑区域，这种编辑区称为带区。同时"报表设计器"与"报表控件"工具栏也会一并显示，如图 8-37 所示。

如果打开报表设计器后，并没有显示"报表设计器"与"报表控件"工具，或还需要使用其他工具，如"布局工具"等，可在"显示"菜单下，单击"工具栏"选项，然后在如图 8-38 所示的对话框中选择所需的工具。

图 8-37　报表设计器

图 8-38　选择工具栏

2. 报表数据来源

报表中所用控件的数据源可以在数据环境中定义。向数据环境中添加表或视图的方法如下：

① 在报表设计器中右击，出现快捷菜单，选择"数据环境"，如图 8-39 所示；

② 选择菜单"数据环境"后，在"数据环境设计器"中右击，在弹出的快捷菜单中选"添加"，出现"添加表或视图"对话框，从"数据库"框中选择一个数据库；

③ 在"选定"区域选定"表"或"视图"。

④ 在"数据库中的表"框中，选定一个表或视图，并单击"确定"按钮。

图 8-39　选择数据环境

8.4.2　报表布局与报表带区

1. 报表布局的类型

创建报表前，首先应根据它的格式和布局特点，确定该报表套用的布局格式。报表的布局一般分为以下几种。

① 行报表：每列是一条记录，每条记录的字段在报表页面上按照垂直方向放置。

② 列报表：每行是一条记录，每条记录的字段在报表页面上按照水平方向放置。

③ 一对多报表：用于一条记录或一对多关系。

④ 多栏报表：用于多列记录，且每条记录的字段沿报表页面的左边缘垂直放置。

⑤ 标签：用于多列记录，且每条记录的字段沿页面左边缘垂直放置，需要使用特定的纸打印。

2. 报表布局的带区

对报表进行布局时，可使用"报表设计器"中的多个带区，方法如下：

① 直接调整每个带区的位置、尺寸等，使用报表带区可以决定报表的每页、分组及开始与结尾的样式；

② 在带区中放置有关控件，并调整它的位置和大小，从而控制文本、字段和图形等在报表中位置。

具体步骤如下。

① 启动"报表设计器"，或打开已利用向导建好的报表，如图 8-40 所示。

② 调整标题、页标头、组标头等带区，以左标尺为标准，用鼠标将带区的分隔条上下拖动到适当的高度。如果要精确设置带区高度，双击带区名称，打开"带区"对话框，然后在该对话框中改变"高度"文本框中的数值。

③ 调整页标头的字段控件位置，在单击页标头带区的某个字段控件后，该对象周围出现选中标记，用鼠标可将它直接拖动到新的位置，如图 8-41 所示。

图 8-40　报表设计器的带区

图 8-41　调整带区和字段控件位置

报表中可以设置标题、页标头、细节等 9 个不同的带区，用来放置不同的数据，如表 8-1

所示。从表 8-1 可以看出，报表格式的默认情况只有页标头、细节和页注脚带区，其他带区可根据实际需要通过相应命令选择使用。此外，不同带区重复输出的情况是不同的，如标题、总结带区是整个报表输出一次。

表 8-1　各种带区汇总表

带区名称	打印周期	打印位置	使用方法
标题	每报表一次	报表初始	从"报表"菜单中选择"标题/总结"带区
页标头	每页面一次	标题后，页初	默认可用
列标头	每列一次	页标题后	从"文件"菜单中选择"页面设置"设置"列数">1
组标头	每组一次	页标头、组标头或组脚注后	从"报表"菜单中选择"数据分组"
细节带区	每记录一次	页标头或组标头后	默认可用
组注脚	每组一次	细节后	从"报表"菜单中选择"数据分组"
列注脚	每列一次	页脚注前	从"文件"菜单中选择"页面设置"设置"列数">1
页注脚	每页面一次	页末	默认可用
总结	每报表一次	报表末	从"报表"菜单中选择"标题/总结"带区

8.4.3　设置报表控件

1．设置字段控件

所谓字段控件就是通过"表达式生成器"设置字段变量、内存变量或表达式输出的控件。

（1）利用"数据环境"添加字段的方法

在报表的"数据环境"对话框中选定某个表，并利用鼠标的拖放操作将该表中的一个字段拖到报表细节带区中。

（2）使用报表工具栏添加字段的方法

步骤如下：

① 从"报表控件"工具栏中，选择"字段控件"项放入报表细节带区，则弹出"字段属性"对话框，如图 8-42 所示；

② 在"字段属性"对话框的"常规"选项卡中，单击"表达式"框后的"…"按钮，系统弹出"表达式生成器"对话框，如图 8-43 所示，在此可以设置相应的变量或表达式；

③ 如果要选择"字段"框的某个字段，则事先要打开字段所在的数据表。

图 8-42　选择字段属性

图 8-43　表达式生成器

此外，可以根据需要在"字段属性"对话框中设置字段控件的位置、样式、格式和打印条件等。

（3）调整"字段控件"的大小和位置

单击相应的"字段控件"，用鼠标拖动"字段控件"四周的 8 个控点，可调整其大小；使用光标移动键可精确调整其位置；通过"布局工具"或"格式"菜单下的对齐命令可以调整一组控件的排列对齐方式。在此所列的操作不仅适合于"字段控件",而且也适合于其他报表控件。

2．设置标签控件

报表中的标签控件用来显示各种文本信息,如设计页标头、报表标题等。设计标签的操作如下。

① 在"报表控件"工具栏中单击"标签"控件,然后在相应的带区单击,接着输入文字。如果要对标签进行修改,可选中指定标签后按鼠标右键,从快捷菜单中选"属性",系统会弹出"标签属性"对话框,从中可以修改标题的内容、位置,以及标签的样式(含字体、颜色)、条件打印等属性,如图 8-44 所示。

② 修改标签的字体,还可以通过选择"格式/字体"菜单项,打开"字体"对话框,选择所需的字体、字号等,初始报表格式中使用的字体、字号默认值是:宋体、小 5 号字,整个报表靠左排列。

图 8-44 设置标签属性

3．设置画线控件

为使报表格式中具有表格线,可以利用报表设计中的画线功能实现。

① 在"报表控件"工具栏中单击"线条"控件,然后在相应带区所需位置拖动鼠标就可以画出线条。向右拖动画出一条横线,向下拖动画一条竖线,但没有斜线。

与标签控件一样,可选中指定的"线条"后按鼠标右键,从快捷菜单中选"属性",系统会弹出"线条属性"对话框,从中可以修改线条的相关属性。

② 如果要改变线条的粗细,可先选中线条,通过"格式/绘图笔"菜单下所提供的线型做相应的修改。

4．设置报表标题

设置报表标题的方法如下:

① 选择菜单"报表"中的"可选带区"选项,系统弹出"报表属性"对话框,如图 8-45 所示,在"可选带区"选项卡中,选择"报表有标题带区";

② 调整标题带区的大小;

③ 在"报表控件"工具栏中,单击"标签"按钮,在标题带区的适当位置单击,将一个标签控件放置在报表中;

④ 在标签控件中输入标题,并通过"标签属性"设置相关属性,或用菜单"格式/字体"选项设置。

5．设置报表中的图形

① 在"报表设计器"中,从"报表控件"工具栏中选择"图片/OLE 绑定控件"(如图 8-46 所示),添加到报表中,系统会弹出"图形/OLE 绑定属性"对话框,如图 8-47 所示。

② 根据"控件源类型"的不同,单击"控件源"下的"..."按钮,系统弹出"打开图片"或"表达式生成器"对话框,供用户选择相应图片文件或通用型字段。

③ 选择好相应的图片文件或字段后,单击"确定"按钮即可完成设置。注意,如果是选择通用型字段,则事先要打开该字段所在的表。

图 8-45 "报表属性"对话框

图 8-46 添加图形

图 8-47 "图形/OLE 绑定属性"对话框

8.4.4 常用的报表控件操作

设置报表时，一般都需要用到许多控件，控件的位置、大小等都直接影响到报表的外观和质量。下面介绍几种常用的操作。

① 移动一个控件。选中控件后直接将把它拖动到"报表"带区中新的位置上。注意，控件在布局内移动的位置移动不一定是连续的，这与网格的设置有关。如果拖动控件时按住 Ctrl 键，就可以实现位置连续移动。

② 同时选中多个控件。通过鼠标拖动画出选择框可同时选中多个控件，这些控件将作为一组，同时移动、复制或删除。

③ 将控件分组。选中想作为一组处理的控件，选择"格式"→"分组"菜单。

④ 对一组控件取消组定义。选中该组控件，选择"格式"→"取消组"菜单。

⑤ 调整控件的尺寸。选中控件，直接在有关的句柄上拖动即可。

图 8-48 职工工资报表

⑥ 匹配多个控件的大小。选中多个控件，选择"格式"→"大小"菜单，设置所需选项即可。

⑦ 裁剪和粘贴控件。使用常用工具栏中的"裁剪"、"粘贴"及"复制"按钮，可以对单独或一组控件进行移动、复制。

8.4.5 报表设计举例

【例 8.8】设计一张职工工资报表，报表具体界面如图 8-48 所示。

1. 问题分析

本报表需要使用职工表作为数据源，报表中的数据按部门分组显示，在报表末尾计算工资的总额，报表带表格线，下面以报表设计器为例来说明具体的设计过程。

2. 在报表设计器中添加数据环境

启动"报表设计器"，在"显示/数据环境"菜单下，打开"数据环境设计器"，将"职工"表添加到数据环境中，如图 8-49 所示。

3. 设置报表标题

在报表设计器中，选择"报表"/"可选带区"菜单，弹出"报表属性"对话框，如图 8-50 所示。选中"报表有标题带区"复选框和"报表有总结带区"复选框，并添加标签输入报表的标题，通过"标签属性"设置标题的字体、字号等。

4．设置页标头

用"报表控件工具"中的"标签"设计部门、姓名等页标头，通过"报表控件工具"中的"字段控件"向页标头带区填写报表日期和页面标识，并通过"字段属性"设置相应表达式。其中，日期"字段控件"的表达式是：str(year(date( )),4)+"年"+str(month(date( )),2)+"月"+str(day(date( )),2)+"日"，页码"字段控件"的表达式是："第"+str(_pageno,2)+"页"。_pageno 是系统内在变量，存放的是当前页码。

图 8-49 将表加到数据环境 　　　　图 8-50 报表属性对话框

5．设置报表细节

将数据环境中的"职工"表的相应字段拖到细节带区，同时删除多余的标签，或添加"字段控件"，通过"字段属性"的设置完成所有字段的添加操作。利用"报表控件工具"的"线条"工具画线段。页标头及细节的设置情况如图 8-51 所示。

6．设置数据分组

为使报表中的数据能够分部门显示，需要对报表数据进行分组。

图 8-51 设计报表细节

① 对职工表按"部门"字段建立索引。可通过"表设计器"建立部门索引。

② 在数据环境中，选择"职工表"，右击，在快捷菜单中选"属性"，如图 8-52 所示。在"属性"窗口，选择 Cursor1 对象的"数据"选项，在"Order"属性中选择部门作为主控索引，如图 8-53 所示。

③ 在主菜单"报表"下选择"数据分组"选项，在弹出的"数据分组"对话框中的"分组表达式"选择框内选择"职工.部门"字段，如图 8-54 所示。

图 8-52 选择职工表的属性 　　图 8-53 设置部门索引 　　图 8-54 选择部门分组

7. 设置"总结"带区

在"总结"带区添加一条用来结束表格的横线，添加"工资合计"标签，再添加一个"字段控件"，如图 8-55 所示，该控件属性中"表达式"框输入"职工.基本工资"字段，并设置数据的样式，如图 8-56 所示。同时，在"字段属性"的"计算"选项卡下，选择"计算类型"列表框的值为"求和"，如图 8-57 所示，表明基本工资取的是总和。

图 8-55 "总结"带区设置

图 8-56 设置字段属性中的表达式

图 8-57 设置字段控件的计算类型

7. 报表打印预览

完成前面各步骤后，可以单击工具栏的"打印预览"按钮查看报表输出情况。如果上下线段间没有衔接，可以上下移动"页标头"、"组标头"、"细节"等带区，调节各带区的空间宽度。

8. 保存报表

如果报表设计完成，可将设计好的报表保存，单击工具栏中的"保存"按钮，给所设计的报表命名为"职工工资"后保存。

8.5 小　　结

本章主要介绍查询、视图及报表设计方法。利用"查询设计器"和 SQL 语言可以实现各种形式的信息检索。视图则为用户提供了浏览数据库中数据的一个方法，并且可以通过视图对数据实施更新操作。视图的建立将用户与数据库有效地隔离开来，为用户提供了可靠、方便的用户数据层。用户可以根据问题的需要采用报表向导、快速报表和报表设计器等方法来生成或设计报表。利用"报表设计器"设计报表是本章的重点。报表布局和报表数据源是设计报表首先应考虑的问题。对"报表设计器"中出现的多种带区，每种带区中可以放置不同的数据及相应的设置，并且在设计报表时怎样使用各种控件也是一个重要内容。

习　题　8

8.1　判断题

1．查询与视图的作用类似，都是对表中数据按一定要求进行浏览。

2．在使用查询设计器设计查询时，需要首先添加表，然后才能查询表中的数据。

3．可以直接通过 SQL 查询语句对单表或多表中的数据进行查询。

4．视图是一个虚拟的表。

5．视图与查询一样，可以通过自由表或数据库表而创建。

·6．可以通过视图直接对表中数据进行修改。

7．查询设计器中的"分组依据"选项，在 SQL 的 SELECT 语句中对应的参数是"ORDER BY"。

8．进入报表设计器后，默认有"页标头"带区、"细节"带区和"页脚注"带区。

9．在报表设计器中，带区的主要作用是控制数据在页面上的打印位置。

10．报表的数据源可以是数据库表、自由表和视图。

8.2　选择题

1．在 Visual FoxPro 中，当一个查询基于多个表时，要求表（　　　）。

　A．之间不需要有联系　　　　　　　　B．之间必须是有联系的

　C．之间可以有联系也可没有联系　　　D．之间一定不要有联系

2．查询设计器中的"过滤器"选项用于（　　　）。

　A．编辑连接条件　　　　　　　　　　B．指定排序属性

　C．指定查询条件　　　　　　　　　　D．指定是否有重复记录

3．在 SQL 查询语句中，WHERE 子句用于（　　　）。

　A．查询条件　　　　　　　　　　　　B．查询目标

　C．查询结果　　　　　　　　　　　　D．查询文件

4．如果要将查询结果直接保存到一个表中，查询语句中对应的子句是（　　　）。

　A．WHERE　　　　　　　　　　　　B．FROM

　C．JOIN　　　　　　　　　　　　　D．INTO

5．下列关于查询的说法正确的是（　　　）。

　A．查询文件的扩展名为.qpx　　　　　B．不能基于自由表创建查询

　C．不能基于视图创建查询　　　　　　D．可基于数据库表或自由表或视图创建查询

6．创建的视图会保存在（　　　）。

　A．数据库　　　　　　　　　　　　　B．自由表

　C．数据环境　　　　　　　　　　　　D．查询

7．下列创建报表的方法，正确的是（　　　）。

　A．使用报表设计器创建报表　　　　　B．使用报表向导创建报表

　C．使用快速报表创建　　　　　　　　D．A、B、C 都正确

8．要能够打印出表或视图中的字段、变量和表达式结果，应在报表设计器中使用（　　　）。

　A．报表控件　　　　　　　　　　　　B．字段控件

　C．标签控件　　　　　　　　　　　　D．图形/OLE 绑定控件

9. 对报表进行数据分组后，报表会自动包含的带区是（　　　　）。

    A. "细节"带区　　　　　　　　　　　B. "组标头"和"组脚注"带区

    C. "标题"、"细节"、"组标头"带区　D. "细节"和"组标头"带区

10. 要使报表数据能够正确分组，应（　　　　）。

    A. 按分组表达式建立索引　　　　　B. 排序

    C. 无重复记录　　　　　　　　　　　D. 筛选

8.3　填空题

1. 查询设计器生成的是一个扩展名为_____的文件，可以像程序一样直接执行。

2. 视图与查询最根本的区别在于：查询只能查阅指定的数据，而视图不但可以查阅数据，还可以_____，并把_____送回到源数据表中。

3. 查询设计器就是利用了_____语句生成的查询。

4. 创建一个报表的方法有_____、_____和_____ 3 种。

5. 报表设计器的报表控件工具中包括标签控件、_____控件、线条控件、矩形控件、圆角矩形控件和_____控件。

8.4　程序设计题

1. 用查询设计器设计下列查询：

（1）查询商品表中单价大于 50 元的商品；

（2）查询商品表中的"洗涤"类商品信息；

（3）查询职工表中在"直销"部门的已婚职工信息；

（4）查询职工"张伟"的销售数据；

（5）查询各职工的销售业绩信息。

2. 设计一个视图，要求符合"已婚"，并且在 1975 年以后出生的职工。

3. 使用报表向导，设计一个商品信息报表。

4. 使用报表设计器，设计一个职工信息报表，要求职工按部门进行分组，并提供各部门的基本工资合计数，报表预览如图 8-58 所示。

职工信息

职工号	姓名	性别	婚否	出生日期	基本工资	部门
199803	赵英	女	.T.	03/19/75	2600.00	客服
200005	孙学华	女	.F.	02/17/75	2300.00	客服
				部门合计基本工资：	4900.00	
199702	张伟	男	.F.	06/23/76	2300.00	零售
199801	李四方	男	.T.	06/18/77	2000.00	零售
200001	张军	男	.T.	05/11/77	2200.00	零售
200601	张丽英	女	.F.	04/23/82	1500.00	零售
				部门合计基本工资：	8000.00	
199701	李长江	男	.T.	05/12/75	2500.00	直销
199804	洪秀珍	女	.T.	12/25/76	2100.00	直销
200006	陈文	男	.T.	08/08/74	2000.00	直销
200602	王强	男	.F.	10/23/83	1500.00	直销
				部门合计基本工资：	8100.00	
				工资总额：	21000.00	

图 8-58　职工信息报表预览

实验 8　查询、视图及报表设计

一、实验目的

掌握利用查询设计器进行数据查询，掌握 SQL 查询语句的使用，了解视图的创建，掌握报表的设计。

二、实验准备

复习教材第 8 章有关内容，参考教材的相关示例，重点掌握各种不同要求的数据查询设计，掌握一般报表的设计方法。

三、实验内容

1. 使用查询设计器进行数据查询

要求：

（1）查询销售表中金额大于等于 2000 元的所有数据，金额从高到低排序，如图 8-59 所示。

（2）查询女职工销售金额大于等于 3000 元的职工号、姓名、商品号、商品名及金额，金额从高到低排序（注：需同时使用职工表、销售表和商品表），如图 8-60 所示。

图 8-59　销售金额大于等于 2000 的情况

图 8-60　销售金额大于等于 3000 的女职工情况

（3）查询各商品的平均销售金额，显示商品号、商品名及平均销售金额，以商品号排序（注：需同时使用商品表和销售表），如图 8-61 所示。

2. 直接使用 SQL 的 SELECT 查询语句进行数据查询

要求：

（1）查询职工表中男职工的平均基本工资。

（2）查询销售小于 1000 元的职工号、姓名、商品号及销售金额（注：需同时使用职工表和销售表）。

（3）查询销售金额为 1000～5000 元的职工信息，显示职工号、姓名、商品名及销售金额，以职工排序（注：需同时使用职工表、销售表和商品表）。

3. 设计一个简单报表

设计一个如图 8-62 所示的简单报表。

4. 设计一个职工销售情况报表

要求：报表预览如图 8-63 所示，能够汇总各职工的总销售金额。（提示：设计界面如图 8-64 所示，其中数据环境是事先由职工、销售、商品 3 个表生成的视图。）

职工基本情况报表

职工号	姓名	性别	出生日期	基本工资
199701	李长江	男	05/12/75	2500.00
199702	张伟	男	06/23/76	2300.00
199801	李四方	男	06/18/77	2000.00
199803	赵英	女	03/19/75	2600.00
199804	洪秀珍	女	12/25/76	2100.00
200001	张军	男	05/11/77	2200.00
200005	孙宇华	女	02/17/75	2300.00
200006	陈文	男	08/08/74	2000.00
200601	张丽英	女	04/23/82	1500.00
200602	王磊	男	10/23/83	1500.00
			合计	123200.00

查询

商品号	商品名称	平均金额
1001	海飞丝	2750.00
1002	潘婷	640.00
1003	沙宣	1081.00
2001	可口可乐	2160.00
2002	非常可乐	2176.00
2003	娃哈哈矿泉	645.00
3001	德芙巧克力	4000.00
3003	话梅奶糖	1216.00

图 8-61　各商品的平均销售金额

图 8-62　简单职工情况报表

报表设计器 - 销售报表.frx - 页面 1

职工销售情况表

2008年 9月15日　　　　　　　　　　第 1 页

职工号	姓名	商品号	商品名	数量	金额
199701	李长江	1001	海飞丝	80.00	4000.00
		2001	可口可乐	30.00	2160.00
			总金额		6160.00
199702	张伟	1001	海飞丝	30.00	1500.00
		2002	非常可乐	18.00	1224.00
			总金额		2724.00
199801	李四方	3003	话梅奶糖	32.00	1216.00
			总金额		1216.00
199803	赵英	2003	娃哈哈矿泉水	15.00	645.00
		1003	沙宣	23.00	1081.00
			总金额		1726.00
199804	洪秀珍	3001	德芙巧克力	50.00	4000.00
			总金额		4000.00
200001	张军	2002	非常可乐	46.00	3128.00
			总金额		3128.00
200601	张丽英	1002	潘婷	16.00	640.00
			总金额		640.00

图 8-63　学生成绩报表预览

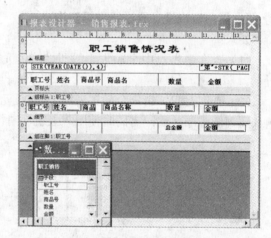

图 8-64　职工销售情况报表设计界面

5. 利用视图设计器设计一个视图

要求：查询男职工销售金额大于等于 3000 元，包括职工号、姓名、商品号、数量和金额等字段。

四、实验报告

1. 实验过程报告

（1）请写出实验内容 1 对应的 SQL 语句。

（2）请写出实验内容 2 中，实现查询的 SQL 语句。

2. 简答题

（1）查询设计器中的"分组"选项，在 SQL 的 SELECT 查询语句中对应的是哪一个子句？

（2）在同时对 3 张表（职工、销售、商品）进行查询时，3 张表之间是如何联系的？

（3）在报表设计中，报表标题可显示在哪一个带区？可以用什么控件进行显示？

3. 实验完成情况及存在问题

第9章 应用程序的管理及编译

在前面几章中，分别介绍了 Visual FoxPro 9.0 的主要几个方面的功能和基本用法，而在实际应用中，用户还需要考虑如何将这些功能联系成一个整体，如何对程序的文件进行有效的管理，以及如何将应用程序编译与发布等方面的问题。

本章结合"企业销售信息管理系统"的实例，介绍如何创建用户菜单、使用项目管理器管理系统的文件，以及将编写的程序编译并发布。

9.1 菜 单 设 计

菜单是应用系统中为用户提供一个结构化访问的快捷途径。在实际的应用系统中，通过适当地规划和设计菜单，可以更好地体现应用系统的功能，便于用户理解和使用系统，提高应用系统的质量。

Windows 应用系统菜单分为主菜单和快捷菜单两种。

① 主菜单用于控制和调用应用系统的各种功能。主菜单又分为屏幕菜单和顶层菜单。屏幕菜单可以在应用系统的主程序、子程序或事件中调用，用来替换 Visual FoxPro 系统菜单，而顶层菜单则只能在顶层表单的 Init 事件中调用。

② 快捷菜单又称为动态菜单，是方便用户操作、针对不同对象（如窗口、表单、控件）而建立的，对某个对象具有特定功能的菜单。该菜单可以在系统任何窗口、表单或控件中使用，不受限制。

在 Visual FoxPro 9.0 中创建菜单的方法有两种：一种是使用系统提供的"菜单设计器"创建，另一种是以编程方式创建。本节以"企业销售信息管理系统"为例，介绍利用菜单设计器创建菜单的方法。

9.1.1 菜单设计基本步骤

菜单设计一般包括以下 5 个步骤。

1. 规划菜单

在规划应用程序的菜单系统时，应考虑以下问题。

① 根据应用程序的功能，确定需要哪些菜单，是否需要子菜单，每个菜单项完成什么操作，实现什么功能等。这些问题都应该在定义菜单前就确定下来。

② 按照用户需要执行的任务来组织菜单，而不要按应用程序的层次来组织菜单。

③ 赋予每个菜单一个有意义的菜单标题，看到该菜单标题，用户就能对其功能有一个大概的认识。

④ 按照菜单的使用频率、逻辑顺序和应用程序的特点组织菜单项。

⑤ 每个菜单中菜单项的数目不宜过多，如果菜单数目超过一屏，应设置子菜单。

⑥ 为菜单和菜单项设置热键和快捷键，便于用户操作，同时使用能够准确描述菜单项功

能的文字作为提示。

根据实际的功能需要，本例中菜单结构如表9-1所示。

表9-1 "销售信息管理系统"的菜单结构

主菜单名	子菜单名	命　　令	快捷键
系统管理(\<S)	系统初始化(\<S)	DO FORM CSH.SCX	Ctrl+I
	数据备份(\<O)	DO FORM SJBF.SCX	
	数据恢复(\<I)	DO FORM SJHF.SCX	
	用户管理(\<M)	DO FORM YHGL.SCX	Ctrl+U
	退出(\<Q)	DO QUIT.PRG	Ctrl+W
基本信息(\<B)	职工信息(\<E)	DO FORM ZGXX.SCX	Ctrl+E
	商品信息(\<G)	DO FORM SPXX.SCX	Ctrl+G
	部门信息(\<D)	DO FORM BMXX.SCX	
	商品类别(\<T)	DO FORM SPLB.SCX	
销售信息(\<M)	销售信息(\<S)	DO FORM XSXX.SCX	Ctrl+M
查询统计(\<Q)	职工查询(\<E)	DO FORM ZGCX.SCX	
	商品查询(\<G)	DO FORM SPCX.SCX	
	销售查询(\<M)	DO FORM XSCX.SCX	Ctrl+S
报表输出(\<R)	职工表(\<E)	REPORT FORM ZGBB.FRX PREVIEW	
	商品表(\<G)	REPORT FORM SPBB.FRX PREVIEW	
	销售表(\<M)	REPORT FORM XSBB.FRX PREVIEW	Ctrl+R
帮助(\<H)	在线帮助(\W)	DO FORM ZXBZ.SCX	F1
	帮助主题(\<T)	DO FORM BZZT.SCX	
	关于软件(\<A)	DO FORM ABOUT.SCX	

2. 启动"菜单设计器"

无论创建菜单或者修改已有的菜单，都需要使用"菜单设计器"。要启动"菜单设计器"可采用交互方式或命令方式创建新的菜单，或者修改现有菜单。

创建新菜单的过程如下。

（1）交互方式

交互方式创建新菜单步骤如下：

① 单击"文件"菜单的"新建"项，或者单击"常用"工具栏的"新建"按钮，在"新建"对话框中，选择"文件类型"框中的"菜单"项，单击"新建文件"按钮；

② 在弹出的"新建菜单"对话框中单击"菜单"按钮，如图9-1所示；

③ 系统将打开"菜单设计器"窗口，如图9-2所示。

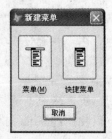

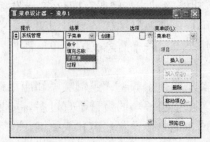

图9-1 "新建菜单"对话框　　　　　图9-2 "菜单设计器"窗口

（2）命令方式

格式：

　　CREATE MENU [<菜单文件名.mnx>]

功能：创建菜单。

说明：执行命令后，系统将打开如图 9-1 所示的"新建菜单"对话框。

修改现有菜单的方法与建立菜单类似，可以通过单击"文件"菜单的"打开"项，选择菜单文件打开，或者使用命令：MODIFY MENU [<菜单文件名.mnx>]。

3．定义和预览菜单

定义菜单就是在"菜单设计器"窗口中定义菜单栏、子菜单、菜单项的名称和执行的命令等内容。当"菜单设计器"窗口打开后，Visual FoxPro 菜单中将自动增加一个"菜单"菜单项，并且"显示"菜单中也会增加两个菜单项："常规选项"和"菜单选项"。用户可以利用"菜单设计器"和这些新增的命令进行菜单设计。"菜单设计器"的详细用法将在 9.2 节介绍。

初步设计完成后，可以通过预览来查看菜单的实际效果。预览就是用自定义的菜单来代替 Visual FoxPro 系统的主菜单来显示效果。在"菜单设计器"中，单击"预览"按钮，则系统菜单被替换成了用户自定义的菜单。可以通过单击各菜单项来查看效果，并且在选择某菜单项时，它的提示信息会显示在状态栏中。单击"预览"窗口中的"确定"按钮可退出预览状态。

4．保存和生成菜单程序

定义并预览菜单后，可选择"文件"菜单的"保存"项，或按 Ctrl+W 组合键将其保存为菜单文件（扩展名为.mnx）和菜单备注文件（扩展名为.mnt）。

菜单文件保存的仅仅是菜单的结构，并不能直接运行，但可以通过它生成菜单程序文件。由菜单文件生成菜单程序文件的步骤如下：

① 单击"菜单"菜单的"生成"项，打开"生成菜单"对话框，如图 9-3 所示；

② 在"生成菜单"对话框中输入生成后菜单程序文件名，单击"生成"按钮，即可生成菜单程序文件。菜单程序文件可由主程序或表单的事件调用，扩展名为.mpr。

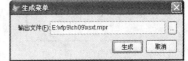

图 9-3　"生成菜单"对话框

需要注意的是，菜单程序文件与菜单文件是独立存在的，如果对菜单文件进行修改，其对应的菜单程序文件并不能自动更新，需要重新生成。

5．运行菜单程序

要运行菜单程序并查看其效果，可通过交互方式和命令方式来完成。

（1）交互方式

选择"程序"菜单的"运行"项，在"运行"对话框中选择要运行的菜单程序文件，单击"运行"即可。

（2）命令方式

格式：

　　DO <菜单程序文件名.mpr>

功能：运行菜单程序。

说明：必须指定菜单程序文件名，并且扩展名.mpr 不能省略，否则无法与普通的程序文件相区别。

例如：要运行前面生成的 XSXT.mpr 菜单程序：

```
DO XSXT.mpr
```

运行菜单时，Visual FoxPro 会自动将.mpr 文件编译后产生目标程序文件.mpx，然后运行目标程序文件。运行之后，新的菜单将替换系统原有菜单。如果要恢复系统菜单，可以运行以下命令：

```
SET SYSMENU TO DEFAULT
```

9.1.2　菜单设计工具

Visual FoxPro 9.0 提供了功能强大的"菜单设计器"，利用菜单设计器，设计者只需要输入一些必要参数，建立一个菜单参数表文件，菜单设计器就可以自动生成菜单程序了。

图 9-4　"提示选项"对话框

1．菜单设计器的功能

菜单设计器的基本功能如下。

① 移动控件：每一行代表一个菜单或菜单项，按顺序排列，拖动菜单设计器左边的 ↕ 按钮，即可调整菜单或菜单项的位置。

② 提示：在"提示"栏中指定应用系统的菜单或菜单项的名称和热键。

③ 结果：在"结果"栏中为菜单或菜单项指定选中时发生的动作，有命令、填充名称/菜单项#（在菜单栏中是"填充名称"，而在子菜单中则是"菜单项#"）、子菜单和过程 4 种选项。

④ 选项：单击菜单项右边的 □ 按钮，系统弹出如图 9-4 所示的"提示选项"对话框。在该对话框中，用户可以为选定的菜单或菜单项创建快捷键、提示信息、图标等，设置过"提示选项"后，该按钮变为 ☑。

⑤ 菜单级：允许用户选择要编辑的菜单和子菜单。

⑥ 菜单项目：提供编辑菜单项目的命令，共有"插入"、"插入栏"、"删除"和"移菜单项" 4 个按钮。

⑦ 预览：显示正在创建的菜单运行效果。

2．创建菜单项和子菜单

如果菜单项需要进一步展开，可以创建"子菜单"，操作步骤如下。

① 在"提示"栏中输入"系统管理(\<S)"，在"结果"栏中选择"子菜单"。用同样的方法在"菜单名称"栏中依次输入"基本信息(\<B)"、"销售信息(\<M)"、"查询统计(\<Q)"、"报表输出(\<R)"、"帮助(\<H)"，如图 9-5 所示。

② 选中"基本信息(\<B)"行，对应的"结果"栏为"子菜单"，单击"结果"栏右边的"创建"按钮，系统重新显示一个空的"菜单设计器"界面，其中"菜单级"为"基本信息 B"，表明此时可创建或修改"基本信息"子菜单。用创建主菜单的方法在"提示"栏中输入各菜单项名称，在"结果"栏中根据需要选择"命令"、"子菜单"或"过程"等，如图 9-6 所示。

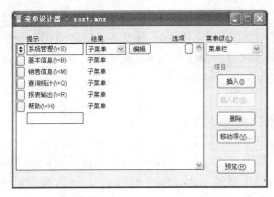 

图 9-5　"菜单栏"设计　　　　　　　图 9-6　"基本信息"子菜单设计

③ 创建完"基本信息"子菜单后，在"菜单级"下拉框中选定"菜单栏"，返回主菜单。

④ 用同样的方法为"销售信息"、"查询统计"、"报表输出"、"系统设置"、"帮助"菜单创建子菜单。

3. 设置菜单项的任务

如果菜单项不需要子菜单，则需要设置菜单项的任务，根据不同的任务类型，进行的操作也不一样。

（1）调用表单

在"结果"栏中选择"命令"，并在右边文本框中输入"DO FORM <表单名>"。

例如，如图 9-7 所示是一个操作员管理的表单，名为 YHGL.scx，如果在菜单项"用户管理"中需要调用该表单，则在"命令"文本框中输入：

```
DO FORM YHGL.scx
```

（2）调用程序

在"结果"栏中选择"命令"，并在右边文本框中输入"DO <程序名>"。

例如，例 9.1 是一个退出系统的程序，程序文件名为 QUIT.prg，如果在菜单项"退出"中需要调用该程序，则在"命令"文本框中输入：

图 9-7　"用户管理"表单

```
DO QUIT.prg
```

【例 9.1】"QUIT.prg"的主要功能是退出系统时恢复系统默认设置。

```
SET TALK ON                     && 关闭对话模式
SET SYSMENU TO DEFAULT          && 恢复系统菜单
CLOSE DATABASES                 && 关闭数据库
CLEAR ALL WINDOWS               && 释放所有窗口
QUIT                            && 退出系统
```

（3）调用过程

在"结果"栏中选择"过程"项，右边出现"创建"或"编辑"按钮，单击此按钮打开"过程编辑"窗口，在该窗口中输入过程代码，完成后关闭该窗口，即可创建该菜单项要执行的过程。

4. 编辑菜单项目

在"菜单设计器"中，有 4 个编辑菜单项目的按钮。

① "插入"：用于在当前菜单项之前插入一个新菜单项。

② "插入栏"：该按钮仅在编辑子菜单时才有效，其功能是在当前菜单项之前插入一个 Visual FoxPro 系统已经定义好的菜单项目。单击该按钮会弹出如图 9-8 所示的对话框，可以从中选择所需的菜单项目，然后单击"插入"按钮。

③ "删除"：用于删除当前菜单项。

④ "移动项"：用于将当前菜单项移到其他位置。

5. 编辑提示选项

在如图 9-9 所示的"提示选项"对话框中，单击"键标签"框，按下组合键即可创建"快捷键"，在"键说明"框中添加希望在菜单项旁边出现的文本，即"键提示"。通常键提示就是快捷键。然后在"信息"框中输入用于说明菜单项作用的信息。

在"提示选项"对话框的"跳过"框中输入条件或逻辑表达式。也可以使用"表达式生成器"生成，系统运行时动态地计算表达式的值，从而决定该菜单项的启用和废止，如表达式的值为真，则该菜单将被禁用，反之则启用。

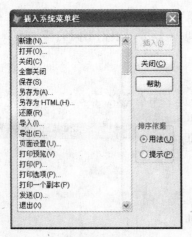

图 9-8 "插入系统菜单栏"对话框

图 9-9 "提示选项"对话框

6. "显示"菜单中的命令

启动"菜单设计器"后，Visual FoxPro 的"显示"菜单中会增加"常规选项"和"菜单选项"两个菜单项，它们与"菜单设计器"相结合，可使菜单设计更加完善。

（1）"常规选项"菜单项

单击该菜单项将弹出"常规选项"对话框，如图 9-10 所示。

① "过程"编辑框

"过程"编辑框用来为整个菜单指定一个公用的过程，如果这些菜单项尚未设置任何命令或过程，就执行该公用过程。编写公用过程代码可直接在编辑框中进行编辑，也可单击"编辑"按钮，在出现的编辑框中输入过程代码。

例如：在"过程"框中输入以下代码：

```
MESSAGEBOX ("系统正在开发中...")
```

如果菜单栏中有尚未定义的菜单项，则单击时会弹出"系统正在开发中..."的对话框。

② "位置"框区域

"位置"框区域有 4 个选项按钮，用来指定用户定义的菜单与系统菜单的关系。

- ●"替换"：以用户定义的菜单替换系统菜单。
- ●"追加"：将用户定义的菜单添加到系统菜单的右边。
- ●"在…之前"：用来把用户定义的菜单插入到系统菜单的某一个菜单项的左边，选定该选项后，右侧会出现一个用来指定系统菜单项的下拉列表框。
- ●"在…之后"：用来把用户定义的菜单插入到系统菜单的某一个菜单项的右边，选定该选项后，右侧会也出现一个用来指定系统菜单项的下拉列表框。

③　"菜单代码"框区域

"菜单代码"框区域有 2 个复选框，无论选择哪一个，都会弹出一个编辑窗口。

- ●"设置"：供用户设置菜单程序的初始化代码，该代码运行在菜单程序之前，是菜单程序首先执行的代码，常用于设置数据环境、定义全局变量和数组等。
- ●"清理"：供用户对菜单程序进行清理工作，这段程序放在菜单程序代码后面，在菜单显示出来后执行。

④"顶层表单"复选框

如果选中，则表示将定义的菜单添加到一个顶层的表单里；如果不选中，则定义的菜单作为应用程序的菜单。

（2）"菜单选项"菜单项

单击该菜单项将弹出"菜单选项"对话框，如图 9-11 所示。在该对话框中，可以定义当前菜单项的公共过程代码。如果当前菜单项中没有编写程序代码，则运行时将执行该部分公共过程代码。

图 9-10　"常规选项"对话框

图 9-11　"菜单选项"对话框

例如，在"基本信息"的"菜单选项"对话框的"过程"框中输入以下代码：

```
MESSAGEBOX("该功能尚未实现！")
```

如果"基本信息"菜单栏中有尚未定义的菜单项，则单击时会弹出"该功能尚未实现！"的对话框。

9.1.3　快捷菜单设计

系统运行过程中，在某个对象上单击鼠标右键，可以弹出快捷菜单。

快捷菜单从属于界面的对象，用户往往要为指定的对象（如表单、表格控件、列表件等）创建快捷菜单，也可以将系统菜单插入到用户创建的快捷菜单中。

创建快捷菜单的步骤如下：

① 快捷菜单设计器的启动方法与菜单设计器的启动方法相同，只是在弹出如图 9-1 所示的"新建菜单"对话框中需要单击"快捷菜单"按钮，这样系统才会打开"快捷菜单设计器"

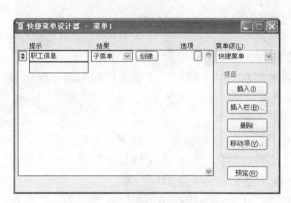

图 9-12 "快捷菜单设计器"设计

窗口，如图 9-12 所示；

② 在"提示"栏中输入快捷菜单的名称，定义方法同主菜单，也可以利用"插入栏"按钮插入 Visual FoxPro 9.0 系统菜单项；

③ 为每个菜单项指定动作，方法与创建主菜单相同；

④ 保存快捷菜单参数文件，并生成快捷菜单程序文件，方法与创建主菜单相同。

9.1.4　在应用程序中使用菜单

1．使用菜单作为主界面

目前许多应用系统都是以下拉式菜单作为主界面的，通过菜单命令来执行表单或实现其他操作。在应用系统的主程序中执行命令：

```
DO <菜单程序文件名>.mpr
```

例如：要运行 XSXT.mpr 菜单程序文件，可直接在命令窗口或程序中使用：

```
DO XSXT.mpr
```

这种使用菜单的方法比较简单，但需要注意的是快捷菜单和选中"顶层表单"复选框的菜单不能这样使用。

2．在顶层表单中显示一个下拉式菜单

在一些简单的系统中，通常只有一个或几个表单，这时可以把下拉式菜单添加到主要的表单中，步骤如下：

① 在"菜单设计器"中设计下拉式菜单，并在"常规选项"对话框中选中"顶层表单"复选框，保存后生成菜单程序文件。

② 新建表单，将表单的 ShowWindow 属性值设置为 2，使其成为顶层表单。

③ 在表单的 Init 事件代码中添加调用菜单程序的命令。

格式：

```
DO <菜单程序文件名>.mnx [WITH THIS[,<菜单名>]]
```

功能：在表间中调用菜单程序。

说明：THIS 表示当前表单对象的引用，<菜单名>表示为该下拉式菜单的菜单栏指定一个内部名字。

例如，要在表单 MAIN.scx 中调用菜单程序 XSXT1.mpr，则在表单的 Init 事件中加入：

```
DO XSXT1.mpr WITH THIS, "MYMENU"
```

④ 在表单的 Destroy 事件代码中添加清除菜单的命令，其作用是关闭表单时能一并清除菜单，释放其占用的内存空间。

格式：

```
RELEASE MENU <菜单名> [EXTENDED]
```

功能：清除菜单。

说明：[EXTENTED]选项表示在清除菜单时一起清除下属的所有子菜单。

例如，在表单 MAIN.scx 关闭时，需要清除菜单，则在表单的 Destory 事件中加入：

```
RELEASE MENUS "MYMENU" EXTENDED
SET SYSMENU TO DEFAULT
```

⑤ 运行表单，这时下拉式菜单就出现在表单上方了，如图 9-13 所示。

3．在表单中使用快捷菜单

与下拉式菜单不同，快捷菜单一般从属于某个对象，如表单或控件。在表单中使用快捷菜单的步骤如下。

① 利用"菜单设计器"设计快捷菜单。如果快捷菜单需要引用表单中的对象，需要在快捷菜单的"设置"代码中添加一条接收当前表单对象引用的参数语句。

格式：

```
PARAMETERS <参数名>
```

功能：在快捷菜单中引用表单中的对象。

说明：<参数名>指定快捷菜单中引用表单的名称。

② 在快捷菜单的"清理"代码中添加清除菜单的语句。

格式：

```
RELEASE POPUPS <快捷菜单名> [EXTENDED]
```

功能：清除快捷菜单。

③ 保存菜单文件，并生成菜单程序文件。

④ 打开表单文件，在表单设计器中选定需要调用快捷菜单的对象，在该对象的 RightClick 事件中添加调用快捷菜单的命令：

```
DO <快捷菜单程序文件名.mpr> [WITH THIS]
```

⑤ 运行表单，单击右键后弹出快捷菜单，如图 9-14 所示。

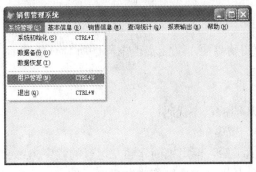

图 9-13　表单中的下拉式菜单

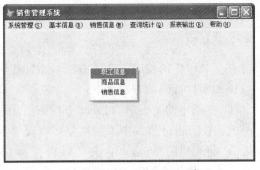

图 9-14　表单中的快捷菜单

9.2　主文件设计

应用程序必须有一个主文件，该文件作为应用程序的起点，在应用程序启动时首先被执行。主文件用来执行应用程序的初始化任务，将应用程序的各个部分连接到一起。

9.2.1　主文件

主文件可以是一段程序，也可以是一个表单。当用户执行应用程序时，Visual FoxPro 启动主文件，并在需要时调用其他部分。主文件不一定要直接来完成所有的任务，可以调用其他过程或函数来处理诸如初始化环境变量或清理内存等的任务。

主文件通常要执行的任务包括：

① 初始化应用程序的环境，如打开数据库、声明变量等；

② 调用菜单或表单来显示用户界面；

③ 使用 READ EVENTS 命令建立和控制事件循环来响应用户的操作；

④ 当用户退出应用程序时结束事件处理；

⑤ 恢复环境变量。

【例 9.2】销售信息管理系统的主文件 MAIN.prg 内容如下。

```
SET TALK OFF                                && 关闭对话模式
SET DELE ON                                 && 不处理已删除的记录
SET DATE TO ANSI                            && 设置日期格式
SET SYSMENU OFF
CLOSE ALL
RELEASE WINDOW 常用, 表单控件                 && 关闭 STANDARD 工具栏
MODIFY WINDOW SCREEN TITLE "销售信息管理系统"
ZOOM WINDOW SCREEN MAX                       && 主窗口最大化
PUBLIC CHECKED, ADMIN                        && 定义全局变量，用于保存用户状态
CHECKED=0                                    && 标明用户是否登录
ADMIN=0                                      && 标明用户是否是管理员
DEACTIVATE WINDOW "项目管理器"                 && 关闭项目管理器
MYPATH=LEFT(SYS(16),RAT("\",SYS(16)))        && 确定程序所在位置
SET DEFA TO (MYPATH)                         && 设置当前路径
SET PATH TO DATA; FORM                       && 指明路径
OPEN DATABASE 营销                            && 打开数据库
DO FORM LOGIN                                 && 运行登录界面
READ EVENTS
QUIT
```

若要指定表单作为主程序，既能作为系统的初始界面，又能实现主程序所具有的功能，只要在主表单中的相应事件、方法中添加代码即可。

添加事件代码的方法如下：

① 在指定的主表单的 Load 事件中添加设置环境的程序代码；

② 在 Unload 事件中添加恢复环境设置的程序代码；

③ 将表单的 WindowType 属性设置为 1（模式）后，可用来创建独立运行的程序（.exe）。

将表单作为主程序文件将受到一些限制，最好是用某一程序作为主程序文件。

9.2.2　错误处理程序设计

1. ON ERROR 命令

格式：

```
ON ERROR [命令]
```

功能：指定在出现错误时执行的命令。

说明：[命令]指定出现错误时要执行的 Visual FoxPro 命令。执行此命令后，程序将从引起错误的程序行的下一行重新开始执行，但如果错误处理过程中包含 RETRY，则重新执行引起错误的程序行。

【例 9.3】一个简单的错误处理程序示例。

```
SET TALK OFF
```

```
ON ERROR ?"程序语句出错！"          && 错误处理程序
USEE 职工                          && 错误命令
LIST
USE
SET TALK ON
```

本例中使用输出"程序语句出错"来处理错误，而通常情况下，**ON ERROR** 使用 DO 来执行一个错误处理程序 ERR.prg，而使用不带任何可选参数的 **ON ERROR** 命令可以恢复默认的 Visual FoxPro 错误处理程序。

2. 错误信息处理函数

为了进行错误信息处理，Visual FoxPro 提供了多个函数来获得错误编号、错误提示信息等。

（1）ERROR( )函数

格式：

```
ERROR()
```

功能：返回最近一次错误的编号。

说明：必须有一个 ON ERROR 例程处于活动状态，才能使 ERROR( )函数返回非零值。在程序执行中捕获了一个错误时，在 ON ERROR 例程中可以通过 ERROR( )函数返回错误类型，相应的错误信息可由 MESSAGE( )函数返回。

（2）MESSAGE( )函数

格式：

```
MESSAGE([1])
```

功能：以字符串形式返回当前错误信息。如果包含参数 1，则可以返回导致这个错误的程序源代码。当不能取得程序源代码时，MESSAGE(1)返回下列内容之一：

① 当此行是宏代换时，返回整个程序行；

② 当此行是不含附加子句的命令时，返回该命令；

③ 当此行是含附加子句的命令时，返回命令及省略号（…）。

（3）PROGRAM( )函数

格式：

```
PROGRAM([nLevel])
```

功能：返回当前正在执行的程序的名称，或者错误发生时所执行的程序的名称。

说明：选项[nLevel]指定程序嵌套层次，在 0 到程序嵌套深度之间。一个程序可以执行另一个程序，这个程序又可以执行另外一个程序，依次类推，最多可以嵌套 128 层。如果 nLevel 为 0 或 1，函数返回主程序（最高层程序）名称；如果不使用参数，函数返回当前执行的程序名称。

（4）LINENO( )函数

格式：

```
LINENO([1])
```

功能：返回程序中正在执行的那一行的行号。

说明：程序行从程序头开始计数，包括注释行、继续行和空行。如果包含参数 1，则返回相对于当前程序或过程第一行的行号，否则，将返回相对于主程序第一行的行号。

3．错误处理程序示例

【例 9.4】错误处理程序如下，程序名称为 ERR.prg。

```
PARAMETERS nError, cMessage, cMessage1, cProgram, nLineno  && 接收参数
nValue = MESSAGEBOX("程序发生错误! 详细信息如下: " + CHR(13) + CHR(13) +;
    "错误代号: " + LTRIM(STR(nError)) + CHR(13) + ;
    "错误行号: " + LTRIM(STR(nLineno)) + CHR(13) + ;
    "错误信息: " + cMessage + CHR(13) + ;
    "错误代码: " + cMessage1 + CHR(13) + ;
    "错误位置: " + cProgram, 2 + 48, "信息")
DO CASE
    CASE nValue=3          && 选择"终止"按钮时发生
        QUIT
    CASE nValue=4          && 选择"重试"按钮时发生
        RETRY
    CASE nValue=5          && 选择"忽略"按钮时发生
        RETURN
ENDCASE
```

【例 9.5】错误程序示例，程序名为 TEST1.prg。

```
ON ERROR DO ERR.PRG WITH ERROR(), MESSAGE(), MESSAGE(1), ;
    PROGRAM(), LINENO(1)          && 指定当出现错误时执行的命令
DOO                               && 这是一个错误命令
MESSAGEBOX("您选择了"忽略"按钮! ")
```

程序运行效果如图 9-15 所示。

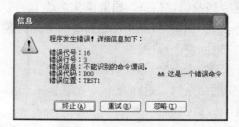

图 9-15　程序错误信息

9.3　编译应用程序

按照结构化程序设计的思想，在设计一个应用系统时，可以将一个大的系统自顶向下分解成更小的模块，并使这些模块可以独立地实现某一特定的功能。在系统开发过程中，可以使用项目管理器来对系统的文件进行有效地管理，并进行编译。

9.3.1　管理项目管理器中的文件

在 Visual FoxPro 9.0 中，为了有效管理数据库、表、视图、查询、表单、报表、标签、源程序和菜单等多种文件，系统提供了管理这些文件的项目管理器。项目管理器是 Visual FoxPro 的控制中心，通过它可以创建、添加、删除或移去各种数据库文件，访问各类设计器和向导。

创建项目管理器的步骤如下：

① 单击"文件"菜单的"新建"项，或者单击"常用"工具栏的"新建"按钮，在"新建"对话框中，选择"文件类型"框中的"项目"选项，单击"新建文件"按钮；

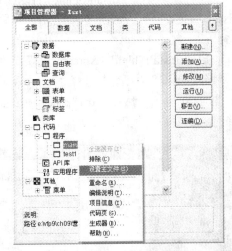

② 在"创建"对话框中的"保存在"框中选择路径，在"项目文件"框中输入项目名称，在"保存类型"框中选择"项目（*.pjx）"，设置完成后单击"保存"按钮。

创建好的项目管理器见图 9-16。

在项目管理器中，右击要设置为主文件的程序、表单或菜单文件，从弹出的快捷菜单中选择"设置主文件"项即可，如图 9-16 所示。

图 9-16　"项目管理器"窗口

9.3.2　应用程序编译

程序调试无误后，即可进行编译。编译的作用有两方面：一是可以将各种可执行文件（表单文件、程序文件、菜单文件）打包成一个单独文件，便于应用程序的管理与分发；二是可以将程序编译成 Windows 环境下的可执行文件，脱离 Visual FoxPro 环境执行。

应用程序编译的基本步骤如下：

① 单击"项目管理器"中的"连编"按钮，打开"连编选项"对话框，如图 9-17 所示。

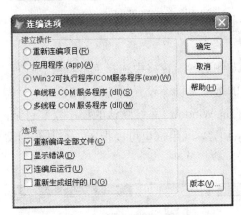

② 在对话框中选择"Win32 可执行程序/COM 服务程序（.exe）"单选项和"重新编译全部文件"、"连编后运行"复选项。

③ 单击"确定"按钮后，弹出"另存为"对话框，输入编译后的.exe 文件名，选择保存路径后，单击"保存"按钮，系统便开始执行编译过程。

图 9-17　"连编选项"对话框

④ 如果项目文件中存在错误，系统会提示并将错误记录下来，单击菜单栏中的"项目"菜单"错误"项即可看到。可以根据系统错误提示调试程序，完成后再重新编译。

9.3.3　应用程序发布

应用程序的发布是指为所开发的应用程序制作一套应用程序安装盘，使之能安装到其他计算机中使用。Visual FoxPro 从 7.0 版本开始，就取消了自带的安装向导功能，而是在安装盘中附带一个有功能限制的 InstallShield Express 软件，虽然在功能上有限制，但是相对于原来的安装向导而言，该工具所具有的强大功能和灵活的安装程序建立技术，使用户高效安装和配置应用程序成为可能。下面以销售信息管理系统的发布为例，介绍 InstallShield Express 软件的使用方法。

（1）安装 InstallShield Express

运行安装盘中 InstallShield 目录下的 ISXFOXPRO.exe 安装文件，将打开 InstallShield Express 安装向导，如图 9-18 所示。按照向导的提示逐步操作，直到安装完成。

（2）创建工程文件

启动 InstallShield Express，主界面如图 9-19 所示。选择"文件"菜单的"新建"项，打开"新建工程"对话框，选择"Express 工程"，输入工程名、工程语言和工程文件的存放位置，如图 9-20 所示，然后单击"确定"按钮。需要注意的是，工程语言设置后不可修改，因此选择时一定要设置正确。

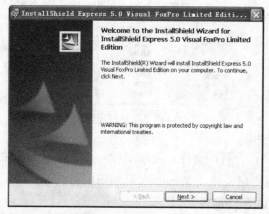

图 9-18　InstallShield 安装向导

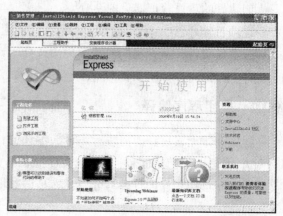

图 9-19　InstallShield 主界面

（3）定义工程属性

单击主界面中的"安装程序设计器"选项卡，在左侧的导航窗格中选择"常规信息"项，在右侧的工程属性中设置产品名称和安装目录，其他的选项可以不设置，如图 9-21 所示。需要注意的是安装目录中的"[ProgramFilesFolder]"指的是 Windows 系统默认的程序安装目录，后面直接跟具体的程序文件目录，不需要在"]"后添加"\"，用户也可以指定一个具体的文件夹，如"D:\XSGL"。

图 9-20　"新建工程"对话框

图 9-21　定义工程属性

（4）划分安装部件

部件指的是程序的模块。一般的安装程序中，有些是必须安装的，如执行文件、数据库文件等，有些是可选的，如帮助文件、示例文件等。因此，可以将这些不同的文件划分到不同的部件中，以供用户选择是否安装，默认部件是"始终安装"，即这个部件中的文件总是要安装的。本例系统比较简单，全部都需要安装，因此不再添加部件。

（5）指定安装类型及部件

安装类型提供了不同的安装级别供用户选择。

● "典型"：安装所有部件和文件。

● "最小化安装"：仅安装应用程序所必需的部件和文件的最小数量。

● "自定义"：由用户指定哪些部件需要安装。

在左侧窗格选择"安装类型"，选择一种安装类型后，可以在"安装部件"选择框中选择该类型要安装的部件，如图 9-22 所示。

（6）添加文件到安装程序

在左侧窗格选择"文件"，在右侧窗格上方的"部件"列表中选择"所有部件"，在"源计算机的文件夹"中选择要安装的文件，在"目标计算机的文件夹"中选择"销售管理系统[INSTALLDIR]"，即安装位置，将源文件夹中选中的文件拖到目标文件夹中，如图 9-23 所示。

图 9-22　指定安装类型及部件

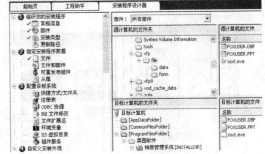

图 9-23　选择安装文件

（7）选择可重发布的对象和合并组件

要使程序能够脱离 Visual FoxPro 环境运行，安装程序还需要带上 Visual FoxPro 运行时库和资源支持文件。在左侧窗格选择"可重发布组件"，右侧所选运行时库和资源支持文件如图 9-24 所示。

（8）建立快捷方式

为方便用户使用程序，安装程序需要为用户建立程序的快捷方式。

① 在左侧窗格选择"快捷方式/文件夹"，在中间窗格中右键单击"程序菜单"，选择"新建快捷方式"。

② 在"浏览快捷方式目标"对话框中选择要建立快捷方式的文件。

③ 将新建的快捷方式"NewShortcut1"重命名为"销售管理系统"，如图 9-25 所示。

（9）定义安装界面

安装过程中会显示一些信息，这些信息是可以定制的。在左侧窗格中选择"对话框"，可以在中间窗格中定义对话框的界面，如背景图片等，如图 9-26 所示。

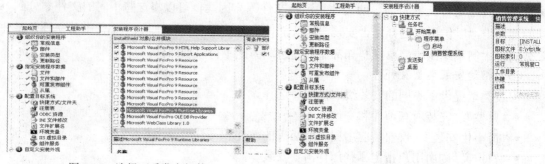

図 9-24　选择可重发布组件　　　　　　　図 9-25　建立快捷方式

（10）编译安装程序

InstallShield 提供了不同的文件存储介质，决定了编译后文件的不同组织形式。在左侧窗格中选择"编译发布版本"，本例在中间窗格中选择 SingleImage，即单一文件方式，将安装文件编译成为一个单一的文件，如图 9-27 所示。

図 9-26　定义安装界面　　　　　　　　図 9-27　编译安装程序

（11）测试安装程序

在左侧窗格中选择"测试发布版本"，中间窗格选择"SingleImage"，右侧空格有两个选项：一个是"运行安装程序"，开始实际的安装过程，将程序安装到计算机上，以检查安装程序工作是否正确；另一个是"测试安装程序"，模拟安装过程，检查安装步骤是否正确，如图 9-28 所示。

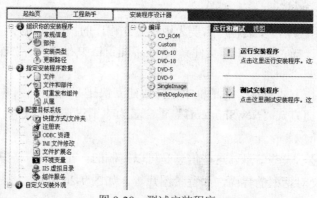

図 9-28　测试安装程序

9.4　小　　结

本章主要介绍了 Visual FoxPro 中创建菜单的步骤和运用项目管理器进行简单的应用系统开发的方法。在实际应用中，菜单的设计对于系统开发来说非常重要，合理的菜单设计不仅使开发过程变得简单，更可以使用户容易理解和使用系统。而在系统开发过程中，可以使用项目管理器对系统文件进行分类管理，并且将系统编译为可执行文件（.exe），从而可以像使用其他应用程序那样方便地使用这些程序。为了能让程序在各种环境下使用，可以将程序制作在安装文件，安装于系统中，使用更方便。

习　题　9

9.1　判断题

1. 在执行菜单文件时，菜单扩展名 ".mnx" 可以省略。
2. 菜单中的每一个菜单项必须要手动定义。
3. 表单中使用的菜单必须选中 "项层表单" 选项。
4. 应用系统的主文件必须是程序文件。
5. 应用程序编译并发布后可以脱离 Visual FoxPro 系统运行。
6. 发布应用程序是指将应用程序放到互联网上供用户下载。

9.2　选择题

1. 假定已生成了名为 MyMenu 的菜单文件，执行该菜单文件的命令是（　　　）。
   A．DO MyMenu　　　　　　　　　　　B．DO MyMenu.mpr
   C．DO MyMenu.pjx　　　　　　　　　　D．DO MyMenu.mnx
2. 在菜单设计中，如果要定义菜单分组，应该在 "菜单名称" 项中输入（　　　）。
   A．|　　　　　　B．-　　　　　　C．\-　　　　　　D．C
3. 为了从用户菜单返回到系统菜单，应该使用的命令是（　　　）。
   A．SET DEFAULT TO SYSTEM　　　　B．SET MENU TO DEFAULT
   C．SET SYSTEM TO DEFAULT　　　　D．SET SYSMENU TO DEFAULT
4. 在系统运行时，主菜单所起的作用是（　　　）。
   A．运行程序　　　B．打开数据库　　　C．调度整个系统　　　D．浏览表单

9.3　填空题

1. 在 Visual FoxPro 中进行菜单设计时，菜单有两种，即一般菜单和_____菜单。
2. 快捷菜单实质上是一个弹出式菜单，要将某个弹出式菜单作为一个对象的快捷菜单，通常是在对象的_____事件代码中添加调用弹出式菜单程序的命令。
3. 若要定义当前菜单的公共过程代码，应使用_____菜单中的 "菜单选项" 对话框。

9.4　程序设计题

1. 设计一个 "职工信息管理" 系统菜单，主菜单结构如表 9-2 所示。

表 9-2　设计一个系统菜单

主菜单名	子菜单名	命　令	说明及要求
数据输入	职工信息输入	DO FORM ZGXX.scx	快捷键：Ctrl+E
	部门信息输入	DO FORM BMXX.scx	

续表

主菜单名	子菜单名	命　　令	说明及要求
数据编辑	复制		系统菜单项
	剪切		系统菜单项
	粘贴		系统菜单项
查询统计	职工信息查询	DO FORM ZGCX.scx	快捷键：Ctrl+Q
	职工信息统计	DO FORM ZGTJ.scx	快捷键：Ctrl+C
报表输出	职工统计表	REPORT FORM ZGTJ.frx PREVIEW	
退出		QUIT	快捷键：Ctrl+W

2．设计一个顶层表单，将上题中的菜单加载到表单中。

3．创建一个 Visual FoxPro 项目，将菜单和表单添加到项目中，结合前面所学完成系统的开发，并编译成独立于 Visual FoxPro 系统的可执行程序。

4．将上题中的应用程序制作成单一文件的安装程序。

实验 9　一个简单的营销管理信息系统设计

一、实验目的

掌握 Visual FoxPro 菜单的设计方法，了解应用系统主文件的作用，熟悉运用项目管理器管理应用系统文件的方法。

二、实验准备

复习教材第 9 章菜单设计、项目管理器等内容；准备好"职工"、"销售"、"商品" 3 张表，并建立相应的复合索引；Visual FoxPro 系统，并将默认的目录设置为 3 张表所在的文件夹。

三、实验内容

1．设计如图 9-29 所示的菜单，文件名为 SHIYAN.mnx，并实现相应的功能。同时，设计一个如图 9-30 所示的"系统用户管理"表单。

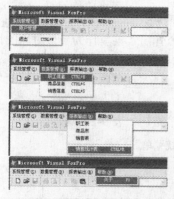

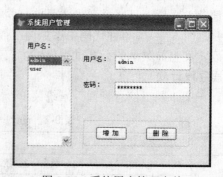

图 9-29　主菜单及各二级子菜单　　　　　图 9-30　系统用户管理表单

2. 新建项目管理器，将"职工"表、"商品"表、"销售"表和上题的菜单加入到项目管理器中，建立主程序，代码如下所示：

```
SET TALK OFF
SET SAFETY  OFF
SET STATUS  OFF
SET DELETED  ON
SET CENTURY  ON
SET DATE TO ANSI
SET SYSMENU OFF
CLOSE ALL
ZOOM WINDOW SCREEN MAX                  && 主窗口最大化
DEACTIVATE WINDOW "项目管理器"            && 关闭项目管理器
MYPATH=LEFT(SYS(16),RAT("\",SYS(16)))   && 确定程序所在位置
SET DEFA TO (MYPATH)                     && 设置当前路径
SET PATH TO DATA;FORM                    && 指明路径
DO SHIYAN.MPR                            && 运行登录界面
READ EVENTS
QUIT
```

四、实验报告

1. 实验过程报告
（1）请写出菜单的设计步骤。
（2）请写出创建主程序的过程。

2. 简答题
（1）如何在表单中添加主菜单？
（2）在主程序中 READ EVENTS 语句的作用是什么？

3. 实验完成情况及存在问题

参 考 文 献

[1] 张洪举. Visual FoxPro 权威指南. 北京：电子工业出版社，2007.
[2] 萨师煊，王珊. 数据库系统概论（3 版）. 北京：高等教育出版社，2000.
[3] 方智惠，彭风鸣，黄永友. Visual FoxPro 8.0 程序员手册. 北京：科学出版社，2004.
[4] 胡维华. Visual FoxPro 程序设计教程. 杭州：浙江科学技术出版社，2005.
[5] 高伟，陈林，等. Visual FoxPro 9.0 基础教程. 北京：清华大学出版社，2005.
[6] 谢膺白. Visual FoxPro 9.0 程序设计教程. 西安：西安交通大学出版社，2007.
[7] Micorsoft Corporation. Visual FoxPro 6.0 中文版程序员指南. 北京：北京希望电子出版社，1998.